Vente du Vendredi 8 au Mercredi 13 Décembre 1922

HOTEL DROUOT — SALLE N° 7

COMMISSAIRES-PRISEURS : Mes André DESVOUGES et Maurice GODEAU

CATALOGUE

DE LA

BIBLIOTHÈQUE

de feu M. Paul LACOMBE

Bibliothécaire honoraire de la Bibliothèque Nationale
Membre de la Société des Amis des Livres
des Bibliophiles Contemporains, des Cent Bibliophiles, etc

Deuxième Partie

1re VENTE

PARIS

H. LECLERC	CH. BOSSE
LIBRAIRE-EXPERT	LIBRAIRE-EXPERT
219, rue St-Honoré	16-18, rue de l'Ancienne Comédie
(1er Arrond.)	(6e Arrond.)

1922

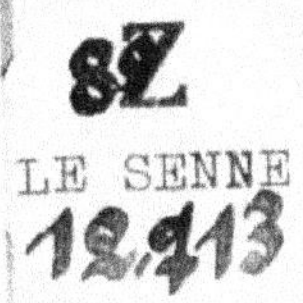

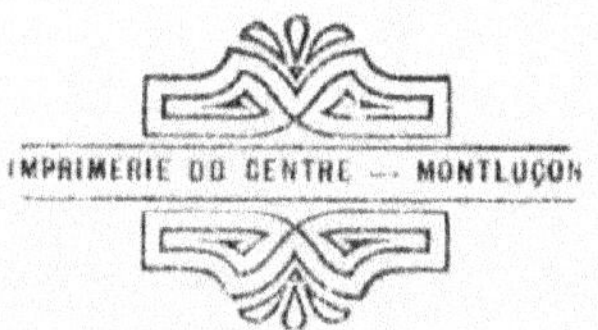
IMPRIMERIE DU CENTRE — MONTLUÇON

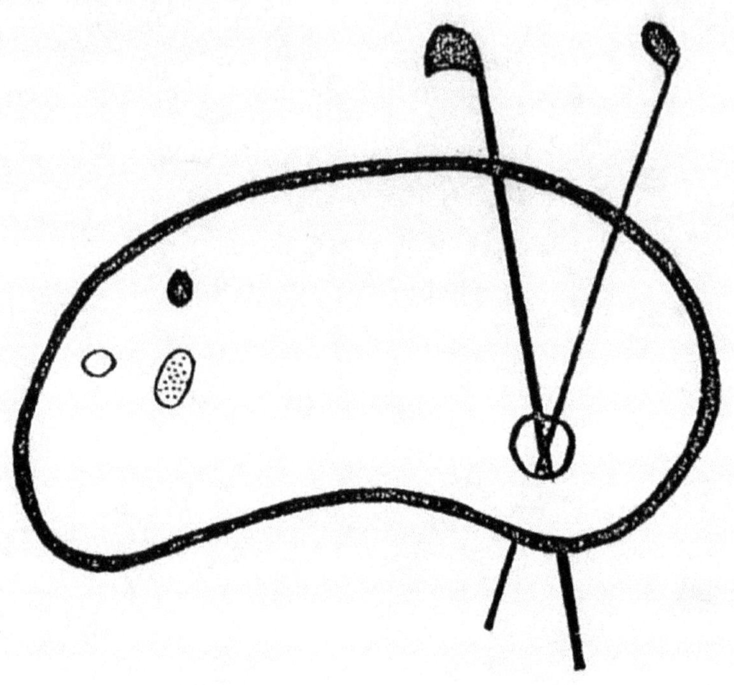

FIN D'UNE SERIE DE DOCUMENTS
EN COULEUR

CATALOGUE

DE

LIVRES ANCIENS ET MODERNES

Composant la Bibliothèque

de feu M. Paul LACOMBE

Deuxième Partie

LIVRES RELATIFS A L'HISTOIRE DE PARIS

(1re Vente)

LA VENTE AURA LIEU

du Vendredi 8 au Mercredi 13 Décembre 1922

à deux heures précises de l'après-midi

HOTEL des COMMISSAIRES-PRISEURS, 9, Rue Drouot

Salle N° 7

Par le Ministère de

Me André DESVOUGES	**Me Maurice GODEAU**
COMMISSAIRE-PRISEUR	COMMISSAIRE-PRISEUR
26, rue de la Grange-Batelière	5, rue Richepance

Assistés de MM.

H. LECLERC	**CH. BOSSE**
LIBRAIRE-EXPERT	LIBRAIRE-EXPERT
219, rue St-Honoré, 219	16-18, rue de l'Ancienne-Comédie

☛ Voir l'ordre des Vacations au verso du titre

CONDITIONS DE LA VENTE

La vente se fera au comptant.

Les acquéreurs paieront 12,50 pour 100 en sus des enchères pour les livres qui pourront être classés comme n'étant pas de luxe, et 17,50 pour 100 pour les livres dits de luxe ou pouvant être assimilés à cette catégorie.

Les livres devront être collationnés dans les vingt-quatre heures de l'adjudication. Passé ce délai, ils ne seront repris pour aucune cause.

MM. H. LECLERC et Ch. BOSSE, chargés de la vente, rempliront, aux conditions d'usage, les commissions des Personnes qui ne pourraient y assister

MM. H. LECLERC et Ch. BOSSE se réservent la faculté, dans l'intérêt de la vente, de réunir ou de diviser les numéros du Catalogue.

CATALOGUE

DE LA

BIBLIOTHÈQUE

de feu M. Paul LACOMBE

Deuxième Partie

LIVRES
relatifs à l'Histoire de Paris
et de ses environs

PREMIÈRE VENTE

I. Histoire Générale.
II. Histoire physique et naturelle.
III. Histoire topographique et monumentale.

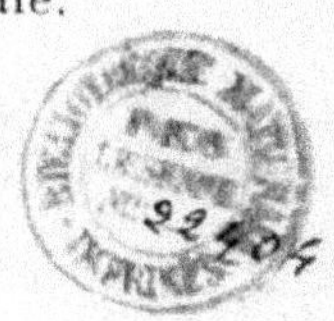

PARIS

H. LECLERC	**CH. BOSSE**
LIBRAIRE-EXPERT	LIBRAIRE-EXPERT
219, rue St-Honoré	16-18, rue de l'Ancienne Comedie
(1er Arrond.)	(6e Arrond.)

1922

ORDRE DES VACATIONS

PREMIÈRE VACATION. — Vendredi 8 Décembre.

Numéros .... 801 à 985

DEUXIÈME VACATION. — Samedi 9 Décembre.

Numéros.................................. 986 à 1176

TROISIÈME VACATION. — Lundi 11 Décembre.

Numéros. .... 1177 à 1368

QUATRIÈME VACATION. — Mardi 12 Décembre.

Numéros.................................. 1369 à 1549

CINQUIÈME VACATION. — Mercredi 13 Décembre.

Numéros.................................. 1550 à 1738

BIBLIOTHÈQUE

de feu M. Paul LACOMBE

(2me Partie)

1re Vente

I. HISTOIRE GÉNÉRALE

1. *Histoires générales de Paris*

801. **Histoire générale de Paris.** Collection de documents, fondée par le baron Haussmann et publiée sous les auspices du Conseil Municipal. *Paris, Imp. Impériale* [*et Imp. Nationale*], 1866-1918 ; 58 vol., nomb. reproductions, cart. de l'éditeur, couv. collée sur les plats, et 4 albums gr. in-fol.

Collection complète des 58 volumes parus de cette importante publication, à laquelle ont collaboré Adolphe Berty, Le Roux de Lincy, Alfred Franklin, Léopold Delisle, Tisserand, René de Lespinasse, Fernand Bournon, Funck Brentano, Emile Campardon, etc. Elle est illustrée d'un très grand nombre de reproductions : gravures sur bois, chromolithographies, héliotypies, etc., et de plans, dont un atlas grand in folio, contenant la reproduction en fac simile de 33 grands plans anciens, très rares. Ces plans sont entoilés.

802. **Collection de documents inédits sur l'histoire de France**, publiée par les soins du ministre de l'Instruction publique. *Paris, Imp. Nationale*, 1873-1918 ; 16 vol. in-4, fig., cart. de l'éditeur, couv. collée sur les plats.

Cette réunion comprend : Inscriptions de la France du Ve siècle au XVIIIe, recueillies et publiées par F. de Guilhermy. 1873-1883 ; 5 vol. — Mémoires des intendants sur l'état des Généralités dressés pour l'instruction du Duc de Bourgogne. Tome 1er. Mémoire de la Généralité de Paris, publié par A. M. de Boislisle. 1881 ; 1 vol. — Le Comité des travaux historiques et scientifiques, par Xavier Charmes. 1886 ; 3 vol. — Archives de l'Hôtel-Dieu de Paris (1157-1300). 1894 ; 1 vol. — Missions archéologiques françaises en Orient aux XVIIe et XVIIIe siècles. Documents publiés par Henri OMONT, 1902 ; 2 vol. — Les Actes de Sully passés au nom du roi de 1600 à 1610, par-devant Me Simon Fournyer, notaire au Châtelet de Paris, publiés par F. DE MALLEVOUE, 1911 ;1 vol. (broché). — Commentaires de la Faculté de médecine de l'Université de Paris (1395-1516) ; publiés par le Dr Wickersheimer, 1915 ; 1 vol. — Les Journaux du trésor de Charles IV le Bel, publiés par Jules VIARD, 1917 ; 1 vol. — Recueil général des bas reliefs, statues et bustes de la Gaule romaine par Emile ESPÉRANDIEU. [Tome VII] Gaule germanique, 1918 ; 1 vol.

803. **Société de l'Histoire de Paris et de l'Ile-de-France.** Mémoires, 1875-1918 ; 43 vol. — Tables décennales, 3 vol. — Bulletin de la Société... 1874-1918 ; 41 vol. et 4 fasc. — Chronique, 1909-1918, par A. Mareuse, 10 brochures. — Publications de la Société, 20 vol. — *Paris, Champion*, 1875-1918 ; ens. 107 vol., 14 fasc. in-8 et 1 album in-fol. en ff., dans un carton ; 102 vol. sont en demi-rel. chag. rouge ; 4 vol., cart. bradel demi-toile grise ; 1 vol. et les 14 fasc. brochés.

Collection complète, jusqu'à la fin de l'année 1918, des diverses publications de cette Société. L'album renferme le *Plan de Paris sous le règne de Henri II*, par Olivier TRUSCHET et Germain HOYAU, le *Projet pour la construction du Pont-Neuf* (1578) ; la *Procession de la Ligue* ; une *Vue de l'abbaye de Saint-Antoine* (XVe siècle) et le *Plan de la censive de Saint-Germain-l'Auxerrois* (XVIe siècle).

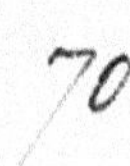

804. **Société de l'Histoire de Paris et de l'Ile-de-France.** Tirages à part ou extraits des Mémoires ou Documents. *Paris*, 1881-1918 ; 105 vol. ou brochures in-8, la plupart avec couv. imp.

Une centaine de lettres autographes, signées du marquis de Laborde, Jules Guiffrey, Emile Dacier, G. Daumet, Fosseyeux, Perrault-Dabot, A. Tuetey, etc., ont été insérées dans une vingtaine de ces tirages à part. On a ajouté également plusieurs épreuves d'imprimerie avec corrections et le *manuscrit autographe* d'un article de M. G. Macon, intitulé *La Maison de campagne de François Clouet à Vanves*, 6 ff. in-8.

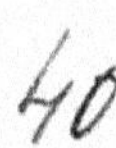

805. **Collection de documents** rares ou inédits relatifs à l'histoire de Paris. *Paris, Willem*, 1873-1879 ; 11 vol. in-16, pap. vergé des Vosges, fig., brochés, couv. imp.

Collection complète.

806. **LA FLEUR des antiquitez, singularitez et excellences** de la plus que noble et triumphante ville et cité de Paris capitalle du Royaulme de France. Avec ce la genealogie du Roy Francoys premier de ce nom. *On les vend au premier pillier de la grant salle du palais, par Denys Janot.*

Cum privilegio. (A la fin) : *Fin des Antiquitez et excellences de la ville de Paris... faictes et composees par Gilles Corrozet. Et imprimees a Paris pour Denys Janot*, 1532 ; in-16 de 8 ff. lim. et 64 ff., le dernier blanc, veau gran., dos orné, tr. mouchetées, étui recouvert de mar. La Vallière. (*Rel. du XVIII*e *siècle*).

Edition originale du premier ouvrage important consacré à l'histoire de la ville de Paris, œuvre de Gilles CORROZET. Elle est d'une extrême rareté et on n'en connaît que deux ou trois exemplaires. Le volume sort des presses de *Nicolas Savetier*, qui obtint la permission d'imprimer ce livre le 19 mars 1531, (1532 n. s.). Les ff. lim. se composent du titre, entouré d'un encadrement gravé sur bois, de l'*Ordonnance de M. le Bailli de Paris* contenant le permis d'imprimer, d'une épître en vers de Corrozet *aux Bourgeois et Citoyens de Paris*, du *Prologue*, de la Table et d'une figure sur bois représentant Mécène et Virgile. Quelques chapitres de ce traité sont en vers. Au v° du dernier feuillet, marque de Denis Janot.

Des bibliothèques GILBERT, BONNARDOT et DESTAILLEURS.

807. **LA FLEUR des antiquitez, singularitez et excellences** de la noble et triumphante ville et cité de Paris, capitalle du royaulme de France : adjoustées oultre la première impression plusieurs singularitez estans en ladicte ville. Avec la généalogie du roy Françoys, premier de ce nom, [par Gilles CORROZET]. 1533, (A la fin) : *Ce présent traicté a esté achevé le septiesme jour de Mars mil cinq cens trente et troys par Guillaume de Bossozel demourant a la grant rue saint Jacques au Chasteau Rouge pres les Mathurins* ; in-16 de 47 ff. ch. et 1 f. blanc, veau fauve, dos orné, fil. sur les plats avec croissant aux angles, dent. int., tr. dor. (*Petitot*).

Edition rarissime, non signalée par Dufour, qui ne mentionne, à la même date de 1533, comme sortie de chez Bossozel, qu'une édition avec des fautes singulières dans les mots du titre, alors que cette édition-ci ne contient aucune desdites fautes. — Le titre est en romain, le texte est en lettres rondes. — Bel exemplaire.

808. **LA FLEUR des antiquitez, singularitez et excellences** de la noble et triumphante ville et cité de Paris, capitalle du royaulme de France, adjoustees oultre la première impression plusieurs singularitez estans en ladicte ville. Avec la généalogie du roy Francoys, premier de ce nom [par Gilles CORROZET], 1533. (On lit à l'avant-dernier feuillet) : « *Ce présent traicté a été achevé le quinzième jour du moys de Septembre mil cinq cens trente trois par Philippe le*

Noir, libraire, et l'un des deux relieurs jurez en l'université de Paris ; in-16 de 47 ff. ch. et 1 f. pour la marque typographique, veau fauve, dos orné à froid, gaufrage à froid sur les plats, tr. jaunes. (*Rel. romantique*).

Edition rarissime, inconnue de Bonnardot et des autres bibliographes de Corrozet. — Le titre est en gothique ; le texte est en caractères ronds.

809. **LA FLEUR des antiquitez, singularités et excellences** de la noble et triumphante ville et cité de Paris, capitalle du royaulme de France, adjoustees oultre la première impression plusieurs singularitez estans en ladicte ville. Avec la généalogie du roy Francoys, premier de ce nom [par Gilles CORROZET]. *On les vend en la rue neusve nostre dame, à l'enseigne sainct Nicolas*, 1534. (A la fin) : *Imprimés nouvellement a Paris par Denis Janot pour Pierre Sergent et Jehan Longis, libraires* ; in-16 de 68 ff., les quatre derniers ff. cotés par erreur LXIIII-LXVII au lieu de LXV-LXVIII, mar. La Vallière jans., dent. int., tr. dor. (*Trautz-Bauzonnet*).

Edition rarissime, citée par Panzer, *et dont on ne connaît que cet unique exemplaire*, acquis en 1901 par M. Lacombe à la vente Guyot de Villeneuve.

810. **La Fleur des antiquitez, singularités** et excellences de la noble et truimphante ville et cité de Paris, capitalle du royaulme de France. Avec la généalogie du roy Françoys, premier de ce nom. De nouveau adjouste plusieurs belles singularités, dont le contenu pourres veoir en tournant le fueillet. [Par Gilles CORROZET]. *On les vent à Paris, en la rue neufve nostre dame à l'enseigne sainct Nicolas*, 1535. (A la fin) : *Imprimé nouvellement à Paris, par Jehan Savetier, demourant à la rue des Carmes, a lhomme saulvaige* ; in-16 de 52 ff. ch., le dernier numéroté par erreur 51, dérel., étui.

Edition rare, en caractères ronds. — Exemplaire lavé et encollé, incomplet des feuillets XII et XLIX ; le dernier feuillet est réparé.

811. **La Fleur des antiquitez**, singularitez et excellences de la noble et triumphante ville et cité de Paris, capitalle du royaulme de France. Avec la généalogie du roy Françoys, premier de ce nom. De nouveau ont esté adjoustées plusieurs belles singularitez, dont le conte nu pourres veoir en ce présent libvre. [Par Gilles CORROZET]. *On les vent à Paris*,

en la rue neufve nostre Dame a l'enseigne sainct Nicolas, 1539 ; in-16, dérel.

Cinquième édition du livre de Corrozet et l'une des plus rares ; elle n'est pas citée par Brunet.

Exemplaire *non rogné* incomplet du feuillet 49 et de la fin à partir du feuillet 52 inclus, provenant de la bibliothèque Lucien Hoche (vente des 13-20 décembre 1920). — Piqûre de ver dans la marge de fond.

812. **LES ANTIQUITEZ, histoires et singularitez** de Paris, ville capitale du Royaume de France [par Gilles CORROZET]. *A Paris, en la boutique de Gilles Corrozet*, 1550 ; in-8 de 16 ff. lim, 200 ff. ch. et 2 ff. d'errata, peau de mouton. (*Rel. du XVI*e siècle).

Première édition publiée sous le titre d'*Antiquités*, de la *Fleur des antiquités* du même auteur. Dans la dédicace à « *Monseigneur Claude Guiot, secrétaire et conseiller du Roy, prévost des marchans* », Corrozet dit que c'est un livre « tout neuf », et qu'il a « *supprimé et mis à néant le petit livret par cy devant escrit, émendant ses erreurs et fables* ». — Les augmentations contiennent les événements survenus de 1532 à 1550 ; cette partie, rédigée sur des notes contemporaines est regardée comme la plus curieuse. — Dans la liste des rues de Paris, la rue du Pélican figure avec le nom obscène qu'elle portait alors. — La marque du libraire, au-dessous du titre, est le rébus du nom de Corrozet : un *cœur* (cor) est une *rosette*. — Très rare. — Bon état, sauf une piqûre de ver.

813. **Les Antiquitez, histoires et singularitez** excellentes de la Ville, Cité et Université de Paris, capitale du Royaume de France [par Gilles CORROZET]. *A Paris, pour Estienne Groulleau, s. d.* (1551) ; in-16 de 12 ff. lim. et 130 ff. ch., mar. rouge, dos orné, milieu dor., dent. int., tr. dor. (*Duru et Chambolle*).

La dédicace adressée « *à Monseigneur Claude Guiot, secrétaire et i conseiller* (sic) *du Roy.... prévost des marchans* », offre cette singulière transposition de l'*i* dans le mot *conseiller*, laquelle n'a pas été signalée par M. Bonnardot. — Au verso du dernier feuillet, une gravure sur bois reproduit l'écu de France soutenu par deux anges. — Le dernier événement mentionné étant de 1550, il y a tout lieu de croire que l'édition est de cette année-là, ou de l'année suivante. — Très rare. — Bel exemplaire, d'une condition irréprochable, dans une reliure d'une parfaite fraîcheur.

814. **Les Antiquitez, chroniques et singularitez** de Paris, ville capitale du Royaume de France, avec les fondations et bastimens des lieux : les sepulchres et épitaphes des princes, princesses et autres personnes illustres. Corrigées et augmentées pour la seconde édition par G. CORROZET, Parisien. *A Paris, en la boutique dudict Gilles Corrozet*, 1561 ; in-8 de

8 ff. lim., 199 ff. ch. et 1 f. pour la marque, mar. bleu, fil. à froid sur le dos et les plats, tr. dor. (*Lortic*).

Dernière édition des *Antiquités* publiée par Corrozet, qui mourut en 1568 ; c'est aussi la plus complète. — Le dernier événement enregistré est de l'an 1560. Il est suivi de l'annonce d'un prochain ouvrage de Jacques Du cerceau « *homme très suffisant en l'art de perspective et ordonnance de bastir* », où l'on aura « *de la plupart des anciens et modernes bastimens et édifices de Paris les certains et vrais desseings ou pourtraicts, ensuyvant le mandement et permission du Roy, pour les dresser en plancke de cuyvre et basse taille, pour le bien et honneur de la République Parisienne.* » Très rare. — Bel exemplaire.

815. **Les Antiquitez, histoires et singularitez excellentes** de la Ville, Cité et Université de Paris, capitalle du Royaume de France [par feu Gilles Corrozet]. *A Paris, pour la vefve Jean Bonfons, s. d.* (*vers* 1572) ; in-16 de 12 ff. lim. et 130 ff. ch., veau brun, tr. jasp. (*Rel. de l'époque*).

Edition extrêmement rare, que Bonnardot, qui ne l'avait « *jamais vue* » cite pour mémoire, d'après Brunet, lequel, semble-t-il, ne l'avait pas vue davantage, car le titre qu'il en donne est inexact. Notre exemplaire, auquel il manque le titre, est identique à celui de la Bibliothèque Saint-Fargeau (Réserve, ancien n° 152, devenu 550 770), lequel a exactement la même collation et possède son titre. Cette édition, qui a été mise en vente soit en 1572 (année de la mort de Jean Bonfons), soit l'année suivante, est donc postérieure à la mort de Corrozet, survenue en 1568. Le dernier fait qu'elle enregistre est l'édit de Charles IX, du 28 janvier 1563, relatif à l'Hôtel des Tournelles, suivant lequel « *a esté démoly ledict Hostel, et vendu les places, et y ont esté faictes plusieurs rues, dont les noms s'ensuyvent en leur ordre* ». Or, nous savons de par des témoignages contemporains, que la démolition des Tournelles, ordonnée dès 1563, n'a été exécutée qu'en 1565, et que les rues ouvertes sur leur emplacement ne datent que de plusieurs années après.

816. **Les Antiquités, chroniques et singularitez** de Paris, ville capitalle du Royaume de France, avec les fondations et bastimens des lieux, les sépulchres et épitaphes des Princes, Princesses et autres personnes illustres. Recueillies par feu Gilles Corrozet, Parisien. Augmentées de nouveau de plusieurs choses mémorables. *A Paris, pour la vefve Jean Bonfons, s. d.* (*vers* 1573) ; in-16 de 203 ff. ch. et 4 ff. de table, veau fauve, dos orné, fil. et milieu dor. sur les plats, tr. dor. (*Rel. de l'époque*).

Edition très rare des *Antiquités* qui doit avoir été publiée vers 1573, un des derniers faits cités étant un débordement de la Seine en février 1571, où « *parmi la place Maubert y avoit plusieurs bateaux pour passer ceux qui demouroyent ès maisons voisines.* »

Ex-libris Destailleurs.

817. **Les Antiquitez, histoires, croniques** et singularitez de la grande et excellente cité de Paris, ville capitalle et chef

du Royaume de France ; avec les fondations et bastimens des lieux, les sépulchres et épitaphes des princes, princesses et autres personnes illustres. Auteur en partie, Gilles Corrozet, Parisien, mais beaucoup plus augmentées par N[icolas] B[onfons], Parisien. *A Paris, par Nicolas Bonfons*, 1576 ; in-16 de 16 ff. lim. et 224 ff. chiffrés 1 à 150 et 161 à 234 (au lieu de 151 à 224), cart. pap. rouge.

Edition en 32 chapitres, dont le dernier s'arrête en 1576. — Exemplaire grand de marges. (Piqûre de ver).

818. **Les Antiquitez, histoires, croniques** et singularitez de la grande et excellente cité de Paris, ville capitalle et chef du Royaume de France. Avec les fondations et bastiments des lieux, les sépulchres et épitaphes des princes, princesses et autres personnes illustres. Auteur en partie, Gilles Corrozet, Parisien, mais beaucoup plus augmentées par N. B. [Nicolas Bonfons], Parisien. *A Paris, par Nicolas Bonfons*, 1577 ; in-16 de 16 ff. lim. et 224 ff. chiffrés 1 à 150, et 161 à 234 (au lieu de 151 à 224), veau jasp., dos orné, tr. marb. (*Rel. anc.*).

Edition exactement semblable à la précédente, sauf pour la date. — Le titre et le dernier feuillet sont doublés, et couverts au verso de notes manuscrites. (Mouillures).

819. **Les Antiquitez, croniques et singularitez** de Paris, ville capitalle du Royaume de France. Avec les fondations et bastimens des lieux, les sepulchres et épitaphes des princes, princesses et autres personnes illustres, par Gilles Corrozet, Parisien, et depuis augmentées par N. B. [Nicolas Bonfons], Parisien. *A Paris, chez Galiot Corrozet*, 1581 ; in-16 de 16 ff. lim. et 328 ff. ch., mar. rouge jans., dent. int., tr. dor. (*Chambolle-Duru*).

Edition en 32 chapitres, dans laquelle les deux premiers ont été réunis en un seul, et dont les trois derniers sont consacrés aux événements survenus depuis 1560 jusqu'au 19 novembre 1580, où « *le feu print en l'église des Cordeliers à Paris.* » — Très bel exemplaire, d'une condition irréprochable.

820. **Les Antiquitez, croniques et singularitez de Paris**, ville capitalle du Royaume de France. Avec les fondations et bastiments des lieux : les sepulchres et épitaphes des princes, princesses et autres personnes illustres. Par Gilles

Corrozet, Parisien, et depuis augmentées par N. B. [Nicolas Bonfons], 1586; 1 tome de 16 ff. lim. et 212 ff. — Les Antiquitez et singularitez de Paris. Livre second. De la sépulture des roys et roynes de France, princes, princesses et autres personnes illustres : représentez par figures ainsi qu'ils se voyent encore à présent es eglises où ils sont inhumez. Recueillis par Jean Rabel, M. paintre. *Ibid.*, 1588 ; 1 tome de 4 ff. lim., 121 ff. (le dernier chiffré par erreur 119) et 3 ff. de table. — Ens. 2 tom. en 1 vol. in-8, veau fauve, dos orné, fil. sur les plats, tr. jasp. (*Rel. de l'époque*).

Première édition des *Antiquités* ornée des 55 figures de Rabel, gravées sur bois, représentant, l'une, l'abbaye de Saint-Germain-des-Prés, et les autres des tombes royales de Saint-Denis, et aussi les trois superbes tombeaux élevés dans l'église Saint-Paul par Henri III à ses favoris Quélus, Saint-Mégrin et Maugiron, et qui furent détruits par les ligueurs en 1589.
Cette édition est la troisième du livre de Corrozet publiée par Nicolas Bonfons, avec des augmentations telles que Bonfons la « *regarde presque comme son œuvre propre* ». — Bel exemplaire dans sa première reliure.

821. **Etudes sur Gilles Corrozet** et sur deux anciens ouvrages relatifs à l'histoire de la ville de Paris, par A. Bonnardot. *Paris, imp. Guiraudet et Jouaust*, 1848 ; plaq. in-8, pap. vergé, demi-rel. chag. brun, tr. jasp.

Tiré à 100 exemplaires seulement.
On y joint : Notice historique et critique sur la vie et les ouvrages manuscrits de Dom Jacques Du Breul, auteur du Théâtre des Antiquités de Paris..., par Le Roux de Lincy et A. Bruel. *Ibid., Franck*, 1868 ; plaq. gr. in-8, brochée. — Envoi d'auteur sur la couv. ; le nom du destinataire a été coupé. — Notice nécrologique sur Gabriel Marcel, suivie de la bibliographie de ses œuvres, par Henri Cordier. *Ibid., Impr. Nationale*, 1909 ; plaq. in-8, brochée. — Ens. 3 plaq.

821 *bis* **Gilles Corrozet et Germain Brice**, études bibliographiques sur ces deux historiens de Paris, par Alfred Bonnardot, Parisien. *Paris, Champion*, 1880 ; in-16 de 65 pp., pap. vergé, cart. bradel demi-mar. bleu à long grain, non rog., couv. cons.

822. **Les Fastes, antiquitez et choses plus remarquables de Paris**. Labeur de curieuse et diligente recherche, divisé en quatre livres. Par Pierre Bonfons, Parisien. *Paris, Nicolas et Pierre Bonfons*, 1605 ; in-8 de 16 ff. lim. et 336 ff. ch., vélin blanc à rec. (*Rel. de l'époque*).

Nouvelle édition, augmentée, des *Antiquités*, avec les figures de Rabel, y compris les tombeaux des trois favoris de Henri III. — Bel exemplaire.

823. **Les Fastes, antiquitez et choses plus remarquables de Paris.** Labeur de curieuse et diligente recherche, divisé en trois livres, par M. Pierre Bonfons, Parisien, controolleur au Grenier à sel de Pontoise. *Paris, Nicolas Bonfons*, 1607 ; in-8 de 16 ff. lim. et 336 ff. ch., mar. rouge, dos orné, fil. sur les plats, dent. int., tr. dor. (*Duru et Chambolle*).

Superbe exemplaire de cette nouvelle édition des *Antiquités*, ornée des figures sur bois dessinées par Rabel pour l'édition de 1588.

824. *Le même ouvrage*, même édition ; veau brun, dos orné, tr. jasp. (*Rel. anc.*). — Nombreuses annotations manuscrites, à l'encre, dans les marges. (Petites mouillures).

825. **Les Antiquitez et recherches** des villes, chasteaux et places plus remarquables de toute la France, divisées en huict livres, selon l'ordre et ressort des huict Parlemens.... Par André du Chesne, Tourangeau. *A Paris, chez Jean Petit-pas*, 1609 ; 2 tom. en 1 vol. pet. in-8, veau brun, dos orné, tr. rouges. (*Rel. de l'époque*).

Edition originale.

Le premier volume, consacré au Parlement de Paris, contient (pp. 1-290) l'histoire de Paris et de ses principaux édifices, et celle des principales localités environnantes.

André Duchesne, surnommé à juste titre le *Père de l'histoire* de France, fut nommé, avec l'appui de Richelieu, géographe, puis historiographe du roi.

826. **Les Antiquitez et recherches** des villes, chasteaux et places plus remarquables de toute la France.... (par André Duchesne). Sixiesme édition, reueue et corrigée.... *A Paris, chez Nic. et Jean de la Coste*, 1631 ; pet. in-8 de 8 ff. prélim., 1039 pp. chiff. et 12 ff. de table, veau brun, dos orné, tr. rouges. (*Rel. de l'époque*).

L'histoire de Paris et de ses environs occupe les 230 premières pages de cette édition.

Lettre autographe de M. Paul Lacombe, contenant les renseignements sur les diverses éditions de l'ouvrage, ajoutée. — Qq. taches et trous de ver.

827. **Les Antiquitez et recherches** des villes, chasteaux et places plus remarquables de toute la France.... (par André Duchesne).... Dernière édition. *A Paris, chez Michel Blageart*, 1637 ; in-8 de 8 ff. prélim., 1040 pp. chiff., 12 ff. de table et 1 f. blanc, vélin blanc. (*Rel. de l'époque*).

Edition précédée d'une épître dédicatoire à Nicolas Brulard de Sillery

L'histoire de Paris et de ses environs y occupe les 232 premières pages. (Qq. petites défectuosités, taches et trous de ver).

828. **Les Antiquitez et recherches** des villes, chasteaux et places plus remarquables de France...., par André DU CHESNE.... *A Paris, chez Michel Bobin et Nic. le Gras*, 1668 ; 2 vol. in-12, veau brun. (*Rel. de l'époque*).

Edition revue et augmentée par François DUCHESNE, fils de l'auteur, avocat au Parlement ; elle est dédiée à Michel Chevalier, conseiller d'Etat et surintendant des finances. Les 233 premières pages du tome 1er renferment l'histoire de Paris et de ses environs.

829. **Le Théâtre des antiquités** de Paris, où est traicté de la fondation des églises et chapelles de la cité, université, ville et diocèse de Paris, comme aussi de l'institution du Parlement, fondation de l'université et collèges, et autres choses remarquables. Divisé en quatre livres. Par le R. P. F. Jacques DU BREUL, Parisien, religieux de Sainct-Germain-des-Prez. *Paris, Pierre Chevalier*, 1612. — Supplément des antiquitez de Paris, avec tout ce qui s'est fait et passé de plus remarquable depuis l'année 1610 jusques à présent, par D. H. I., advocat en Parlement. *Paris, par la Société des imprimeurs*, 1639. — Ens. 2 ouv. en 1 fort vol. in-4, veau marb., dos orné, tr. rouges. (*Rel. de l'époque*).

Première édition (II, 850) de cet ouvrage estimé, orné de 11 figures gravées et de 4 gravures ajoutées, et terminé par une bonne table analytique des matières. — Bel exemplaire.

830. — *Le même ouvrage*, sans le Supplément ; fort vol. in-4, veau brun, dos orné, dent. int., tr. dor. (*Rel. de l'époque*). — Bel exemplaire.

831. **Les Antiquitez et choses plus remarquables de Paris**, recueillies par M. Pierre BONFONS, controolleur au grenier et magazin à sel de Pontoise. Augmentées par frère Jacques DU BREUL, religieux octogénaire de l'abbaye de Sainct-Germain-des-Prez, lez Paris. *Paris, Nicolas Bonfons*, 1608 ; in-8 de 12 ff. lim., 447 ff. ch. et 1 f. pour les noms des évêques de Paris, veau fauve, dos orné, fil. sur les plats, dent. int., tr. dor. (*Andrieux*).

Edition soigneusement revue et augmentée par le P. Du Breul, de l'ouvrage de Gilles Corrozet ; elle renferme les figures sur bois, dessinées par Rabel, pour l'édition de 1588.

832. **Le Théâtre des antiquités** de Paris, où est traicté de la fondation des églises et chapelles de la cité, université, ville et diocèse de Paris, comme aussi de l'institution du Parlement, fondation de l'Université et collèges, et autres choses remarquables. Divisé en quatre livres. Par le R. P. F. Jacques du Breul, Parisien, religieux de Sainct-Germain-des-Prez... Augmenté en cette édition d'un Supplément, contenant le nombre des monastères, églises, l'agrandissement de la ville et fauxbourgs qui s'est faict depuis l'année 1610, jusques à présent. *A Paris, par la Société des Imprimeurs*, 1639 ; fort vol. in-4, vélin blanc. (*Rel. de l'époque*).

Première édition avec supplément. (Trous de ver dans la marge int.).

833. **Description** contenant toutes les singularitez de plus célèbres villes et places remarquables du royaume de France. Auec les choses plus mémorables aduenues en iceluy.... (par François Desrues). *A Rouen, chez David Geuffroy, rue de Cordeliers, s. d.* (*vers* 1610) ; pet. in-8, titre-front. gr., 4 ff. prélim. et 352 pp. chiff., veau brun. (*Rel. de l'époque*).

Edition rare de cet ouvrage qui n'est pas sans mérite et dont il a été fait au début du XVIIe siècle, plusieurs éditions sous des titres variés, notamment sous celui de *Délices de la France*. C'est la première où l'on trouve la carte de la France gravée sur cuivre, celles des principales provinces, sur bois, et les « *portraitz des plus signalées villes du royaume* », petites vues, au nombre de 19 gravées sur bois en forme de médaillons ovales. La partie relative à Paris et à ses environs occupe les pp. 31 à 70 ; le dernier événement parisien mentionné est l'exécution du maréchal de Biron, le 31 juillet 1602.

Le titre raccommodé et doublé, porte la signature de Jean Trabouillet, libraire parisien, petit-fils de Nicolas Trabouillet, un des plus fameux libraires de Paris de la première moitié du XVIIe siècle.

834. — *Le même ouvrage*, édition de *Rouen, chez Jean Petit*, 1611 ; in-8, même collection que l'édition précédente, mais avec 4 ff. de table supplémentaires, titre-front. gr., cartes et vign. sur bois, demi-rel. veau fauve mod. — Exemplaire grand de marges.

835. **Les Antiquitez, fondations et singularitez** des plus célèbres villes, chasteaux, places remarquables, Eglises, forts, forteresses du Royaume de France : auec les choses plus mémorables aduenues en iceluy. Reveves, corrigées et augmentées de nouueau, auec une addition de la Chronologie des Roys de France. Par I. D. F. P. [Jacques (ou Jean ?)

de Fonteny, Parisien]. *A Paris, chez Iacques Bessin*, 1611 ; pet. in-12 de 12 ff. prélim., 626 pp. chiff. et 5 ff. de table, vélin blanc. (*Rel. de l'époque*).

Édition sous un nouveau titre de l'ouvrage de François Desrues. Le P. Lelong l'attribue à Jacques de Fonteny, poète de la fin du XVIe siècle, qui a laissé diverses poésies pastorales.

836. **Les Antiquitez de la ville de Paris** contenans la recherche nouvelle des fondations et establissemens des eglises, chapelles, monasteres, hospitaux, hostels, maisons remarquables, fontaines, regards, quais, ponts et autres ouvrages curieux. La chronologie des premiers presidens, aduocats et procureurs generaux du Parlement, Preuots, gardes de la prévosté de la ville et vicomté de Paris, Preuots des marchands et Escheuins de ladite ville... Le tout extraict de plusieurs titres et archives, cabinets et registres publics et particuliers... [par Claude Malingre]. *A Paris, chez Pierre Rocolet*, 1640 ; fort vol. pet. in-fol., bas. marb., dos sans nerfs orné, bord. de palmettes à froid sur les plats, tr. marb. (*Rel. romantique, usagée*).

Cet intéressant ouvrage est une édition revue et augmentée du *Théâtre des Antiquités de Paris* de Dom Jacques Du Breul ; les additions concernent particulièrement le règne de Louis XIII ; il est illustré de quelques figures gravées, dont une, hors texte, signée N. Picart. (Qq. mouillures).

837. **Les Annales generales de la ville de Paris**, représentant tout ce que l'histoire a peu remarquer de ce qui s'est passé de plus memorable en icelle, depuis sa premiere fondation, iusques à present. Le tout par l'ordre des années et des règnes de nos roys de France [par Claude Malingre]. *A Paris, chez Pierre Rocolet*, 1640 ; in-fol. de 6 ff. n. ch., 759 pp. et 25 pp. n. ch. pour la table, veau marb., dos orné, tr. jasp. (*Rel. anc., usagée*).

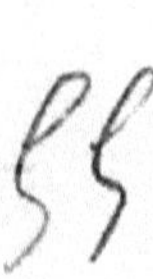

Première édition de cet important ouvrage, œuvre de Claude Malingre, historiographe de France, né à Sens vers 1580, mort en 1653. (Mouillure dans la marge inférieure).

838. **Abrégé des Antiquitez** de la ville de Paris, contenant les choses les plus remarquables, tant anciennes que modernes [par F. Colletet]. *A Paris, chez N. Pepingué*, 1664 ; pet. in-12, demi-rel. veau fauve avec coins, enc. de fil. au dos, tr. peigne. (*Niédrée*).

Cet abrégé de l'ouvrage de Claude Malingre est dû à François Colletet fils du poète Guillaume Colletet, qui fut un des amis et protégés du cardinal de Richelieu.

839. **Abrégé des Annales** de la ville de Paris, contenant tout ce qui s'est passé de plus memorable depuis sa premiere fondation iusques à present ; le tout par l'ordre des années et regne de nos roys [par F. COLLETET]. *A Paris, chez Iean Guignard le fils*, 1664 ; pet. in-12, veau brun, dos orné, tr. jasp. (*Rel. anc.*).

Abrégé de l'ouvrage de Claude Malingre, historiographe du roi, paru en 1640.

840. **Histoire et recherches des antiquités** de la ville et de Paris, par Henri SAUVAL. *Paris, Charles Moette ; Jacques Chardon*, 1724 ; 3 vol. in-fol., veau brun, dos orné, tr. mouchetées. (*Rel. de l'époque*).

Première édition de cet ouvrage célèbre, plein de recherches curieuses sur les monuments de Paris et les agrandissements de la ville, les anciens usages, les cérémonies publiques, etc. (La charnière d'une reliure est endommagée ; mouillure à qq. feuillets du tome III).

841. **Histoire de la ville de Paris**, composée par D. Michel FELIBIEN, reveue, augmentée et mise au jour par D. Guy-Alexis LOBINEAU, tous deux prêtres religieux bénédictins de la Congrégation de Saint-Maur. Justifiée par des preuves autentiques et enrichie de plans, de figures et d'une carte topographique. *Paris, Guillaume Desprez et Jean Desessartz*, 1725 ; 5 vol. in-fol., veau brun, dos orné, tr. jasp. (*Rel. de l'époque*).

Première édition, la seule complète de cette importante Histoire de Paris. — Elle est ornée de 1 frontispice par Hallé, gravé par Simonneau, 3 vignettes par le même, gravées par N. Cochin et Simonneau, 1 plan de Paris par Coquart, et 32 planches numérotées de 1 à 36 (les nos 22-23-24-25-26 et 27-28 ne formant que 3 planches), dont 3 grandes vues d'après nature dessinées par Chaufourier, et 2 vues avec personnages dessinées par Chevotet. — Deux index des noms et des matières contenues dans les cinq volumes complètent ce grand ouvrage.

842. **Histoire abrégée de l'Eglise**, de la Ville et de l'Université de Paris, par un docteur en théologie de la Faculté de Paris [Jean GRANCOLAS]. *A Paris, chez J.-B. Lamesle*, 1728 ; 2 vol. in-12, veau marb., dos orné, tr. rouges. (*Rel. anc.*).

Edition originale. — Cet ouvrage fut supprimé à la demande du cardinal de Noailles, qui y était traité avec trop peu de respect. — Exemplaire contenant de nombreux passages soulignés à l'encre rouge, avec dans les marges, quelques annotations et les noms réels de certains personnages désignés par Grancolas, d'une bonne écriture de l'époque.

843. **Histoire de la ville de Paris**, contenant ce qui s'est passé de remarquable depuis le commencement de la monarchie jusqu'à Louis XV... *A Paris, chez Guillaume Desprez*, 1735 ; 5 vol. in-12, plans gravés, veau marb., dos orné, tr. rouges. (*Rel. anc.*).

Les quatre premiers volumes sont de l'abbé Guyot Desfontaines et de Jean du Castre d'Auvigny ; le dernier, qui contient le *Précis des pièces justificatives*, est l'œuvre de L.-J. de la Barre.

844. **Projet d'une histoire** de la ville de Paris sur un plan nouveau [par Coste, de Toulouse]. *A Harlem*, 1739 ; in-12 de 49 pp., plus le titre, veau anc. — Le même opuscule, autre édition, *à Harlem*, 1739 ; in-12 de 39 pp., plus le titre, demi-rel. veau. — Ens. 2 vol.

845. **Dissertations sur l'histoire ecclésiastique et civile** de Paris, suivies de plusieurs eclaircissemens sur l'histoire de France, par M. l'abbé Lebeuf. *A Paris, chez Lambert et Durand*, 1739-1743 ; 3 vol. in-12, demi-rel. veau fauve, fil. au dos, tr. peigne. (*Rel. mod.*).

Edition originale, ornée de quelques figures gravées sur cuivre, non signées, hors texte.

846. **Histoire de la ville** et de tout le diocèse de Paris, par l'abbé Lebeuf. *Paris, Prault père*, 1754-1758 ; 15 vol. in-12, veau marb., dos orné, tr. rouges. (*Rel. anc.*).

Première édition de cet excellent ouvrage, précieux par l'exactitude des recherches et les nombreux détails historiques qu'il renferme. (Petite cassure au mors de la rel. du dernier tome).

847. **Histoire de la ville** et de tout le diocèse de Paris, par l'abbé Lebeuf. Nouvelle édition annotée et continuée jusqu'à nos jours, par Hippolyte Cocheris. *Paris, Durand*, 1863-1870 ; 4 vol. in-8, cart. bradel demi-vélin vert, dos orné, non rog.

Première réimpression de cet important ouvrage, dont la partie relative à la banlieue est restée inachevée.

On y joint une importante *table manuscrite* des noms cités dans la présente édition, ainsi que dans les additions données par Fernand Bournon en 1890, formant un vol. in-8 de 100 ff. environ, même cart.

848. **Histoire de la ville** et de tout le diocèse de Paris, par l'abbé LEBEUF. *Paris, Féchoz et Letouzey*, 1883 ; 5 vol. — Histoire... Table analytique, par A. AUGIER et F. BOURNON. *Ibid., id.*, 1893 ; 1 vol. — Ens. 6 vol. gr. in-8, cart. bradel demi-perc. olive, tête jasp., non rog.

On y joint : Histoire de la ville et de tout le diocèse de Paris. Rectifications et additions par Fernand BOURNON. *Ibid., H. Champion*, 1890 ; gr. in-8, cart. bradel demi-vélin vert, tête rouge, non rog., couv. cons. — Lettre de Bournon ajoutée.

849. **Le Beuf** (l'abbé Jean), né à Auxerre en 1687, historien français, membre de l'Académie des inscriptions. 2 pièces autographes.

1° Une lettre de 2 pp. in-4, signée avec souscription et cachet, datée d'Auxerre, 28 mars 1734, adressée à *Monsieur le conseiller Bazin, à Dijon*, et relative à un ouvrage du savant dijonnais Phibert Papillon : *Bibliothèque des auteurs de Bourgogne* ; 2° le Plan d'une Dissertation sur les *Maisons de campagne des premiers Rois de France, où ils faisaient souvent battre monnoyes* ; 3 pp. in-4.

850. **Manuel de l'homme du monde**, ou Connoissance générale des principaux états de la société et de toutes les matières qui font le sujet des conversations ordinaires [par Pons-Augustin ALLETZ]. *A Paris, chez Guillyn*, 1761 ; pet. in-8, veau marb., dos orné, tr. marb. (*Rel. anc.*).

Edition originale de ce manuel contenant, classées par ordre alphabétique « les choses remarquables qui concernent particulièrement la ville de Paris, comme les Compagnies de Justice, les divers Corps établis pour le progrès des sciences et des arts, les spectacles, les monumens publics, etc.

851. **Recherches critiques, historiques et topographiques** sur la ville de Paris, depuis ses commencements connus jusqu'à présent ; avec le plan de chaque quartier ; par le Sr JAILLOT, géographe ordinaire du Roi. *A Paris, chez l'auteur et chez Lottin ainé*, 1772-1778 ; 6 vol. in-8 et 1 atlas in-fol., veau marb., dos orné, tr. rouges. (*Rel. de l'époque*).

La meilleure édition de cet excellent ouvrage renommé pour son exactitude. — *Le Nouveau Plan de la ville et des fauxbourgs de Paris*, daté de 1777, est composé de 30 feuilles in-folio.

852. **Recherches critiques**, historiques et topographiques sur la ville de Paris, depuis ses commencements connus jusqu'à présent, avec le plan de chaque quartier, par le Sr JAILLOT, géographe ordinaire du Roi. *Paris, Lottin ainé* ; *Le*

Boucher, 1772-1782 ; 5 vol. in-8, demi-rel. veau fauve, dos orné, tr. jasp. (*Rel. mod.*).

Edition ornée de 25 plans, repliés, gravés par Perrier. — Le premier volume seul a un titre gravé et sort de chez Lottin aîné ; les quatre autres volumes portent l'adresse de Le Boucher. — Bel exemplaire bien complet de la Réponse de Jaillot à ses critiques, qu'on trouve à la fin du tome V.

853. **Tableau historique et pittoresque de Paris**, depuis les Gaulois jusqu'à nos jours, par M. **** (J. Bins de Saint-Victor). *Paris, Nicolle* ; *Le Normand*, 1808-1811 ; 3 forts vol. in-4, demi-rel. bas. rouge à long grain, non rog. (*Rel. de l'époque, usagée*).

Ouvrage illustré d'environ 150 planches hors texte, dont un certain nombre à plusieurs sujets, et de nombreuses figures dans le texte, gravées à la manière noire, reproduisant les monuments et les vues de Paris à cette époque, et de cartes et plans gravés, hors texte. (Qq. petites mouillures).

854. **Singularités historiques**, ou tableau critique des mœurs, des usages et des événemens de différens siècles, contenant ce que l'histoire de la Capitale et des autres lieux de l'Isle-de-France offre de plus piquant et de plus singulier. Pour servir de suite aux Descriptions de Paris et de ses environs, par J.-A. D*** [Dulaure]. *Londres et Paris, Lejay*, 1788 ; in-18, demi-rel. bas. fauve, dos sans nerfs orné, tr. jasp. (*Rel. de l'époque*).

855. — *Le même ouvrage. Ibid., id.*, 1790 ; in-18, cart. bradel pap. fant., tête jasp., non rog. (*Petitot*). — Exemplaire lavé et encollé.

856. — *Le même ouvrage*, sous le titre de : Singularités historiques, contenant ce que l'histoire de Paris et de ses environs offre de plus piquant et de plus extraordinaire. *Paris, Baudouin frères*, 1825 ; in-8, vign. de titre et 4 fig. par Couché fils, cart. de l'époque, non rog.

857. **Histoire physique, civile et morale de Paris**, depuis les premiers temps historiques jusqu'à nos jours... ornée de gravures représentant divers plans de Paris, et ses monumens et édifices principaux, par J.-A. Dulaure. *Paris*,

Guillaume et Cie, 1821-1825 ; 8 vol. in-8, bas. rac., dos sans nerfs orné, tr. marb. (*Rel. de l'époque*).

Edition originale.

On a joint un recueil gr. in-8 obl., demi-rel. de l'époque, veau olive, renfermant : 1° l'atlas de l'Histoire de Paris de Dulaure, de la seconde édition, contenant 5 grandes cartes gravées, pliées ; 2° une copie manuscrite, à l'encre, d'une bonne écriture de l'époque, du *Dictionnaire des rues de Paris* de Guillot ; 3° une copie d'un manuscrit de l'abbaye de Sainte Geneviève datant de 1450 environ ; 4° des notes manuscrites extraites de divers ouvrages anciens ; 5° 8 grands plans de Paris, gravés, pliés, tirés du *Traité la police* de N. de La Mare, 1705 ; 6° 3 curieux placards sur l'Obélisque, la Colonne de Juillet et la Colonne Vendôme.

858. **Histoire physique, civile et morale de Paris**, par J.-A. Dulaure. Sixième édition, augmentée de notes nouvelles et d'un appendice. *Paris*, *Furne et Cie*, 1837 ; 8 vol. in-8 et 1 atlas gr. in-8 obl., fig., demi-rel. veau violet, dos sans nerfs orné en long, tr. jasp. (*Rel. de l'époque*). — La rel. de l'atlas est légèrement différente.

859. **Dulaure** (Jacques-Antoine), conventionnel et historien, né à Clermont-Ferrand en 1755, auteur de l'*Histoire de Paris*. 2 lettres autographes signées, de chacune 1 p. in-4°.

La première datée de Paris, 12 mai 1791, avec suscription et cachet, est adressée à son cousin, à Clermont Ferrand : « *Votre brochure contre les calotins n'est pas encore achevée d'imprimer.... Depuis votre départ, il ne s'est passé rien d'intéressant ; le peuple s'est enivré tous les premiers jours du mois, mais le froid qu'il a fait ayant causé du mal aux vignes a fait hausser le prix du vin...* »

Dans la seconde, datée du 14 octobre 1829, il parle de siens travaux sur les châteaux d'Auvergne : « *J'ai peur d'avoir dans l'article Volvic, insinué que M. Chabrol* [le comte de Chabrol de Volvic, alors préfet de la Seine] *avait un intérêt dans l'exploitation de la carrière de ce lieu ; il y est entièrement étranger.* »

860. **Baudot** (Pierre-Louis), avocat et archéologue, né à Dijon en 1760, mort en 1816. L. aut. s. à Dulaure, l'historien de Paris ; *Paris*, 21 *mai* 1785, 8 pp. in-4.

Longue et intéressante lettre écrite à l'occasion d'un article publié dans l'*Année littéraire* contre la *Nouvelle description des curiosités de Paris* de Dulaure. L'auteur anonyme de l'article avait vivement reproché à Dulaure ses « plaisanteries » contre la gent monacale : cordeliers, dominicains, chartreux, théatins, ursulines, etc. Baudot conseille à Dulaure de se tranquilliser, l'art. étant « *trop pauvre de raisons pour faire impression sur personne* », et il commente spirituellement les allégations du défenseur du clergé.

Le nom de Baudot, en toutes lettres, a été ajouté, à la fin de la lettre, de la main de Dulaure. Son correspondant, par prudence, avait signé simplement *B...t, de Dijon, avocat*. Baudot, qui s'est fait connaître depuis par de nombreuses publications archéologiques, était alors avocat au Parlement de Paris.

861. **Notice** sur la vie et les ouvrages de M. Dulaure [par A. TAILLANDIER et GIRAULT DE SAINT-FARGEAU]. — Catalogue de livres anciens et de quelques manuscrits, la plupart relatifs à l'histoire de France, provenant de la bibliothèque de feu M. Dulaure... *Paris*, *Téchener*, 1835 ; 2 ouvr. en 1 vol. in-8, demi-rel. mar. citron, tr. jasp. (*Rel. de l'époque*).

Lettre et note manuscrites de Dulaure, adressées au Dr Payen, et portrait de Dulaure, ajoutés.

On y a joint : Notice sur Dulaure, par Edouard FOURNIER. *S. l. n. d.* [Poissy, typ. Arbieu], gr. in-8 de 47 pp., demi-rel. mar. rouge avec coins, tête dor., non rog.

862. **Opuscules sur l'histoire de Paris**, en forme de catéchisme ou dialogues publiés vers 1801, 6 pièces in-12, brochées ou dérel.

Fondation de la ville de Paris, ou Paris considéré depuis son origine jusqu'à nos jours. (Suivi de *Paris en miniature* et d'un *Nouveau recueil des antiquités et de la fondation de la ville de Paris*, publié par PENARD), 3 part. de 12 pp. chacune. — Le même opuscule, édition différente où la 3e partie est remplacée par un *Coup d'œil observateur sur l'état actuel de la ville de Paris*, 3 part. de 12 pp. chacune. — L'origine et les antiquités de Paris, par POIRIER, dit le boîteux, avec le SUPPLÉMENT, 2 part. de 12 pp. chacune. — Etc.

863. **Histoire de Paris**. 7 vol. in-12 et in-16, rel. ou cart.

Mémorial parisien, ou Paris tel qu'il fut, tel qu'il est, par P. J. S. DUFEY. 1821, front. gr. — Histoire de Paris, depuis ses origines jusqu'à nos jours, par Th. MURET. 1837. — Le même ouvrage. Nouvelle édition. 1851. — Histoire civile, morale et monumentale de Paris, par BELIN et PUJOL. 1843. — Les origines de Paris, par la Marquise Blanche de SAFFRAY (en vers). 1860 (mouillure). — Histoire de Paris, suivie de Paris agrandi, par E. de LABÉDOLLIÈRE. 1864, 21 cartes en coul. — Etudes sur l'histoire de Paris ancien et moderne, par DAVESIÈS DE PONTÈS. 1865.

864. **Histoire de Paris**. 12 vol. ou plaq. in-18 et in-8, rel., cart. ou brochés.

Résumé de l'histoire physique, civile et morale de Paris, par LUCAS. 1825. — Histoire civile et militaire des Parisiens, par Scipion MARIN. 1831, 2 tom. en 1 vol. — Origine des rues et principaux monumens de cette ville ; choix d'anecdotes curieuses... par COUSIN D'AVALON. 1834, fig. — Paris à vol d'oiseau. Son histoire... 1846, nomb. grav. sur bois. — Lutèce et Paris. Histoire religieuse, civile... par Victor HERPIN. 1847, fig. — Histoire de Paris, par GIRAULT (1850). — Etc.

865. **Histoire de Paris**. 4 vol. gr. in-8 et in-8, demi-rel. chag. ou cart.

Histoire de Paris depuis le temps des Gaulois jusqu'en 1850, par Th. LAVALLÉE. 1852, vig. par Champin. — Le Nouveau Paris. Histoire de ses

20 arrondissements, par Emile de LABEDOLLIÈRE. Illustrations de Gustave Doré (1860). — *Curieuse lettre autographe de Firmin Maillard*, qui a collaboré à l'ouvrage, *ajoutée*. — Les Merveilles du nouveau Paris, par DÉCEMBRE-ALONNIER. 1867, fig. (Rousseurs). — Paris, son histoire, ses monuments, par Maxime de MONTROND (1868), fig.

866. **Histoire de Paris**. 6 vol. in-8 et gr. in-8, rel. ou cart.

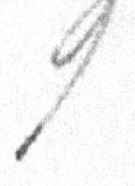

Trois semaines à Paris, par E. HOCQUART. *Tournai*, 1855, 12 lithogr. en 2 tons, hors texte. — Histoire politique, sociale et anecdotique du peuple parisien, par Ch. MARCHAL. 1849, fig. sur bois, hors texte. — Paris chez soi, revue historique, monumentale et pittoresque [texte par Achard, M. Alhoy, Et. Arago, Briffault, Janin, P. Lacroix ; illustr. par J. David, Gavarni, Daumier, Nanteuil, etc]. 1855, fig. sur bois. — Origines de la commune et de la ville de Paris, par EMION et PALLIER. 1875-1876, 2 vol. fig. sur bois. — Le Tableau de Paris [texte par Ed. Fournier, L. Blanc, J. Claretie, Henry Monnier, etc] 1876, fig. sur bois.

867. **Histoire de Paris** depuis les temps les plus reculés jusqu'à nos jours, par Amédée GABOURD. *Paris, Gaume et Duprey*, 1863-1865 ; 5 vol. in-8, fig. sur Chine monté, brochés, couv. imp.

868. **Histoire de Paris**. 6 vol. in-12, cart.

Paris-Capitale, par Ed. FOURNIER. 1881, portr. — Notre capitale Paris, par C. DELON. 1885, fig. — Petite histoire de Paris, par Pierre BUJON (1887), fig. — Lutèce, roman historique, par J.-B. LAGLAIZE. 1888. — Paris historique, par Ch. VIRMAITRE (1896). — Paris nouveau et ancien, par G. PESSARD. 1892.

869. **Paris à travers les Ages**. Aspects successifs des monuments et quartiers historiques de Paris, depuis le XIIIe siècle jusqu'à nos jours, fidèlement restitués d'après les documents authentiques par M. F. Hoffbauer, architecte. Texte par Edouard Fournier, Paul Lacroix, A. de Montaiglon, A. Bonnardot, Jules Cousin, Franklin, V. Dufour, etc. *Paris, Firmin Didot*, 1875-1882 ; 2 vol. en 14 fasc. in-fol., en ff., dans des cartons.

Premier tirage. — Ouvrage contenant de nombreuses illustrations d'après les originaux ou des restitutions des principaux monuments de l'ancien Paris ; ces illustrations comprennent plus de 750 vignettes sur bois dans le texte et 92 planches et plans hors texte, la plupart en couleurs. (Manque la table du tome Ier).

870. **Paris à travers les Ages**. Aspects successifs des monuments et quartiers historiques de Paris, depuis le XIIIe siècle jusqu'à nos jours, fidèlement restitués d'après les documents authentiques, par M. F. Hoffbauer, architecte.

Texte par Edouard Fournier, Paul Lacroix, A. de Montaiglon, A. Bonnardot, Jules Cousin, Franklin, V. Dufour, etc. Deuxième édition. *Paris*, *Firmin Didot*, 1885 ; 2 vol. in-fol., demi-rel. mar. rouge, fil. à froid sur le dos, tête dor., non rog. (*Petitot*).

Ouvrage recherché contenant de nombreuses illustrations d'après les originaux ou des restitutions des principaux monuments de l'ancien Paris ; ces illustrations comprennent plus de 750 vignettes dans le texte et 92 planches et plans hors texte, la plupart en couleurs.

Bel exemplaire bien relié, avec les planches hors texte montées sur onglets.

871. **Charles Yriarte**. Histoire de Paris, ses transformations successives [texte par About, Alphand, Brunetière, Fournel, Franklin, Lafenestre, Yriarte, etc. ; illustr. par Clerget, Daubigny, Detaille, Doré, Français, Lalanne, Morin, Scott, etc.]. *Paris*, *Rothschild*, (1882) ; pet. in-fol., fig. grav. à l'eau-forte ou sur bois, cart. bradel demi-perc. olive avec coins, non rog.

Un des 100 exemplaires sur papier vélin teinté du tirage spécial exécuté en souvenir de l'inauguration du nouvel Hôtel de Ville, offert à M. Victor Fournel.

872. **Histoire de Paris**. 8 vol. ou plaq. in-12 et gr. in-8, brochés.

Paris. Histoire, monuments, administration. Environs de Paris, par Bournon. 1888, fig. — Notre capitale. Paris, par Ch. Delon. 1888, fig. — L'Enfance de Paris, par Marcel Poete. 1908. Envoi et lettre de l'auteur. — Formation et évolution de Paris, par le même (1911). Envoi d'auteur. — L'Agonie du vieux Paris, par Albert Callet. 1911, fig. — Paris nach den altfranzösischen nationalen Epen, von Leonardo Olschki. *Heidelberg*, 1913, cartes. — Etc.

---

2. *Descriptions et Guides*

873. **Collection des Anciennes descriptions de Paris**. Introductions et notes par l'abbé Valentin Dufour. *Paris*, *Quantin*, 1878-1883 ; 10 vol. pet. in-8, portr. et plans, brochés, couv. imp., dans un étui.

Collection complète de ces réimpressions d'ouvrages des XVIe et XVIIe siècles, tirés à 330 exemplaires num. seulement. — Une des 30 collections tirées sur papier de Chine.

Intéressante lettre autographe de l'abbé Dufour ajoutée.

874. **Description de la ville de Paris** au XVe siècle, par Guillebert de Metz. Publié pour la première fois d'après le manuscrit unique par Le Roux de Lincy. *Paris, Aubry*, 1855 ; pet. in-8, pap. vergé, cart. de l'éditeur. — Paris au treizième siècle, par A. Springer. Traduit de l'allemand avec introduction et notes, par un membre de l'édilité de Paris [Victor Foucher]. *Ibid., id.*, 1860 ; pet. in-8, pap. vergé, demi-rel. veau fauve, tr. jasp. — Eloge de Paris, composé en 1323, par un habitant de Senlis, Jean de Jandun ; publié pour la première fois par Taranne et Leroux de Lincy [Extràit du *Bulletin du Comité de la Langue, de l'Histoire et des Arts de la France*]. *Ibid.*, 1856 ; in-8 de 36 pp., demi-rel. veau vert, tr. jasp. — Description de Paris, par Arnold Van Buchel (1585-1586) ; traduite et annotée par A. Vidier. *Ibid.*, 1900 ; in-8, pap. vergé, cart. bradel demi-mar. bleu, tête dor., non rog. (Lettre et envoi signés du traducteur). — Ens. 4 vol.

875. **La Cosmographie universelle** de tout le monde. Second volume du premier tome. Recueilly tant par Sébastien Munster, que recherché par Françoys de Belle-Forest, Comingeois. *Paris, Nicolas Chesneau*, 1575 ; in-fol. de 122 pp. chiffrées 175 à 296, vélin blanc, tr. dor. (*Rel. mod.*).

Toute la partie du second volume de tome premier de la *Cosmographie* de Munster, augmentée par Belleforest, consacrée à Paris. Elle est ornée de 3 grandes planches gravées sur bois : un plan replié *de la Ville, Cité, Université et Faux bourgs de Paris*, une vue perspective de la ville de Saint-Denis, sur double page, et une vue intérieure, également sur double page, de la *grand'Eglise Saint Denis*. — Très rare. — Excellent état.

876. **LUTETIÆ Parisiorum descriptio**, authore Eustathio a Knobelsdorf Pruteno. *Parisiis, apud Christianum Wechelum*, 1543 ; in-8 de 61 pp. chiff. et 1 f. blanc portant, au v°, la marque de Chr. Wechel, veau fauve, dos orné à froid, comp. de fil. à froid avec milieux et fleurons d'angle dor. (*Rel. de l'époque*).

Poème latin d'environ 1.500 vers, contenant une très curieuse description de Paris.

On trouve dans le livre de Knobelsdorf un certain nombre de distiques consacrés à Jeanne d'Arc.

On a relié dans le même volume :

1° Frossardi historiarum opus omne, jam primum et breviter collectum et latine sermone redditum. *Parisiis*, 1537 : 16 ff. prélim., 115 ff. chiff.,

1 p. d'errata et 2 ff. blancs. (Traduction abrégée des Chroniques de Froissard par Jean Sleidan).

2° Brevis admodum totius Galliæ descriptio, per Gilbertum COGNATUM Nozerenum. *Basileæ*, 1552. 127 pp. chiff., 12 ff. d'index et 2 ff. blancs (avec le portrait de Gilbert Cognatus [Cousin] gravé sur bois).

Jolie reliure de l'époque, bien conservée.

877. **Rodolphi Boterei** in Magno Franciæ Consilio Aduocati Lutetia.... Adiuncta est descriptio Lutetiæ Parisiorum, Authore Eustathio à Knobelsdorf Pruteno, edita apud Vuechelum Anno 1543. *Lutetiæ Parisiorum, ex typogr. Rolini Thierry*, 1611 ; in-8 de 16 ff. prélim. et 224 pp., vélin blanc. (*Rel. de l'époque*).

Edition originale de ce poème latin composé à l'imitation de celui d'Eustache de Knobelsdorf, qui est réimprimé à la suite et forme les pages 169 à 219 du volume.

Raoul BOUTHRAYS, ou Boutrays, auteur de ce poème, naquit à Châteaudun vers 1552 ; il fut avocat au Grand Conseil et consacra ses loisirs à composer divers ouvrages de droit et d'histoire, et plusieurs poèmes latins. (Mouillures ; trous de ver dans la marge des 20 derniers ff.).

878. **Itinerere** (*sic*), ou table alphabétique contenant les noms et situations des choses plus considérables descriptes sur le plan ou carte de la Ville, Citté, Université, Faubourgs et banlieuë de Paris, dressée... par Jean BOISSEAU, enlumineur de Sa Majesté. *Paris*, 1643 ; in-12, toile noire vernie.

Copie manuscrite exécutée en janvier 1886 par M. Mareuse pour son ami M. Paul Lacombe ; elle forme 47 ff. remontés dans un carnet de poche.

879. **La Guide de Paris** : contenant le nom et l'adresse de toutes les rues de ladite Ville et Faux-bourgs, avec leurs tenans et aboutissans : ensemble les places, ponts, portes, églises, collèges, hostels, postes, messageries, coches et autres choses remarquables et nécessaires à sçavoir. Le tout rédigé par ordre alphabétique, pour la commodité des estrangers et de ceux qui ont des procez et des affaires. Par le Sieur DE CHUYES, Lyonnois. *Paris, Jean Brunet, s. d.* (1647) ; in-12 de 239 pp., bas. fauve, tr. rouges. (*Rel. de l'époque*).

Edition originale, très rare. — Ex-libris de H. Destailleur.

880. — *Le même ouvrage*. Autre édition. *Paris, Jean Promé*, 1654 ; in-12 de 192 p., à la suite duquel on a relié la « Liste générale des courriers, postes, messagers, coches, carrosses,

voituriers et roulliers de France, avec leurs logements, les jours qu'ils partent de cette ville, et arrivent ». *Ibid.*, *id.*, 1656 ; 34 pp., vélin vert. (*Rel. mod.*).

Le titre, la dédicace et plusieurs feuillets manquent. Le titre et les feuillets ont été refaits à la main par A. Bonnardot, qui a fait relier avec le volume une notice manuscrite inédite de lui sur l'ouvrage.

881. — *Le même ouvrage.* Même édition, sans la *Liste des courriers* ; in-12 de 192 p., vélin blanc. (*Rel. de l'époque*).

882. **Les Délices de la France**, avec une description des provinces et des villes du royaume, enrichis des plans des principales villes de cet Estat, par François-Savinien D'ALQUIÉ. *A Amsterdam, chez Gaspar Commelin*, 1670 ; fort vol. in-12 de 10 ff. lim., 631 pp. ch. et 23 pp. n. ch. pour *le dénombrement des archevêchés et évêchés, des parlements*, etc., demi-rel. veau fauve. (*Rel. de l'époque*).

Première édition de cet ouvrage « *rare* (Brunet, suppl., 29) », orné d'un frontispice gravé, de 43 vues de villes, gravées, repliées, et d'une carte. — La partie consacrée à Paris, « *cet abrégé du monde, ce prodige des merveilles de la nature et de l'art* », et à ses environs, comprend environ 50 pages.

883. **Le Guide fidelle des etrangers** dans le voyage de France, contenant la description de toutes les villes, chasteaux, maisons de plaisance et autres lieux remarquables qui se rencontrent dans les diferentes routes dudit voyage. Par le sieur DE S. MAURICE. *Paris, Et. Loyson*, 1672 ; in-12, front., veau brun. (*Rel. de l'époque*).

Intéressante description de Paris et de ses environs.
On y joint : Le Gentilhomme étranger voyageant en France. *Leyde*, 1699, in-12, front. par Goeree, veau brun. (*Rel. de l'époque*).
Réimpression, augmentée, du *Guide fidèle*.

884. **Il piu curioso, et memorabile della Francia** di Michel' Angelo MARIANI. *In Venetia, presso Gio : Giacomo Hertz*, 1673 ; pet. in-4 de 12 ff. lim., 215 pp. et 5 ff. pour l'index et l'errata, vélin blanc. (*Rel. de l'époque*).

Edition rare de cette description italienne du Paris de Louis XIV. — (Incomplet d'un feuillet de faux-titre (ou blanc ?) ; mouillure).

885. **PARIS, ou la description succincte, et néantmoins assez ample, de cette grande ville**, par un certain nombre d'épigrammes de quatre vers chacune, sur divers sujets,

par M. DE MAROLLES, abbé de Villeloin. *S. l.* (*Paris*), 1677 ; 201 p. et 3 p. de table. — Le Livre des peintres et graveurs [par le même auteur]. *S. l. n. d.* ; 55 pp. — Ens. 2 ouv. en 1 vol. in-4, veau brun, dos orné, tr. jasp. (*Rel. de l'époque*).

Le premier de ces deux ouvrages en vers burlesques, *imprimé pour l'auteur et ses amis, est rare et recherché* (Brunet, III, 1444) ». C'est un des documents les plus curieux pour l'histoire de Paris au XVIIe siècle. Il est divisé en deux parties, dont la première, qui compte 486 quatrains, décrit : *le Louvre, les Palais et Hôtels, les Eglises, Abbayes, Hôpitaux, Université, les Bibliothèques, les Professeurs du Roy depuis François Ier, Messieurs de l'Académie françoise qui se trouvent décédez en ce jour 9 d'avril 1677*, etc. — La seconde partie, qui comprend 722 quatrains, traite « *des ordres religieux et de toutes les maisons régulières* ». La deuxième partie est particulièrement rare, on n'en connaît que 2 ou 3 exemplaires.

Le second ouvrage, « *nomenclature en vers des peintres, des graveurs et* des amateurs d'estampes, est un des opuscules les plus curieux de l'abbé de *Marolles. Il est devenu fort rare* (Brunet III, 1444) ». M. Duplessis, dans la réimpression qu'il en a donnée dans la *Bibliothèque Elzévirienne*, n'en cite que 3 exemplaires.

Exemplaire portant au titre le cachet de la bibliothèque des *Missionnaires de France*, et auquel on a ajouté un beau portrait de l'abbé de Marolles gravé par Claude Mellan (Qq. petits raccommodages).

886. **Description nouvelle** de ce qu'il y a de plus remarquable dans la ville de Paris. Par M. B**** (Germain BRICE). *Au Palais, chez la Veuve Audinet*, 1684 ; 2 tom. de 6 ff. prélim., 269 pp. et 6 ff. de table, pour le premier, et 1 f. (titre), 296 pp. et 6 ff. de table, pour le second, en 1 vol. in-12, veau brun. (*Rel. de l'époque, usagée*).

Edition originale de ce guide qui obtint un vif succès. L'auteur, qui était un *abbé* non tonsuré, mais pourvu de bénéfices ecclésiastiques, était obligé, pour vivre, de donner aux étrangers des leçons de langue française, d'histoire, de géographie et de blason. Outre la description des édifices publics et des hôtels particuliers, son ouvrage renferme d'intéressants renseignements sur les beaux-arts.

Exemplaire renfermant les 2 feuillets d'additions, un pour chaque tome, qui manquent généralement (Trous de ver dans la marge inférieure).

887. **Description nouvelle** de ce qu'il y a de plus remarquable dans la ville de Paris. Par M. B**** (Germain BRICE). *A Paris, chez la Veuve Audinet...*, 1685 ; 2 tom. en 1 vol. in-12, chag. noir, tr. mouchetées. (*Rel. anc.*).

Cette édition n'est autre chose que l'édition originale remise en vente l'année suivante avec un titre de relai.

Exemplaire renfermant, à chaque tome, le feuillet d'additions.

888. **Description nouvelle** de ce qu'il y a de plus remarquable dans la ville de Paris. Par M. B**** (Germain BRICE). *A La Haye, chez Abraham Arondeus*, 1685 ; 2 tom. de 4 ff. prélim.,

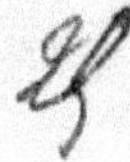

198 pp. et 5 ff. de table, pour le premier, et de 221 pp. et 7 ff. de table et d'additions, pour le second, en 1 vol. pet. in-12, veau gran., dos orné, tr. rouges. (*Rel. de l'époque*).

Contrefaçon de l'édition originale de 1684.

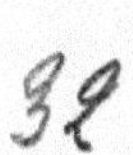

889. **A new description** of Paris, containing a particular account of all the Churches, Palaces, Monasteries, Colledges, Hospitals...., With all other remarkable matters in that great and famous city. Translated out of french (of Germain Brice). *London, H. Bonwicke*, 1687 ; 2 part. en 1 vol. in-12, front. gravé, veau brun. (*Rel. de l'époque*).

Cette traduction de la *Description de Paris de* Germain Brice a été faite sur la première édition de l'ouvrage.

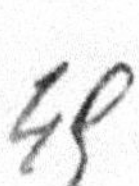

890. **Description nouvelle** de ce qu'il y a de plus remarquable dans la ville de Paris. Seconde édition, augmentée de plusieurs recherches très curieuses. Par M. Brice. *Au Palais, chez Nicolas Le Gras*, 1687 ; 2 tom. en 1 vol. in-12, veau éc., dos orné, fil., tr. rouges. (*Rel. de l'époque, frottée*).

Le texte de cette seconde édition, dédiée au landgrave George de Hesse, a été l'objet d'assez importants remaniements. (Légère mouillure dans la marge inférieure).

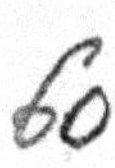

891. **Description nouvelle** de ce qu'il y a de plus remarquable dans la ville de Paris. Seconde édition, augmentée de plusieurs recherches très curieuses. Par M. Brice. *Paris, Nicolas Le Gras*, 1694 ; 2 tom. en 1 vol. in-12, veau gran., dos orné, tr. mouchetées. (*Rel. de l'époque*).

Cette édition n'est autre que celle de 1687, au titre de laquelle l'éditeur a substitué un titre de relai, modification complétée, en outre, par l'adjonction d'un excellent plan replié, gravé par Inselin, d'après Nicolas de Fer, en cette même année 1694.

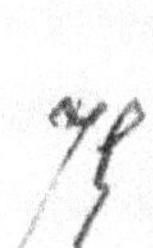

892. **Description nouvelle** de la ville de Paris, ou recherche curieuse des choses les plus singulières et les plus remarquables qui se trouvent à présent dans cette grande ville. Avec les origines et les antiquitez les plus autorisées dans l'Histoire.... Par Germ. Brice, Parisien. *A Paris, chez Nicolas Le Gras*, 1698 ; 2 vol. in-12, veau gran., dos orné, tr. mouchetées. (*Rel. de l'époque*).

Troisième édition, beaucoup plus complète que les précédentes : au nombre des additions figure la liste de toutes les rues de Paris par ordre alphabétique, formant 71 pages, et le plan dressé en 1694 par Nicolas de Fer, gravé sur cuivre par Inselin.

893. **Description nouvelle** de la ville de Paris, ou recherche curieuse des choses les plus singulières et les plus remarquables.... Nouvelle édition, revûë, corrigée et augmentée. Par Germ. BRICE, Parisien. *A Paris, chez Nicolas Le Gras*, 1704 ; 2 vol. in-12, veau brun. (*Rel. de l'époque*).

Quatrième édition. C'est la réimpression page pour page de l'édition précédente, mais dans la liste des rues de Paris. (Le plan est doublé).

894. **Description nouvelle** de la vile (*sic*) de Paris, et recherche des singularitez les plus remarquables qui se trouvent à présent dans cette grande Vile.... Par Germain BRICE. *A Paris, chez Nicolas Le Gras*, 1706 ; 2 vol. in-12, bas. brune. (*Rel. de l'époque, frottée*).

Cinquième édition ; elle est dédiée à Jean-Paul Bignon. Le plan, copié sur celui des éditions précédentes, est gravé à nouveau ; elle renferme pour la première fois des figures, au nombre de 21, dont 8 formant double page. Ces figures, gravées par Giffart, représentent les plus importants monuments. Parmi les nouveaux détails ajoutés par l'auteur se trouvent des indications concernant les collections du duc d'Aumont, qui venaient d'être dispersées.

895. **Description de la ville de Paris**, et de tout ce qu'elle contient de plus remarquable, par Germain BRICE.... *A Paris, chez François Fournier*, 1713 ; 3 vol. in-12, veau marb., dos orné, tr. rouges. (*Rel. de l'époque*).

Sixième édition, la première en 3 volumes ; elle est de beaucoup augmentée, notamment en ce qui concerne les épitaphes et les inscriptions des monuments. Elle renferme un portrait de Jean-Paul Bignon (à qui elle est dédiée), gravé par N. Pitau d'après Hyacinthe Rigaud, et 27 grandes figures repliées, gravées par Scotin aîné et Lucas, d'après Delamonce et Chaufourier ; ces figures reproduisent des monuments ou des vues de Paris et sont presque toutes animées par de nombreux personnages. Ces illustrations sont incomplètement décrites par Bonnardot : Cohen indique l'édition, sans doute sans l'avoir vue, comme une réimpression de la 5ᵉ édition. (Le titre mentionne *des* plans : l'exemplaire n'en renferme pas).

896. **Description de la ville de Paris**, et de tout ce qu'elle contient de plus remarquable, par Germain BRICE.... *Paris, François Fournier*, 1717 ; 3 vol. in-12, veau brun, dos orné, tr. rouges. (*Rel. de l'époque*).

Septième édition. Elle est dédiée au duc Auguste-Guillaume « de Brons Wic et de Lunebourg » et renferme un plan gravé de nouveau d'après celui de Nicolas de Fer et 30 figures repliées, savoir 19 figures ayant servi à la 6e édition, 3 figures de cette même édition gravées à nouveau et 8 figures nouvelles gravées par Aveline, Lucas et Hérisset, représentant presque toutes des intérieurs de monuments : Val-de-Grâce, abbaye de Saint-Germain, Notre-Dame, etc.

On y a ajouté en outre, [illegible] figures dont 3 par Giffart, provenant de la 5e édition.

897. **Description de la ville de Paris**, et de tout ce qu'elle contient de plus remarquable, par Germain Brice. Enrichie de plans et de figures dessinées et gravées correctement Septième édition.... *Amsterdam*, *Michel-Charles Le Cène*, 1718 ; 3 vol. in-12, vélin blanc. (*Rel. de l'époque*).

Contrefaçon hollandaise de l'édition de 1717 ; elle est ornée de 64 figures gravées, la plupart repliées. (Le plan manque).

898. **Nouvelle description de la ville de Paris**, et de tout ce qu'elle contient de plus remarquable. Par Germain Brice. *Paris*, *J.-M. Gandouin* ; *Fr. Fournier*, 1725 ; 4 vol. in-12, veau fauve, dos orné, fil. et fleurons dor. sur les plats, tr. marb. (*Rel. mod.*).

Huitième édition, la dernière corrigée et augmentée par Brice, qui mourut en 1727. Elle renferme un plan replié et 40 figures gravées sur cuivre, comprenant les illustrations de la 7e édition et quelques sujets nouveaux.

899. **Description de la ville de Paris**, et de tout ce qu'elle contient de plus remarquable, par Germain Brice. Nouvelle édition, enrichie d'un plan et de nouvelles figures dessinées et gravées correctement. *A Paris, chez les Libraires associés*, 1752 ; 4 vol. in-12, veau marb., dos orné, tr. rouges. (*Rel. anc.*).

Cette édition, qui semble être la neuvième, avait été commencée par l'auteur aussitôt après la mise en vente de la huitième. Elle renferme un plan replié et 41 figures, en très bonnes épreuves, qui sont celles de l'édition précédente, plus une figure représentant le *Palais Bourbon*.

900. **Paris ancien et nouveau**. Ouvrage très curieux, où l'on voit la fondation, les accroissemens, le nombre des habitans et des maisons de cette grande ville ; avec une description nouvelle de ce qu'il y a de plus remarquable dans toutes les églises, communautez et colleges ; dans les palais, hôtels et maisons particulieres ; dans les rues et dans les places publiques, par M. Le Maire. *A Paris, chez Michel Vaugon*, 1685 ; 3 vol. in-12, veau brun, dos orné, tr. jasp. (*Rel. anc.*).

Première édition de cet ouvrage pour lequel celui du P. Du Breul a souvent été mis à contribution par l'auteur. — Accompagné d'une table des personnes citées dans l'ouvrage.

901. **La Ville de Paris**, contenant le nom de ses rues, de ses fauxbourgs, églises, monastères et chapelles ; collèges, le temps de leur fondation et ses autres particularités historiques ; ses places, ponts, portes, fontaines, palais et hôtels, avec leurs aboutissans.... Ouvrage revu, corrigé et augmenté des noms des rues et places nouvellement faites. Par le Sieur Colletet. *Paris, Antoine Rafflé*, 1692 ; in-12 de 168 pp., veau éc., dos orné, tr. jasp. (*Rel. de l'époque*).

Edition rare de cet ouvrage de François Colletet, fils de Guillaume Colletet, qui fut un des premiers membres de l'Académie française. C'est François, poète comme son père, mais qui vécut dans la misère, que Boileau, dans sa première satire, a représenté « *crotté jusqu'à l'échine* ». (La partie sup. de la charnière du premier plat est fendue).

902. **Les Rues** de Paris, avec les quays, ponts, fauxbourgs, portes, places, fontaines,.... pour la commodité des étrangers, avocats, procureurs, huissiers, messagers, facteurs, crieurs, etc. Nouvelle édition, corrigée et augmentée des Académies, des Bibliothèques publiques et particulières, des Boëtes pour les lettres, des Barrières des huissiers, des Bureaux du papier timbré, des Foires de Paris et de plusieurs autres particularités historiques (par François Colletet, revu par Elisabeth Gaudin). *Paris, Vve Nicolas Oudot*, 1723 ; in-12, veau brun, dos orné, tr. marb. (*Rel. anc.*).

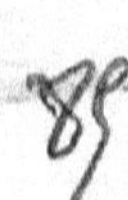

903. **Les Adresses** de la Ville et Faux-bourgs de Paris, divisez en vingt quartiers, pour trouver facilement toutes les rues, palais, châteaux, hôtels, églises... et beaucoup d'autres commoditez. *Paris, Saugrain*, 1708 ; in-12, veau brun, dos orné. (*Rel. de l'époque*).

904. **Description de la ville** et des fauxbourgs de Paris [par Jean La Caille]. *Paris*, 1714 ; 12 ff. seulement, in-fol. dérel.

Douze feuillets seulement de cet ouvrage rarissime, de Jean II de La Caille, mort en 1723, fils de Jean Ier de La Caille, imprimeur du roi, lequel Jean II est aussi l'auteur d'une célèbre *Histoire de l'imprimerie et de la librairie à Paris*. Ces 12 ff., ornés d'un bel en-tête gravé représentant la Seine, ses rives et le Pont Neuf, vus de l'aval, contiennent la *Table alphabétique*, *historique et chronologique* de l'ouvrage ; toutes les rues de Paris s'y trouvent, avec l'indication de leur quartier.

905. **Le Voyageur fidèle**, ou le guide des étrangers dans la ville de Paris... Avec une relation en forme de voyage, des plus belles maisons qui sont aux environs de Paris, par le sieur L. LIGER. *A Paris, chez Pierre Ribou*, 1715 ; in-12, veau gr., dos orné, tr. jasp. (*Rel. anc.*).

Première édition de cet ouvrage, qui fut remis en vente l'année suivante, mais sans l'indication du nom de l'auteur.

906. **Les Curiositez de Paris**, de Versailles, de Marly, de Vincennes, de St-Cloud et des environs, avec les adresses pour trouver facilement tout ce qu'ils renferment d'agréable et d'utile, par M. L. R. [LE ROUGE]. *A Paris, chez Saugrain l'aîné*, 1716 ; in-12 ; demi-rel. chag. rouge, enc. de fil. au dos, tr. peigne. (*Rel. mod.*).

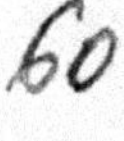

Edition originale ornée de 60 gravures sur bois, gravées par V. Le Sueur, d'après Sylvestre et Marot, intercalées dans le texte, représentant des monuments de Paris. — Anatole de Montaiglon attribue cet ouvrage à Claude Martin Saugrain, qui fut libraire à Paris de 1700 à 1750.

907. **Curiosités de Paris**, de Versailles, Marly, Saint-Cloud, et des environs. Nouvelle édition, augmentée de la description de tous les nouveaux monumens, édifices et autres curiosités, avec les changemens qui ont été faits depuis environ vingt ans, par L. R. [LE ROUGE]. *A Paris, chez les Libraires associés*, 1771 ; 2 vol. in-12, veau marb., dos orné, tr. marb (*Rel. anc.*).

Edition illustrée de 1 frontispice et 31 figures, gravés sur cuivre, non signés, représentant des vues de monuments, dont plusieurs contiennent 2 sujets. (Petites différences dans la rel., qui est usagée).

On y joint : Nouveau voyage de France, géographique, historique et curieux, disposé par différentes routes... par M. L. R. Dernière édition. *Ibid., id.*, 1771 ; in-12, fig. et carte, même rel. — Ces deux ouvrages sont attribués à Cl.-M. Saugrain, libraire à Paris.

908. **Curiosités de Paris**, de Versailles, Marly, Vincennes, Saint-Cloud et des environs. Nouvelle édition, augmentée de tous les nouveaux monumens, édifices et autres curiosités, avec les changemens qui ont été faits depuis la dernière édition, par M. L. R. [LE ROUGE]. *A Paris, chez les*

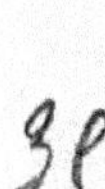

Libraires associés, 1778 ; 2 vol. in-12, veau marb., dos orné, tr. rouges. (*Rel. anc., usagée*).

Édition illustrée de 1 frontispice, 30 figures (vues de monuments), gravés, non signés, et d'une carte de France gravée par Chambon.

909. **Les Curiositez de Paris** réimprimées d'après l'édition originale de 1716 par les soins de la Société d'encouragement pour la propagation des Livres d'art. *Paris, au siège de la Société*, 1883 ; in-8, cart. bradel demi-parch. vert avec coins, non rog., couv. cons.

Réimpression de cette intéressante description de Paris, publiée pour la première fois à Paris, chez Saugrain, en 1716, et qui est communément attribuée à Le Rouge, ingénieur et géographe du roi ; d'après Anatole de Montaiglon, elle est vraisemblablement l'œuvre de Claude-Martin Saugrain, qui fut libraire à Paris de 1700 à 1750.

Elle est ornée de la reproduction des figures de l'édition de 1716, qui furent gravées sur bois par Vincent Le Sueur d'après Sylvestre et Marot, et est précédée d'une introduction d'Anatole de Montaiglon.

910. **Mémorial de Paris et de ses environs**, à l'usage des voyageurs, par l'abbé Antonini. *A Paris, chez Henry*, 1732 ; in-8 de 4 ff. lim., 164 pp. et 4 ff. pour la table et le privilège, veau jaspé, dos orné, tr. rouges. (*Rel. de l'époque*).

Première édition de cet intéressant ouvrage composé par un étranger, et traitant surtout des curiosités artistiques et des bibliothèques de Paris. — L'auteur, Annibal Antonini, lexicographe italien, né près de Salerne en 1702, résida à Paris pendant près de vingt-cinq ans, en y enseignant la langue italienne.

911. — *Le même ouvrage*, même édition, même date, mais avec l'adresse : *A Paris, chez Saugrain*, cart. bradel demi-perc. ocre. (*Rel. mod.*).

912. — *Le même ouvrage*. Nouvelle édition, revue, corrigée et augmentée par l'auteur. *Paris, Musier*, 1734 ; in-12 de 206 pp. et 5 ff. de table, veau jasp., dos orné, tr. rouges. (*Rel. de l'époque*).

913. — *Le même ouvrage*. Nouvelle édition, revue, corrigée et augmentée par l'auteur. *Paris, Le Clerc* ; *Prault*, 1744 ; in-8 de 4 ff. lim., 210 pp. et 2 ff. de privilège, cart. bradel demi-mar. rouge à long grain, non rog. (*Rel. mod.*).

914. — *Le même ouvrage*. Nouvelle édition, considérablement

augmentée. *Paris, Bauche*, 1749 ; 2 vol. in-12, veau marb. (*Rel. anc.*). — Orné de 1 vignette de titre et 1 front. par J. Robert, répétés au tome II, 1 plan de Paris et 1 carte de France, gravés.

915. **Description de la ville de Paris**, contenant la division de la ville et de ses fauxbourgs en vingt quartiers, ses édifices publics, ses églises, ses hôpitaux, ses collèges, ses académies, etc. *A Paris, chez Delespine fils*, 1735 ; in-12, veau fauve, dos orné, fil. sur les plats, dent. int., tr. dor. (*Rel. anc.*).

Cet ouvrage n'est autre que le tome V de l'*Histoire de la ville de Paris*, par l'abbé Desfontaines, d'Auvigny et de La Barre, dont le titre a été refait.

916. **Description de Paris**, de Versailles, de Marly, de Meudon, de St-Cloud, de Fontainebleau et de toutes les autres belles maisons et châteaux des environs de Paris, par Piganiol de la Force. Nouvelle édition. *A Paris, chez Théodore Legras*, 1742 ; 8 vol. in-12, veau marb., dos orné, tr. rouges. (*Rel. anc., usagée*).

Illustré de nombreux plans et figures gravés, la plupart pliés, dont quelques unes avaient servi aux 6e et 7e éditions de la *Description de la ville de Paris*, de Germain Brice.

917. **Description historique de la ville de Paris** et de ses environs, par feu Piganiol de la Force. Nouvelle édition, revue, corrigée et considérablement augmentée [par l'abbé G.-L. Pérau]. *A Paris, chez les Libraires associés*, 1765 ; 10 vol. in-12, veau marb., dos orné, tr. peigne. (*Rel. anc.*).

Illustré de figures et plans gravés, la plupart pliés.

918. **Voyage pictoresque de Paris**, ou indication de tout ce qu'il y a de plus beau dans cette grande ville en peinture, sculpture et architecture, par M. D*** [Dezallier d'Argenville]. *A Paris, chez De Bure*, 1749 ; in-12, demi-rel. mar. rouge à long grain, tête dor., non rog. (*Knecht*).

Première édition.

919. **Voyage pittoresque de Paris**, ou indication de tout ce qu'il y a de plus beau dans cette grande ville en peinture,

sculpture et architecture, par M. D*** [Antoine-Nicolas Dezallier d'Argenville fils]. Seconde édition, revue, corrigée et augmentée des cabinets et tableaux des particuliers. *Paris, De Bure l'aîné*, 1752 ; in-12 de 12-375 pp. et 29 ff. pour les tables, et XLV pp. pour une *Table alphabétique de toutes les rues*, veau brun, dos orné, tr. rouges. (*Rel. de l'époque*).

Seconde édition de cet ouvrage estimé, ornée d'un frontispice *en couleurs* gravé par J. Robert, et de 4 planches, dont deux repliées, gravées par Choffard. — Une bonne *table alphabétique des peintres, sculpteurs et architectes nommés* termine l'ouvrage.

920. — *Le même ouvrage*. Troisième édition. *Ibid., id.*, 1757 ; in-12 de XII-496 pp. et 3 ff., même rel.

Edition renfermant, outre le frontispice en couleurs et les 4 fig. de l'édition précédente, une cinquième figure gravée par Saint-Aubin, représentant le *Mausolée de Languet de Gergy, curé de Saint-Sulpice.*

921. — *Le même ouvrage*. Quatrième édition. *Ibid., id.*, 1765 ; in-12 de XII-476 pp. et 2 ff., même rel.

Edition ornée, outre le frontispice en couleurs et les 5 gravures de l'édition de 1757, d'une sixième figure, repliée, gravée par Tilliard d'après Moreau le jeune, et représentant la *place de Louis XV*.

922. — *Le même ouvrage*. Cinquième édition. *Ibid., id.*, 1770 ; in-12 de XII-483 pp. et 2 ff., même rel.

Edition ornée, outre le frontispice en couleurs et les 6 figures de l'édition de 1765, d'une septième figure, gravée par Coupeau d'après J. de Tavanne, représentant le *Mausolée du Cardinal de Fleury*.

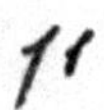

923. **Voyage pittoresque de Paris**, ou indication de tout ce qu'il y a de plus beau dans cette ville, en peinture, sculpture et architecture par M. D*** [Dezallier d'Argenville]. Sixième édition. *A Paris, chez les frères De Bure*, 1778 ; pet. in-8, cart. bradel demi-cuir de Russie, tête dor., non rog. (*Rel. mod.*).

Edition illustrée de 9 figures gravées, hors texte, les deux premières seulement signées P* del., J. Robert sculp.

924. **Etrennes historiques et chronologiques** de la ville de Paris, avec les armes du Gouverneur, Lieutenant-général, Prévôt, Echevins, Conseillers et Quartiniers. Dédié à Mgr

le Duc de Chevreuse, Gouverneur de Paris. *Paris, Le Breton*, 1762 ; in-18 étroit, bas. rac., dos orné. (*Rel. de l'époque*).

925. **Etrennes géographiques et pittoresques** du voyageur parisien, pour l'année 1765. *Paris, Grangé*, 1765 ; in-18, veau fauve, dos orné, fil., tr. rouges. (*Rel. anc.*).

Renferme, avec un plan gravé, replié, des indications relatives à la division par quartiers, aux bibliothèques publiques et particulières, aux monuments les plus remarquables en architecture, peinture et sculpture, la table alphabétique des voies publiques, etc.

926. **Dictionnaire pittoresque et historique**, ou Description d'architecture, peinture, sculpture, gravure, histoire naturelle, antiquités et dates des établissemens et monumens de Paris, Versailles, Marly, Trianon, S. Cloud, Fontainebleau, Compiègne et autres maisons royales et châteaux à environ quinze lieues autour de la capitale, et Discours sur ces quatre arts, avec le catalogue des plus célèbres artistes anciens et modernes et leurs vies, par M. HÉBERT. *A Paris, chez Claude Hérissant*, 1766 ; 2 vol. in-12, veau marb., dos orné, tr. rouges. (*Rel. anc.*).

Edition originale de cet ouvrage intéressant pour les œuvres de peinture et de sculpture dont il renferme la description.

927. **Almanach parisien** en faveur des étrangers et des personnes curieuses, indiquant par ordre alphabétique tous les monumens des beaux arts, répandus dans la ville de Paris et aux environs... (par HÉBERT et ALLETZ). *Paris, Duchesne*, 1762-1793 ; 16 vol. pet. in-12, rel. ou cart.

Cette collection comprend les années 1762 (première année), 1764, 1765, 1768, 1772, 1775, 1776, 1779, 1780, 1782, 1783, 1785, 1787, 1788, 1792 et 1793. Chaque année contient deux parties sauf la première qui n'en comporte qu'une ; la plupart possèdent un calendrier. Les dernières années sont ornées de figures gravées, hors texte, représentant des monuments de Paris : 1785 contient 4 fig., 1787, 6 fig. ; 1788 et 1792, 8 fig. ; 1793, 5 fig.

13 volumes sont reliés en veau ancien, dos orné, tr. rouges ou jasp. ; l'année 1776 est en maroq. rouge ancien, dos orné, fil. sur les plats, tr. dor. (les rel. sont défraîchies ; petites taches au dern. vol.).

928. **Le Guide parisien**, ou Almanach des rues de Paris et de ses fauxbourgs.... contenant... les rues, carrefours, places.. Pour l'année 1766 (et 1785). *Paris, Valleyre* (et *Langlois*) ; 2 vol. in-18, brochés.

929. **Etrenne Parisienne**, ou plan topographique, historique, chronologique de Paris, pour servir de conducteur fidèle à ceux qui font des affaires dans cette grande ville. Avec tablettes pour écrire les remarques que l'étranger fera dans chaque quartier. *Paris*, *Desnos*, 1772 ; in-24, veau éc., dos orné, tr. dor. (*Rel. de l'époque*, *usagée*).

Petit guide mi-partie gravé, mi-partie typographié ; il renferme un joli titre orné, gravé par Hérisset fils, une figure avec les armoiries de Brallet, ancien échevin de Paris, (qui rappelle l'ex libris, très rare, de cet amateur, gravé par Choffard), 1 plan général, replié, et 24 plans partiels, gravés. (Petites taches aux 5 ou 6 premiers ff.).

930. **Dictionnaire historique** de la ville de Paris et de ses environs, dans lequel on trouve la description des monumens et curiosités de cette capitale ; l'établissement des maisons religieuses..., par MM. Hurtaut et Magny. *Paris*, *Moutard*, 1779 ; 4 vol. in-8, plan de Paris et carte des environs, gr., repliés, veau marb., dos orné, tr. rouges. (*Rel. de l'époque*).

931. **Description historique de Paris** et de ses plus beaux monumens, gravés en taille-douce par F.-N. Martinet, pour servir d'introduction à l'histoire de Paris et de la France : Dédiée au roi, par M. Beguillet. *Paris*, 1779-1781 ; 3 vol. in-4, cart. de l'époque demi-perc. violette, *non rogné*.

Premier tirage. — Illustré de 3 titres avec vignettes, 2 frontispices, 3 en-têtes et 49 planches, dont 39 contenant chacune deux vues de Paris, le tout gravé par Martinet.
Exemplaire en grand papier, de format in-4.

932. [**La Roque** (M. de)]. Voyage d'un amateur des arts en Flandre, dans les Pays-Bas, en Hollande, en France, en Savoye, en Italie, en Suisse, faits dans les années 1775, 1776, 1777, 1778 ; dans lequel on indique : les édifices et les monuments antiques et modernes, dignes d'être recherchés ; les collections de peinture, de sculpture, d'histoire naturelle, les bibliothèques, etc., avec des jugemens particuliers sur tous ces objets, motivés d'après le sentiment des connaisseurs les plus estimés... ; par M. de la R***, écuyer, ancien capitaine d'infanterie au service de la France. *A Amsterdam*, 1783 ; 4 tomes en 2 vol. in-12, demi-rel. veau fauve, dos orné, tr. jasp. (*Rel. de l'époque*).

Première édition de cet intéressant ouvrage, où plus de 80 pages du tome

Ier sont consacrées à la description des « *monuments, édifices et curiosités de Paris.* »

933. **Almanach du voyageur à Paris**, contenant une description intéressante de tous les monuments, chefs-d'œuvre des arts et objets de curiosité que renferme cette capitale, par M. Thiéry. Année 1783 [et 1784, 1785 et 1786]. *Paris, Hardouin et Gattey*, (1783-1786) ; 4 vol. in-12, les 2 premiers veau anc., dos orné, tr. jasp. ou rouges, les 2 derniers cart. mod. pap. fant., non rog., couv. cons.

934. **Almanach du voyageur à Paris**, contenant une description exacte et intéressante de tous les monumens, chefs-d'œuvre des arts, établissemens utiles et autres objets de curiosité que renferme cette capitale, par M. Thiéry. *A Paris, chez Hardouin*, 1784 ; in-12, mar. rouge, dos sans nerfs orné, enc. de fil. avec orn. aux angles et armoiries au centre des plats, doubl. et gardes de tabis bleu, bord. int. dor., tr. dor. (*Rel. anc.*).

Aux armes du comte et de la comtesse de MAUROY.
Ex libris H. Destailleur. (Tache dans la marge extérieure des cent dern. ff.)

935. **Guide des amateurs** et des étrangers voyageurs à Paris, ou description raisonnée de cette ville, de sa banlieue et de tout ce qu'elles contiennent de remarquable, par M. Thiéry. *A Paris, chez Hardouin et Gattey*, 1787 ; 2 forts vol. in-12, veau marb., dos orné, tr. rouges. (*Rel. anc., usagée*).

Orné de 12 grandes figures par L.-V. Thiéry et de Wailly, gravées par Jourdan, hors texte, pliées.

936. **Le Voyageur à Paris**, extrait du Guide des amateurs et des étrangers voyageurs à Paris..., par M. Thiéry. Année 1788 [et 1789 et 1790]. *Paris, Hardouin et Gattey*, (1788-1790) ; 3 vol. in-12, veau marb., dos orné, tr. rouges. (*Rel. anc., usagée*).

Chaque année contient deux parties réunies en un volume, avec un plan gravé.

937. **Nouvelle description des curiosités de Paris**, contenant les détails historiques de tous les etablissemens, monumens, edifices anciens et nouveaux, les anecdotes auxquelles ils ont donné lieu, et toutes les productions des arts dont

Paris est orné..., par J.-A. DULAURE. *A Paris, chez Lejay*, 1785 ; pet. in-12, veau marb., dos orné, tr. rouges. (*Rel. anc.*).

Edition originale. — Bien que le titre porte *tome premier*, cette partie est complète ; le tome deuxième comprend les environs de Paris et n'a paru que l'année suivante.

938. — *Le même ouvrage*. Seconde édition, corrigée et augmentée. *Ibid., id.*, 1787 ; 2 vol. pet. in-12, même rel.

939. — *Le même ouvrage*. Troisième édition, corrigée et augmentée. *Ibid., id.*, 1791 ; 2 vol. in-12, veau éc., dos orné, bord. dor. sur les plats, tr. jasp. (*Rel. anc., un peu frottée*). — Petite mouillure au tome II.

940. **Le Provincial à Paris**, ou état actuel de Paris. Ouvrage indispensable à ceux qui veulent connoître et parcourir Paris sans faire aucune question. *A Paris, chez le sieur Watin*, 1787 ; 4 vol. in-24, veau marb., dos orné, tr. rouges. (*Rel. anc.*).

Première édition de ce guide, intéressant par la liste des hôtels et les numéros qu'il indique pour les maisons, souvent appelé le Watin, du nom de son éditeur. Il est ainsi divisé : I. *Quartier de Notre-Dame*. — II. *Quartier de Saint-Germain*. — III. *Quartier du Temple*. — IV. *Quartier du Louvre*. Les cartes sont à part, dans un étui.

941. — *Le même ouvrage*, édition de 1789 ; 4 vol. in-24, même rel. Les cartes forment un atlas in-fol. carré, cart. bradel demi-perc. verte.

942. **Le Voyageur françois**, ou la connoissance de l'ancien et du nouveau monde, mis au jour par M. l'Abbé DELAPORTE [tome XLI, partie, et tome XLII]. *Paris, Moutard*, M.DCC.XCV (*sic* pour 1795) ; 2 tom. en 1 vol. in-12, cart.

Le *Voyageur françois* qui est complet en 42 volumes, a été commencé par l'abbé Delaporte, auteur des 26 premiers volumes ; les tomes 27 et 28 sont de l'abbé FONTENAY, et les tomes 29 à 42, de DOMAIRON.

La seconde moitié du tome 41 (pp. 207 à 466) et le tome 42 en entier sont consacrés à Paris ; rédigés dans la forme épistolaire, ils contiennent une description de la ville et de ses curiosités.

943. **Manuel du voyageur à Paris**, contenant la description des spectacles, manufactures, établissemens publics, jardins, cabinets curieux, etc. [par MERCIER DE COMPIÈGNE]. *A*

Paris, chez Favre, an VIII (1800) ; in-18, cart. perc. brune, tête jasp., non rog.

Edition originale.

944. — *Le même ouvrage. Ibid., id., an* x (1802) ; in-18, veau gr., fil., tr. jaunes. (*Rel. de l'époque*).

945. **Almanach parisien**, ou guide de l'étranger à Paris, contenant une indication des choses les plus curieuses et les plus intéressantes, qui méritent de fixer l'attention d'un étranger. *Paris, Barba, an* IX (1801) ; in-16, cart. bradel pap. peigne, *non rogné.*

946. **Le Pariséum**, ou Tableau de Paris, en l'an XII (1804). Ouvrage indispensable pour connaitre et visiter en peu de tems ce qu'il y a de curieux, antiquités, édifices, musées, cabinets, manufactures, spectacles, avec les noms et les adresses des artistes et des littérateurs, la notice des ouvrages publiés sur Paris..., par J.-F.-C. BLANVILLAIN. *Paris, Henrichs, s. d.* ; in-12, plan, cart. bradel demi-mar. rouge à long grain, tête dor., non rog.

Première édition. — Bel exemplaire.

947. **Paris et ses curiosités**, avec une notice historique et descriptive des environs de Paris. Nouvelle édition, entièrement refondue, et considérablement augmentée. *A Paris, chez Marchand, an* XII-1804 ; 2 vol. pet. in-12, demi-rel. bas. marb., dos orné, tr. jasp. (*Rel. mod.*).

Par MARCHAND.
Illustré d'un frontispice dessiné par Desrais, gravé par Mariage, portant comme légende : *Hommage des Arts à Bonaparte Ier Consul.*

948. — *Le même ouvrage.* Quatrième édition. *Ibid., id. an* XIII-1804 ; 2 vol. pet. in-12, demi-rel. veau marb. avec coins, fil. au dos, tr. jasp. (*Rel. de l'époque*).

Edition contenant le même frontispice de Desrais, sur la légende duquel on a collé un papillon portant cette nouvelle légende : *Hommage des Arts à Napoléon, empereur des Français.*

949. **Les Curiosités de Paris** et de ses environs, contenant l'origine de Paris, de ses monuments, leurs descriptions...,

précédée des noms et demeures de tous les grands dignitaires de l'Empire français..., suivie de la description des villes, villages, bourgs... qui sont aux environs de Paris, avec des anecdotes instructives, recueillies avec soin. Par M. E.-A. P***. *Paris*, *Roux*, *an treize* (1805) ; 2 tom. en 1 vol. in-12, demi-rel. bas. verte, tr. jasp. (*Rel. anc.*).

Excellent ouvrage, dont l'auteur est resté inconnu à Barbier comme à Quérard : c'est le même que celui de Marchand (voir les n°s 947-948) avec quelques variantes.

950. — *Le même ouvrage*. Nouvelle édition. *Ibid.*, *id.*, 1806 ; 2 vol. in-12, cart. bradel demi-perc. verte, non rog.

950 *bis*. **Miroir de l'ancien et du nouveau Paris**, avec treize voyages en vélocifères dans les environs, par L. PRUDHOMME. *Paris*, *an* XIII-1804 ; 2 vol. pet. in-12, veau rac., dos sans nerfs orné, bord. dor. sur les plats, tr. jaunes. (*Rel. anc.*).

Edition originale. — « Ouvrage indispensable aux Etrangers et même aux Parisiens, et qui indique tout ce qu'il faut connoître et éviter dans cette capitale ». Il contient notamment de curieux renseignements sur la beauté des femmes, la puissance de l'or à Paris, le mariage, les courtisanes, etc. — Orné de 1 grand plan et 18 figures gravées, non signées. (Une fig. manque).

951. **Miroir de l'ancien et du nouveau Paris**, avec treize voyages en vélocifères dans les environs, par L. PRUDHOMME. Deuxième édition, revue, corrigée et augmentée. *Paris*, 1806 ; 2 vol. pet. in-12, demi-rel. veau marb., dos sans nerfs avec fil., tr. jasp. (*Rel. mod.*).

Ouvrage d'un caractère anecdotique, illustrée de 1 grand plan gravé par Darena, plié, et 82 planches hors texte, dont 22 représentant des vues des principaux monuments, et 60, les statues qui ornent les jardins des Tuileries et du Luxembourg. (Petite tache au plan).

952. **Miroir historique**, politique et critique de l'ancien et du nouveau Paris, et du département de la Seine..., suivi des noms des hommes célèbres nés à Paris ; terminé par un voyage dans le département de Seine-et-Oise. Troisième édition, considérablement augmentée, par L. PRUDHOMME. *Paris*, 1807 ; 6 vol. pet. in-12, cart. de l'époque vélin vert, non rog.

Illustré de 116 figures (vues de monuments de Paris) et cartes gravées, hors texte. (Qq. petites taches).

953. **Itinéraire parisien**, ou petit tableau de Paris, par ALLETZ. Deuxième édition, formant deux parties en un volume, et considérablement augmentée. *Paris, Bertrand-Pottier et Bertrand, an* XIII-1805 ; in-12, plan, cart. bradel bas. grenat foncé à long grain, tête dor., non rog.

Guide contenant : une notice sur l'Ere républicaine, la division de Paris, des renseignements sur la famille impériale, les grandes dignités et autorités de l'Empire, les administrations, les établissements publics et particuliers, etc.

954. **Panorama de Paris** et de ses environs, ou Paris vu dans son ensemble et dans ses détails [par BRAYER]. *A Paris, chez Bailleul, an* XIII-1805 ; 2 vol. in-12, cart. bradel demi-perc. verte, *non rogné*.

Première édition (Petites taches).

955. **Le Cicerone parisien**, ou l'indicateur, en faveur de ceux qui fréquentent la capitale, soit pour leurs affaires, soit pour leurs plaisirs [par N.-A.-G. DEBRAY]. *A Paris, Debray*, 1808 ; in-16 carré, pap. vergé fort, cart. bradel demi-mar. rouge à long grain, tête dor., non rog. (*Knecht*).

Première édition. — (Le plan annoncé sur le titre manque à cet exemplaire).

956. **Description abrégée de Paris**, en anglais et en allemand, à l'usage des officiers des troupes alliées. *A Paris, chez Galignani* ; *Delaunay* (*imp. Nouzou*), 1815 ; in-12 de 119 pp., cart., non rog., couv. imp. cons.

Curieux guide rédigé à l'intention des officiers des troupes alliées qui occupaient Paris après la chute de Napoléon. On y trouve une description topographique de la ville, avec le nombre des rues, des maisons, etc., l'indication des monuments les plus remarquables, celle des meilleurs hôtels, restaurants, magasins, théâtres, spectacles, etc., des renseignements sur la vie et notamment sur la valeur de change des diverses monnaies étrangères d'or et d'argent : la guinée anglaise y est cotée 25 fr. 50 ; la pièce d'or de 5 roubles, 25 fr. 90 ; le frédéric d'or de Prusse, 20 fr. 44, etc. Très rare.

957. **Manuel chorographique de Paris** et du département de la Seine, par J.-B. FOULON. *Paris*, 1815 ; in-8, demi-rel. veau fauve de l'époque, usagée. — Paris et Londres mis en parallèle, avec cartes et gravures pour servir de guide dans ces deux villes. *Ibid.*, 1802 ; in-8, broché. — L'Indispensable, ou le fidèle conducteur des Etrangers dans Paris, par

N.-F.-V. Godet. *Ibid.*, 1820 ; pet. in-4, cart., non rog. — Ens. 3 vol.

Le dernier guide est accompagné d'un grand et magnifique plan de Paris, gravé par Godet, *colorié*.

958. **Panorama of Paris** and its environs, intended as a guide to strangers. *London, Souter*, 1818 ; in-24, veau rouge, dos sans nerfs orné, bord. dor. sur les plats, tr. jasp. (*Rel. anglaise de l'époque, usagée*).

Orné de 30 vues de monuments, gravées, hors texte.

959. **A new picture of Paris** (and its environs), or the guide to the french metropolis... by Edward Planta. Thirteenth edition. *London*, 1822 ; fort vol. pet. in-12, plans et fig. gr., repliés, bas. bleue, tr. jasp. (*Rel. de l'époque*).

Exemplaire renfermant la suite complète des 29 figures, dont un titre gravées et *coloriées*, représentant les différents petits métiers populaires de Paris, avec légende en français et en anglais intitulée : *Costume of the lower orders in Paris*.

960. **Panorama de la ville de Paris**, et Guide de l'étranger à Paris (par A.-M. Perrot)... Extrait littéralement de l'*Histoire physique, civile et morale de Paris*, par J.-A. Dulaure ; avec les constructions et changemens faits depuis la rédaction de cet ouvrage... *Paris, Peytieux ; P. Corneille*, 1824 ; in-18, demi-rel. veau brun, dos orné, tr. marb. (*Rel. de l'époque*).

Illustré de 12 figures gravées par Couché fils, hors texte, et d'un grand plan de Paris, gravé par P. Tardieu, *colorié*, plié.

961. **Dictionnaire de poche** de Paris et de ses environs. *Paris, Baudouin frères*, 1826 ; in-32, fig. et plan, mar. rouge à long grain, dos sans nerfs orné, fil. sur les plats, bord. int. dor., tr. dor. (*Rel. de l'époque*).

Illustré de 22 figures hors texte, finement gravées, chacune à 2 sujets, représentant les principaux monuments de Paris.
Jolie reliure de l'époque.

962. **Dictionnaire historique de Paris**, contenant la description circonstanciée de ses places, rues, monumens et édifices publics..., l'histoire de toutes les corporations civiles et religieuses, des mœurs et usages de Paris à toutes les époques, etc. Orné de 43 vues des monumens de Paris, de

4 plans de cette ville, le premier 150 ans avant J.-C. et le dernier de nos jours, par Antony BERAUD et P. DUFEY. Seconde édition. *Paris*, *Barba*, 1828 ; 2 vol. in-8, demi-rel. chag. grenat, tête dor., non rog., couv. cons. (*Rel. mod.*).

963. **Description de Paris**, des édifices publics de cette capitale et de toutes les communes du département de la Seine. Ornée de 40 gravures représentant les monuments les plus remarquables, de 15 portraits gravés sur acier et d'une carte du département de la Seine. *Paris*, *Firmin Didot frères*, 1838 ; in-8, demi-rel. chag. vert, dos orné, tête dor., non rog. (La carte manque). — Paris-Neuf ou Rêve et réalité. Grande fantasmagorie, composée en quarante-cinq satires, descriptions historiques ou tableaux pittoresques sur la capitale de la France vers le milieu du XIXe siècle, par Charles SOULLIER. *Ibid.*, *Barba*, 1861 ; gr. in-8, lithogr. coloriées et photographies hors texte, et fig. dans le texte, demi-rel. de l'époque. — Le Porte-feuille des enfans : mélange intéressant d'animaux, fruits, ...dessinés sous la direction de M. Cochin. *Ibid.*, 1786 ; in-4, demi-rel. veau violet. — Ce recueil renferme environ 100 planches gravées, dont plusieurs plans et cartes de Paris. (Mouillure aux dern. ff.). — Ens. 3 vol.

964. **Guides de Paris**. 7 vol. et 2 plaq. in-16 et in-18, cart.

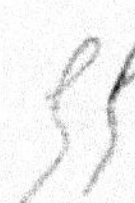

Le guide du voyageur à Paris. An X-1802, plan. (Petite tache). — Le guide de l'étranger dans Paris. 1805, front. gr. (Rousseurs). — Le guide des étrangers aux monumens publics de Paris, par AUBRY, 1806. — L'Indicateur ou le petit conducteur dans Paris, par le même, s. d. — Le Pariséum ou tableau actuel de Paris, par BLANVILLAIN, 1807. — Le Cicerone parisien ou l'indicateur. Seconde édition par N. A. G. D. B. [DEBRAY] revue et augmentée par A. C. [CARON]. 1810. — Nouveau guide, ou conducteur des étrangers dans Paris, depuis la Restauration, par M. BAZOT, 1816, fig. — Le conducteur de l'étranger à Paris, par F.-M. MARCHANT, 1816, fig. — Manuel de l'étranger dans Paris, par HARMAND, 1823.

965. **Guides de Paris**. 7 vol. in-12 et in-16, rel. et cart.

Manuel du voyageur à Paris. An XII (1804). — Le Pariséum, ou tableau actuel de Paris. Deuxième édition, par J.-F.-C. BLANVILLAIN, 1807-1808, fig. (taches). — Le guide des étrangers aux monumens publics de Paris, par AUBRY, 1811. — Le guide du voyageur à Paris, 1814, fig. — Nouveau guide ou conducteur des étrangers dans Paris depuis la Restauration, par M. BAZOT, 1819, fig. — Le conducteur de l'étranger à Paris, par F.-M. MARCHANT, 1814, fig. — Manuel de l'étranger dans Paris, par HARMAND, 1826, plan.

966. **Guides de Paris**. 7 vol. in-12 et in-16, rel. et cart.

Manuel du voyageur à Paris, par P. Villiers. 1806. — Le Pariséum, ou tableau actuel de Paris. Deuxième édition, revue et augmentée par Blanvillain. 1809. (Petites mouillures). — Le guide du voyageur à Paris. 1810, fig. (mouillures). — L'Indicateur parisien. 1822, fig. (mouillure). — Le nouveau conducteur de l'étranger à Paris, par F.-M. Marchant. 1825, fig. — Paris, par A. Luchet. 1830. — Le vrai guide et conducteur parisien, par Richard et Audin. 1832, fig.

967. **Guides de Paris**. 7 vol. in-16, cart.

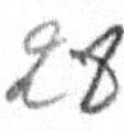

Manuel du voyageur à Paris, par P. Villiers. 1810. — Le Pariséum moderne. 1817, fig. — Le guide des voyageurs et des curieux dans Paris, par M. J. Saint-Albin. 1822, fig. et plan. — Conducteur général de l'étranger à Paris, par Teyssèdre. 1835, fig. — Le nouveau conducteur de l'étranger à Paris, par Marchant. 1836, fig. et plan. — Tableau de Paris. 1836, fig. — L'Indispensable ou nouveau conducteur des étrangers dans Paris. 1843, fig. (tache à qq. ff.).

968. **Guides de Paris**. 8 vol. pet. in-8 et in-16, cart.

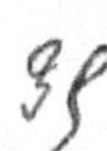

Manuel du voyageur à Paris, par P. Villiers. 1811. — Le Pariséum moderne. 1819. — Tableau de Paris. 1838, plans. — Promenades dans Paris, par C.-H. de Mirval. 1840, fig. (mouillure). — Conducteur général de l'étranger dans Paris, par Teyssèdre. 1841, fig. et plan. — 15 jours à Paris ou guide de l'étranger dans la capitale et ses environs, par J.-C.-G. Marin de P***. 1846, fig. (tache à qq. ff.). — Guide universel de l'étranger dans Paris, par Albert-Montémont. 1849, fig. — L'Indispensable ou nouveau conducteur des étrangers dans Paris, par Pequegnot. 1851, fig.

969. **Guides de Paris**. 8 vol. in-12 et in-16, cart.

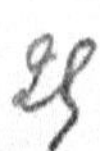

Manuel du voyageur à Paris, par P. Villiers. 1814. — Voyage descriptif et philosophique de l'ancien et du nouveau Paris, par L. P. [Prudhomme]. 1815, 2 tom. en 1 vol., fig. — Guide universel de l'étranger dans Paris, par Albert-Montémont. 1847, fig. — Guide pittoresque de l'étranger dans Paris et ses environs, par Ch. V. D. S. J. (1848), fig. — L'Indispensable ou nouveau conducteur des étrangers dans Paris, par Pequegnot. 1852, plan. — Quinze jours à Paris ou guide de l'étranger dans la capitale et ses environs, par J.-C.-G. Marin de P***. 1855, fig. et plan. — Etc.

970. **Voyages de Paul Béranger dans Paris** après 45 ans d'absence, contenant la relation historique de ses courses dans tous les quartiers de cette grande ville, ses observations sur les divers changemens qui ont eu lieu pendant son absence, et sur les ravages qui ont été exercés à la fin du 18e siècle dans les églises, les couvens, les monumens publics, etc. *Paris, Lerouge* ; *Dalibon*, 1819 ; 2 vol. pet. in-12, brochés, couv. imp.

Curieux ouvrage, rédigé par Collin de Plancy, sous le pseudonyme de J. S. C. de Saint-Albin ; orné de 2 figures gravées par Tardieu, d'après Deroy.

971. **Paris et ses environs**. Promenades pittoresques [par Charles MALO]. *Paris*, *Janet*, (1827) ; in-18, titre et 10 fig. gravés sur acier, cart. de l'éditeur, avec couv. ill. collée sur les plats, tr. dor., étui. — Les Capitales de l'Europe [Paris]. Promenades pittoresques, par le même. *Ibid.*, (1829) ; in-18 de 36 pp., jolie fig. gravée sur acier, *coloriée*, cart. de l'éditeur, non rog.

972. **Guides de Paris**. 8 vol. in-12 et in-18, cart.

15 jours à Paris ou guide de l'étranger dans la capitale et ses environs, par J.-C.-G. MARIN DE P***. 1844, fig. — Guide dans les monuments de Paris. 1855, fig. — Guide pittoresque du voyageur, par F. LEMAISTRE. 1856, fig. — Petit guide de l'étranger à Paris, par F. BERNARD, 1856. — Guide général dans Paris. 1856, fig. — Paris monumental, par A. LASMARRIGUES, 1863, fig. — Paris monumental, artistique et historique, par R. de CORVAL. 1867. — Guide de l'étranger dans Paris et ses environs, illustré de 130 gravures sur bois d'après les dessins de G. Doré, H. Clerget, Thérond, etc. 1876.

973. **Guides-Cicerone**. Paris... Nouveau guide des voyageurs accompagné de 18 plans, 1854 ; in-12, demi-rel. chag. — Le même guide, avec 18 plans et 280 vignettes sur bois, 1855 ; in-12, cart. de l'éditeur. — Le même guide illustré (1857) ; cart. de l'éditeur. — Guide alphabétique des rues et monuments de Paris..., par Fr. LOCK (1855) ; in-12, cart. de l'éditeur. — Véritable guide parisien pour les étrangers, par FAUCON. 1855 ; ens. 5 vol. in-16, fig., cart. de l'éditeur.

974. **Guides de Paris**, en anglais ou en allemand, par Hamerton, Bartholomew, Augustus Hare, Graefe, Adolf Lenz, etc. 1855-1892 ; 10 vol. in-12 et in-16, fig. et plans, cart.

975. **Guides Joanne**. 7 vol. in-12 et in-16, cart. de l'éditeur.

Le guide parisien, par A. JOANNE. 1863, fig. — Paris illustré... 414 vignettes sur bois. 1867. — Paris illustré en 1870... 442 vignettes sur bois. — Paris, par Paul JOANNE. 1889, plans et fig. — Paris, ses environs et un appendice sur l'Exposition de 1900 ; 81 plans et cartes. — Etc.

976. **Guides Chaix et Conty**. 9 vol. in-12 et in-18, cart. de l'éditeur.

Nouveau guide de l'étranger à Paris [Chaix] 1850. — Nouveau guide à Paris et dans ses environs (1852) ; plan et fig. — Nouveau guide à Paris avec plan et gravures. 1862. — Guide pratique illustré de l'étranger dans Paris et ses environs par Henry A. de CONTY (1863) ; pap. vert, plan et fig., demi-rel. chag. rouge avec coins. — Paris en poche (1889) ; plans et fig. Etc.

977. **Guides de Paris**. 7 vol. in-8 et in-12, brochés et cart.

Paris à vol d'oiseau, par MÉLEVILLE, 1865. — Histoire guide de Paris, par POL DE GUY, 1867, fig. — Paris et ses environs, par un Parisien. — Illustrations de Fraipont (1887). — Pour bien voir Paris, par DESCHAUMES, 1889, fig. — Paris, ses vues, par F.-G. DUMAS, 1889, fig. — Paris et le département de la Seine, par A. DELEPIERRE (1892), fig. — Dix promenades dans Paris, par MOUSSET et MAZERAN (1909), fig.

978. **Guides modernes de Paris**. Guides Diamant, Paris-Express, Paris-Parisien, etc., publiés de 1868 à 1913 ; 15 vol. in-12 et in-18, plans et fig., cart. des éditeurs.

979. **Guide Bijou**. 1876 [et 1889, 1890 et 1891], contenant l'adresse des ambassadeurs, consuls français et étrangers ; l'indication de tous les monuments... *Paris*, *Susse frères*, (1876-1891) ; 4 vol. in-48 carré, fig., brochés, couv. ill., tr. dor.

On y joint : Guide miniature. Paris, *Ibid.*, *Nilsson*, (1912) ; in-48 étr., fig., broché, couv. ill.

980. **Paris**, par Victor HUGO. Introduction au livre Paris-Guide. *Paris*, *Lacroix*, *Verboeckhoven et Cie*, 1867 ; in-8, cart. bradel demi-mar. vert à long grain, tête dor., non rog., couv. cons. (*Knecht*).

Edition originale.
Exemplaire auquel on a ajouté *une lettre autographe signée de l'auteur*, adressée à Léon Gozlan, et 2 portraits de Victor Hugo. (Petites réparations à la couv.).

981. **Paris-Guide**, par les principaux écrivains et artistes de la France [Victor Hugo, E. Renan, Sainte-Beuve, Littré, Th. Gautier, Taine, Viollet-le-Duc, Lalanne, Ph. Burty, etc.]. *Paris*, *Lacroix*, *Verboeckhoven et Cie*, 1867 ; 2 forts vol. in-8, fig., cart. bradel demi-vélin vert, non rog.

982. **Paris à vol d'oiseau**. Illustrations de G. Fraipont. *Paris*, *Librairie Illustrée*, (1889) ; gr. in-8, cart. — Paris, par Robert HARTHAUG. *Ibid.*, *Lebègue*, (1888) ; in-4, fig., cart. — Promenades à travers Paris, par E. DE MÉNORVAL. *Ibid.*, *L.-H. May*, (1897) ; in-4, fig., demi-rel. chag. — Géographie pittoresque et monumentale de la France, gravée et imprimée par Gillot. — Paris et le département de la Seine. *Ibid.*,

Flammarion, (1899) ; gr. in-8, fig. en noir et en coul., cart. — La Ville Lumière, anecdotes et documents historiques, ethnographiques, littéraires, artistiques, commerciaux et encyclopédiques. *Ibid.*, 1900 ; gr. in-8, nomb. fig., cart. de l'éditeur. — Ens. 5 vol.

983. **Paris**, par Auguste VITU. 450 dessins inédits d'après nature. *Paris*, *Maison Quantin*, (1889) ; gr. in-4, cart. de l'éditeur, tête dor., non rog., étui.

Premier tirage.

984. **L'Art décoratif dans le vieux Paris**, par A. DE CHAMPEAUX. *Paris*, *Schmid*, 1898 ; gr. in-8, demi-rel. mar. bleu jans., tête dor., non rog., couv. cons. (*Petitot*).

Illustré de nombreuses figures dans le texte et hors texte.

985. **Paris-Atlas.** Texte par Fernand BOURNON. 28 cartes, dont 24 en couleurs, 595 reproductions photographiques, 32 dessins. *Paris*, *Larousse*, (1900) ; in-4, demi-rel. mar. rouge, enc. de fil. à froid au dos, tête dor., non rog., couv. générale et couv. de livr. cons. (*Petitot*).

On y joint : Paris en plein air. Textes de MM. A. Silvestre, Henry Céard, Georges Maillard, etc. ; illustrations de MM. Guillemet, A. Giraldon, Gorguet, etc. ; gravures et reproductions photographiques. *Ibid.*, 1897 ; in-4, demi-rel. chag. rouge. — Paris. Extrait du Dictionnaire de la France, par P. Joanne. *Ibid.*, *Hachette*, 1898 ; in-4, cartes et fig., demi-rel. chag. La Vallière. — Ens. 3 vol.

---

3. *Histoire des Quartiers*

986. **Etat actuel de Paris**, ou le provincial à Paris ; ouvrage indispensable à ceux qui veulent connoître (*sic*) et parcourir Paris sans faire aucune question. *A Paris*, *chez le sieur Watin*, 1788 ; 4 vol. pet. in-12, cart. perc. verte.

Le *Watin*, ainsi appelé du nom de son éditeur, a eu de nombreuses éditions à l'époque. C'est un petit ouvrage particulièrement intéressant par la liste des hôtels et les numéros qu'il indique pour les maisons. (Barroux, *Essai de bibliogr. critique des généralités de l'hist. de Paris*, n° 175). Les cartes manquent.

987. **Les Quarante-huit Quartiers** de Paris. Histoire anec-

dotique et biographique des rues, des palais, des hôtels et des maisons de Paris, par GIRAULT DE SAINT-FARGEAU. *Paris, Firmin Didot frères*, 1846 ; pet. in-4, demi-rel. cuir de Russie avec coins, dos orné avec chiffre couronné, tr. jasp. (*Rel. de l'époque*).

Illustré de 12 gravures sur acier, dont 1 frontispice, par des artistes anglais.

988. **Les Quarante-huit Quartiers** de Paris, seul guide véridique et complet des étrangers et des Parisiens..., par GIRAULT DE SAINT-FARGEAU. Seconde édition. 1846 ; in-12, cart. — Paris nouveau, guide pratique, historique et descriptif. (1865) ; in-12, demi-rel. chag., tr. jasp. (Le titre manque). — Ce qui reste du vieux Paris, par le Vte DE VILLEBRESME. Monuments, hôtels particuliers, maisons historiques classés par rues. (1900) ; in-12, fig., demi-rel. chag., tête jasp., non rog., couv. cons. — Ens. 3 vol.

989. **Paris.** Promenades dans les vingt arrondissements, par Alexis MARTIN. Illustré de 44 gravures hors texte et de 21 plans coloriés. *Paris, Hennuyer*, 1890 ; fort vol. in-12, cart. de l'éditeur.

Premier tirage.
On y joint, du même auteur : Une visite à Paris en 1900. La ville et l'Exposition vues en quinze jours. *Ibid., id., s. d.* ; in-12, fig., demi-rel. chag. rouge, tête jasp., non rog., couv. cons.

990. **Paris.** Promenades dans les vingt arrondissements, par Alexis MARTIN. Deuxième édition. *Paris, Hennuyer*, 1894 ; 20 part. en 3 vol. in-12, fig. et plans, demi-rel. chag. rouge foncé, fil. à froid, tête jasp., non rog., couv. cons.

991. **Paris historique**, pittoresque et anecdotique (par Roger DE BEAUVOIR, E. DE LA BÉDOLLIÈRE, Eug. DE MIRECOURT, B. GASTINEAU, L. LURINE, Maurice ALHOY, Julien LEMER, etc.). *Paris, G. Havard*, 1854-1855 ; 14 vol. in-18, cart., non rog., couv. cons.

L'Opéra. — Le Panthéon (2 *ex.*). — Le Mont-de-Piété. — Le Père Lachaise, — Le Jardin des Plantes. — Le Palais-Royal (2 *ex.*). — Le Luxembourg. — Les Halles. — Le Carnaval. — Les Tuileries. — Les Nuits parisiennes. — Paris la Nuit.
Chacun de ces petits ouvrages est orné, en frontispice, d'une figure sur bois dessinée par C. Fath et J.-A. Beaucé. (3 ou 4 vol. ont qq. mouillures).

992. **Nouvel itinéraire-guide** artistique et archéologique de Paris, par Charles NORMAND. *Paris, L'Ami des Monuments et des Arts*, 1889-1900 ; 29 fasc. in-16, en ff., couv. ill.

Collection complète de cette intéressante publication, ornée de nombreuses reproductions dans le texte ou à pleine page. Elle est malheureusement inachevée ; le tome Ier, qui comprend les 16 premiers fasc., est bien complet des titres et tables.

993. **Histoire de Paris**. Topographie, mœurs, usages, origines de la haute bourgeoisie parisienne. Le quartier des Halles, par C. PITON ; avec 300 illustrations, portraits et plans. Préface par A. Lamouroux. *Paris, Rothschild*, 1891 ; fort vol. in-8, demi-rel. peau de truie, enc. de fil. à froid, tête dor., non rog., couv. cons. (*Petitot*).

Premier tirage.

994. **Promenade historique dans Paris**, par Edouard FOURNIER. 1894 ; in-16, pap. vergé, front., broché. — Impressions de voyage dans Paris ancien et moderne, par le baron LAFOND DE SAINT-MÜR. 1893 ; in-12, cart. — Une visite à Paris. La ville et ses promenades vues en quinze jours, par Alexis MARTIN. 1909 ; in-12, fig. et plans, broché. — Ens. 3 vol.

995. **Le Louvre et la Bourse**. 10 vol. et plaq. in-16, in-12 et in-8, brochés, cart. et rel.

Liste des citoyens de l'ancienne composition du district de Saint-Germain-l'Auxerrois qui se sont fait connoître en bien ou en mal, depuis le commencement de la Révolution (vers 1790). — L'Ile de la Cité, par GACHET. 1856. — Curiosités de la Cité de Paris. Histoire étymologique de ses rues nouvelles, anciennes ou supprimées, par HEUZEY. 1864. — Mon Berceau. Histoire anecdotique, pittoresque et économique du premier arrondissement, par Paul VIBERT. 1893. — L'Ile de Lutèce, par A. ROBIDA. 1905, fig. — Le Quartier Saint-Honoré et les origines du Palais Cardinal, par A. de BOISLISLE. 1909. — Histoire de la Butte des Moulins, par Ed. FOURNIER. 1877. (2 *exempl.*). — La Butte des Moulins, par le Dr MOURA. — Le Fief de la Grange-Batelière de l'an 1200 à 1847, par MENTIENNE. 1910.

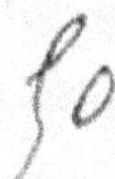

996. **La Butte des Moulins**, avec documents archéologiques et administratifs inédits par le Dr MOURA. Eaux-fortes (20) de A.-P. Martial. *Paris, Vve Cadart*, 1877 ; in-fol., pap. de Holl., en ff., dans un carton.

997. **Le Temple et l'Hôtel-de-Ville.** 5 vol. ou plaq. in-16 et gr. in-8, brochés.

Le quartier Barbette, par SELLIER. 1899. — Souvenirs du Vieux Paris. L'ancien quartier Saint-Merry. Les monuments incendiés sous la Commune, par Léon LESAGE. 1909. — Le IIIe arrondissement à vol d'histoire, par BEAUREPAIRE. 1910. — Voyage autour du IVe par Edouard THIERRY. 1877. — Journal du président de BAILLEUL (1661-1689), publié par Henry MARTIN. 1917.

998. **La Cité.** Bulletin de la Société historique et archéologique du IVe arrondissement de Paris. *Paris, de l'origine*, 1902, *à Avril* 1920 ; 73 fasc. gr. in-8, fig., les 56 premiers rel. en 7 vol., demi-chag. bleu, enc. de fil. à froid au dos, tête jasp., non rog., couv. cons. (*Petitot*), les 7 autres brochés, couv. imp.

Collection complète des 18 premières années, bien complète de toutes les tables annuelles et des tables décennales 1902-1911.

999. **L'Ile Saint-Louis.** 4 brochures in-12 et in-8.

Voyage dans l'Ile Saint-Louis, par un Habitant de Versailles (François FOURNIER-PESCAY). 1809 (Rousseurs). — Notice sur l'Ile Saint-Louis ; origine historique et description de son église, de ses ponts, quais, rues et hotels, par l'abbé PASCAL. 1841. — L'Ile Saint-Louis en 1880, par le Comte de REISET. — L'Ile Saint-Louis à travers les siècles, par SIOU-GELLEY et G. DU WALLON. 1905.

1000. **Bulletin de la Montagne Sainte-Geneviève** et ses abords. Comité d'études historiques, archéologiques et artistiques (Ve et XIIIe arrondissements). *Paris, de l'origine*, 1895, *à* 1912 ; 6 vol. gr. in-8, pap. vergé, demi-rel. chag. rouge, enc. de fil. à froid au dos, tête jasp., non rog., couv. cons. (*Petitot*).

Collection des 6 premiers volumes de cette publication, non mise dans le commerce, à laquelle ont collaboré MM. Paul Sébillot, Jules Périn, Charles Magne, Fr. Bonnardot, etc. ; elle est illustrée de reproductions : portraits, figures, plans et documents, dans le texte et hors texte.

1001. **Barrès** (Maurice). Sensations de Paris. — Le Quartier latin : ces messieurs, ces dames. — 32 croquis par nos meilleurs artistes. *Paris, C. Dalou*, 1888 ; plaq. in-12, brochée, couv. imp.

Edition originale.

1002. **Dabot** (Henri). Lettres d'un lycéen et d'un étudiant de

1847 à 1854 (Première et deuxième éditions), 2 vol. — Souvenirs et impressions d'un bourgeois du quartier Latin, de Mai 1854 à Mai 1869. — Allocutions familières aux ouvriers des Sociétés de secours mutuels. — Griffonnages quotidiens d'un bourgeois du quartier Latin pendant les années 1869, 1870, 1871. — Calendriers d'un bourgeois du quartier Latin (1872-1900), 2 vol. — Registres, lettres et notes d'une famille péronnaise. — *Paris et Péronne*, 1891-1905 ; ens. 8 vol. in-8 et pet. in-8, brochés, couv. imp.

Envoi, lettre ou carte de l'auteur, à chacun de ces ouvrages, qui n'ont pas été mis dans le commerce.
Le second ouvrage, *Souvenirs...* est cart. bradel demi-mar. vert olive, tête dor., non rog., couv. cons. (*Petitot*).

1003. **Le Quartier Latin**. 2 vol. et 10 plaq. in-18, in-12 et in-8, brochés et cart.

Le Quartier Latin, par André Chadourne (1884). — Nos étudiants, par le même (1885). — Henry Mürger et la Bohème, par Delvau, 1866, front. gr. — La jeunesse d'une femme au quartier Latin, par Albert Caise, 1879. — Lettres à Mimi sur le quartier Latin, par Vermersch. — Chansons d'étudiants, par Xanrof. — Etc.

1004. **Le Quartier Latin**. 5 vol. ou brochures in-12, dont 2 cart.

Ce qu'il faut aux étudiants [par Mme Elisa Aclocque]; 1848 ; Les Etudiants de Paris (1845-1847), par Paul Avenel ; 1857. — Le Latium moderne, par Eugène Vermesch ; 1864. — L'Etudiant d'aujourd'hui, par René Vallery-Radot, s. d., Le Quartier latin, par Georges Renault et Gustave Le Rouge, 1899, fig.

1005. **Panthéon, Luxembourg, Reuilly, Gobelins**. 5 vol. ou plaq. in-16 et in-8, brochés et cart.

Essai d'une bibliographie de la Montagne Sainte Geneviève, par Ch.-E Ruelle, 1903. — Zigzags à travers Paris, 6e arrondissement (1903). — Rapport sur l'état actuel du XIIe arrondissement, par Dubarle, 1851. — Etudes sur la transformation du XIIe arrondissement et des quartiers anciens de la rive gauche, par Gramouzaud, 1855. — L'Esprit chrétien ; précédé d'une notice sur le quartier de l'abbaye de Saint-Victor, par l'abbé Pérot, 1886.

1006. **Almanach** de la rive gauche. — 1re année. 1842. *Paris, s. d.* ; in-18, vign. sur bois, broché, couv. imp.

Contient la nomenclature des établissements principaux des Xe, XIe et XIIe arrondissements, qui ont formé les Ve, VIe et VIIe arrondissements actuels. (Rousseurs).

1007. **La Paroisse et le quartier Saint-Sulpice.** Texte historique et anecdotique par Ch. des Granges. *Paris, Librairie de la France illustrée*, 1886 ; gr. in-4, demi-rel. vélin blanc avec coins, tête rouge, non rog., couv. cons.

Ouvrage orné de nombreuses illustrations dans le texte et à pleine page, par Beaurepaire, Coindre, Deroy, Gourcy, Julien, Marie, Thadée, etc. — L'Histoire de la paroisse Saint Sulpice est précédée d'une Histoire générale du Diocèse.

1008. **Bulletin de la Société historique** du VIe Arrondissement de Paris. Années 1898-1916. *Paris*, 1898-1916 ; 17 tom. en 9 vol. gr. in-8, demi-rel. mar. noir, non rog., couv. cons. (*Petitot*).

Bel exemplaire de la collection complète de cette importante publication, ornée de nombreuses planches **hors texte.**

1009. **Le Champ de Mars** (1751-1889), par Ernest Maindron, avec la collaboration de Camille Viré. Ouvrage illustré de 70 lettres ornées par Jules Adeline et de 114 reproductions d'après les documents originaux. *Paris, Baschet*, 1889 ; gr. in-8, cart. bradel demi-perc. rouge, non rog., couv. cons.

On y joint les 17 premiers n^os^ du *Bulletin* de la Société d'histoire et d'archéologie du VIIe arrondissement de Paris, mars 1906-décembre 1917.

1010. **Elysée.** 3 vol. in-12 et in-4, cart.

Souvenirs historiques du VIIIe arrondissement de Paris, par Mlle Chateauminois, 1878. — Monographie du VIIIe arrondissement. Etude archéologique et historique, par H. Bonnardot, avec neuf planches, 1880, pap. vélin. — Le VIIIe arrondissement. Souvenirs historiques, par Henri Viel Lamare (1889), fig.

1011. **Bulletin de la Société historique et archéologique des VIIIe et XVIIe arrondissements** de Paris. *Paris, de l'origine*, 1899, *à fin* 1913 ; 15 années en 5 vol. gr. in-8, nomb. fig., demi-rel. chag. rouge, enc. de fil. à froid au dos, tête jasp., non rog., couv. cons.

Bien complet des titres et tables.

1012. **Faubourg Saint-Antoine.** 10 opuscules ou brochures in-8 et 1 vol. in-12, cart.

Lettre au Roi, relativement aux désastres arrivés au fauxbourg Saint-Antoine, à Paris, les 27 et 28 avril 1789, par un Citoyen zélé (1789) ; 7 pp.

— Evènemens mémorables arrivés au faubourg Saint-Antoine, au sujet de onze brigands et de deux femmes, par LEBOIS (1789) ; 8 pp. — Adresse des habitans du fauxbourg Saint-Antoine à l'Assemblée Nationale (1790) ; 6 pp. — Lettre d'un marchand du faubourg St-Antoine, aux habitans des faubourgs, contenant le récit touchant de tous les malheurs qu'il a éprouvés depuis la Révolution (vers 1791) ; 6 pp. — Loi contenant des mesures répressives contre les factieux du faubourg Antione (sic) (1795) ; 4 pp. — Le faubourg Saint-Antoine ou considérations sur l'administration politique et municipale, par BONNEVILLE. 1834. — Le faubourg St-Antoine. Chronique du temps de la Révolution, par Tony RÉVILLON. 1872. — Recherches sur le faubourg Saint-Antoine, par Louis DESCOMBES. 1905. — Le Journal d'un bourgeois de Popincourt. Lefebvre de Beauvray (1784-1787), par VIAL et CAPON. 1902. — La Roquett . Le Seigneurie et le fief de la Grande Chambrerie. Un arpentage de La Roquette en 1582, par H. VIAL. 1908. — Le Fief de Reuilly, par G. HENRIOT (1909).

1013. **Bercy.** 8 vol. in-16, in-12 et gr. in-8, brochés et cart.

La Laitière de Bercy, par Mad. G*** (GUÉNARD). 1831, 2 vol. — Guide commercial de Bercy et de la gare d'Ivry. 1854. — Mes Adieux à Bercy, par SABATIER. 1860. — Bercy, son histoire, son commerce, par le même. 1875 (Mouillure). — Promenades à Bercy, par le même. 1878. (*Envoi d'auteur*). — Bercy, ville inconnue, par X... 1866. — Histoire des communes annexées à Paris en 1859. — Bercy, par L. LAMBEAU, 1910.

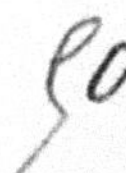

1014. **La Glacière.** 1 vol. in-8 et 1 album in-4 obl., cart.

Notice administrative, historique et municipale sur le XIIIe arrondissement... suivie de considérations sur la rivière de Bièvre... et sur celle de la petite et de la grande voirie, par P. DORÉ fils. 1860 ; avec un plan du XIIIe arrondissement (Intéressante notice dont l'auteur est le fils du fondateur de la pittoresque cité, habitée par des chiffonniers, qui porte son nom). — Album de 13 photographies des bords de la Bièvre, prises en 1889 montées sur bristol. — On y joint une photographie d'un plan du Clos Payen, de la fin du XVIIe siècle, des notes et lettres relatives à ce plan, une *aquarelle originale de* M. DELCOURT, exécutée en 1902, représentant la façade d'un vieil hôtel du boulevard de Port-Royal aujourd'hui disparu.

1015. **Vaugirard et l'Observatoire.** 6 vol. et plaq. in-16, in-8 et gr. in-8, brochés et cart.

Divertissement donné à Mlle Dangoville le jour de sa fête, 15 août 1770 ; 62 pp. (incomplet du dernier f.). — Histoire de Vaugirard ancien et moderne par L. GAUDREAU, curé du lieu. 1842. — Don Groult d'Arcy, par le même. 1853. — Vaugirard en 1859, par J. de LAMARQUE. 1859. — Histoire des communes annexées à Paris en 1859. — Vaugirard, par Lucien LAMBEAU. 1912. Lettre de l'auteur ajoutée. — Le XIVe arrondissement, son origine, sa formation, par Lucien DEROYE (1898).

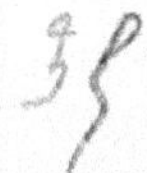

1016. **Vaugirard et Grenelle.** Manuscrit autographe de Fernand BOURNON. 57 pp. pet. in-4, en ff.

Ces études ont paru dans l'*Histoire de la ville et de tout le diocèse de Paris* (de l'abbé Lebeuf). *Rectifications et Additions* par Fernand Bournon, publiées chez Champion en 1901, dont elles forment les pages 583 à 611.

1017. **Grenelle.** 2 brochures in-8 et 1 vol. gr. in-8, brochés.

Fête d'inauguration du Beau Grenelle, commune de Vaugirard, donnée par M. Violet, fondateur, le 27 juin 1824. — Etude sur les grands travaux de voirie nécessaires au XVe arrondissement, par A. Duteil. 1883. — Histoire des communes annexées à Paris en 1859. — Grenelle, par Lucien Lambeau. 1914, fig.

On y joint 58 n^{os} divers de la *Revue du Quinzième*, organe officiel du Syndicat d'Initiative du XVe arrondissement parus entre novembre 1902 et janvier 1909.

1018. **Bulletin de la Société historique d'Auteuil et de Passy.** [*Paris*], *de l'origine*, 1892, *à fin* 1915 ; 8 vol. in-4, fig., cart. bradel demi-perc. verte, tête jasp., non rog., couv. de livr. cons. (*Petitot*).

Bien complet des titres et tables.

1019. **Société historique d'Auteuil et de Passy.** Première exposition d'histoire et d'archéologie du XVIe arrondissement au Musée Guimet, du 1er au 27 juin 1904, résumée par Potin et Bourgoin. *Paris*, 1905 ; gr. in-8, broché, couv. imp.

Tiré à 400 exemplaires num. — Un des 49 sur papier de Hollande.

1020. **Auteuil.** 1 pièce et 4 vol. ou plaq. in-12 et in-8, brochés et cart.

Certificat de résidence délivré par la municipalité d'Auteuil à Achille Duchastelet, lieutenant général des armées de la République, le 6 décembre 1792 ; 1 f. pet. in-4. — Histoire d'Auteuil, par A. de Feuardent, 1855. (Mouillure). — Le même ouvrage, avec fig. 1877. — Les Boufflers à Auteuil, par A. Guillois. 1895. — Etude sur l'origine du nom de lieu : Auteuil, par Tabariès de Grandsaignes. 1900.

1021. **Passy.** Chroniques de Passy et de ses environs, ou recherches historiques, statistiques et littéraires sur Passy, le Bois de Boulogne et les alentours, par P.-N. Quillet. *Paris, Delaunay*, 1836 ; 2 tom. en 1 vol. in-8, lithogr. hors texte, demi-rel. veau fauve, dos orné, tr. marb. (*Rel. de l'époque*).

On y joint : Motion faite par un bourgeois de Paris (M. des Essarts), à l'Assemblée municipale de Passy, tenue le 13 avril 1789 ; 3 pp. in-8. — Annuaire de la ville de Passy par Alf. Lefeuve, 1858, in-16, cart. — Ens. 2 vol. et 1 brochure.

1022. **Chaillot.** 3 vol. ou plaq. in-12 et in-8, brochés ou cart.

Plaidoyer pour le curé de Chaillot et Jacques Soissons, ancien marguillier, apellants d'un décret d'assigné pour être ouï, décerné par le juge de Chaillot, contre M. le Procureur Général, intimé, et contre plusieurs habitants. intervenants (vers 1730). — Précis historique et anecdotique sur Auteuil, Passy, Chaillot et le Bois de Boulogne, par J. LAFFITTE. 1897. — Le vieux Chaillot aux XVIe, XVIIe, XVIIIe, siècles par E.-M. G., aumônier (l'abbé GAUCHER) (1901).

1023. **La Muette**. 1 vol. et 3 plaq. in-16 et gr. in-8, brochés.

La Muette, par A. POTHEY. Illustr. par H. Daumier, H. Monnier, Bin, etc. 1870. — La Muette. 12 juin 1871, par Jules JANIN. 1871. — Le château de la Muette, par le baron de L. (O. de LAVIGERIE). 1890. — Histoire du XVIe arrondissement de Paris, par A. DONIOL. 1902, fig.

1024. **Montmartre**. 4 opuscules et brochures de divers formats et 2 vol. in-8, rel.

Démarches patriotiques de M. de La Fayette à l'égard des ouvriers de Montmartre. 1789 ; 7 pp. — Opuscule relatif aux expériences faites par le canonnier Bisson à la butte Montmartre. 1792 ; 1 p. — Les Amours de Montmartre, comédie par FONPRÉ DE FRACANSALLE (1798) (Mouillure). — Montmartre, poème hollandois, avec la traduction françoise, par J. de MEERMAN 1812. — Histoire de Montmartre, par CHERONNET et l'abbé OTTIN. 1843. — Montmartre et Clignancourt, par L.-M. de TRÉTAIGNE. 1862.

1025. **Le Vieux Montmartre**. Bulletin de la Société d'histoire et d'archéologie des IXe et XVIIIe arrondissements. *Paris*. 1886-1910 ; 70 numéros en 5 vol. gr. in-8, fig., demi-rel. chag. vert, tête jasp., non rog., couv. cons.

Collection des 70 premiers n^os de cette publication à laquelle ont collaboté : Jahyer, Alexis Martin, Ch. Sellier, G. Duval, Rostaing, G. Capon F. Bournon, E. Le Senne, etc.

1026. **Monmartre**. Mémoire de F. DE GUILHERMY. Avec un portrait de l'auteur. *Paris*, *Le Vieux Montmartre*, 1906 ; gr. in-8, broché, couv. imp.

Tiré à 320 exemplaires num. — Un des 20 sur papier de Hollande.
On y joint : Essai de bibliographie historique de Montmartre avant 1800, par Eugène LE SENNE. *Ibid., id.*, 1907 ; plaq. gr. in-8, fig., brochée, couv. imp. — Tiré à 20 exemplaires num. sur papier de Hollande. — Lettre et envoi d'auteur.

1027. **Montmartre** et le Sacré-Cœur [par Henry FRICHET. Dessins de A. Lepère, Bellery Des Fontaines, H. Paillard, etc., gravés sur bois par J. et T. Beltrand, F. Froment, E. Dété, Huyot, etc.]. *Paris*, *Société de l'Image*, *s. d.* ; brochure pet. in-4. — **La Butte-Montmartre** en 1830, d'après les dessins inédits de A. ROSTAING. *Ibid.*, *Société* « *Le Vieux*

Montmartre », 1919 ; brochure gr. in-8 obl. — Ens. 2 brochures, couv. imp.

1028. **Montmartre.** Vues dessinées et gravées à l'eau-forte par Eugène Delatre. *S. l. n. d.* (*Paris, imp. Delâtre*) ; in-8, en ff., couv. ill.

Suite de 28 eaux-fortes originales d'Eugène Delâtre, tirées en bistre sur papier vergé d'Arches.

1029. **Montmartre.** 11 brochures in-16 et gr. in-8.

Montmartre à travers les âges, poème, par Burion. 1887. — Curiosités du vieux Montmartre, par Sellier. 1893, 3 brochures. — Montmartre-Clignancourt, par F. Bournon. 1895. — Deux pages de l'histoire administrative de Montmartre, par le même. 1897. — Le Coup d'Etat du 2 décembre 1851 à Montmartre, par H. Monin. 1899. — L'Etymologie du nom de Montmartre, par Longnon. 1904. — Etc.

1030. **Montmartre.** Autrefois et aujourd'hui, par le R. P. Jonquet. Edition illustrée de 83 gravures. *Paris, Dumoulin*, (1890) ; gr. in-8, cart. bradel demi-perc. verte, non rog., couv. cons.

On y joint un lot de documents relatifs à Montmartre, réunis dans un étui.

1031. **Montmartre.** Autrefois et aujourd'hui, par le P. Em. Jonquet. *Paris, Dumoulin*, 1890 ; 1 vol. — Montmartre, par Renault et Chateau. Illustrations de Balluriau, Léandre, Steinlen, Willette, etc. *Ibid., Flammarion*, (1897) ; 1 vol. — Le Vieux Montmartre. Texte et dessins de André Warnod. *Ibid., Figuière*, (1912) ; 1 vol. (Envoi d'auteur). — Ens. 3 vol. in-12, les 2 premiers cart., non rog., couv. cons., le dernier broché, couv. ill.

Editions originales.

1032. **Les Ternes et La Villette.** 6 vol. et plaq. in-16, in-12 et in-8, brochés et cart.

Notice historique sur les Ternes et les environs, par l'abbé Bellanger, 1849. — Annuaire administratif, industriel et commercial de Neuilly et des Ternes. 1857. — Annuaire administratif, industriel, commercial et statistique de la ville de Batignolles-Monceaux. Années 1857-1858. — Délibération de la municipalité et Conseil général de la commune de La Chapelle S. Denis, près Paris, et extrait certifié du procès-verbal du 24 janvier 1791, concernant le massacre fait ledit jour par les Chasseurs soldés. (1791). — La Chapelle St-Denis. Annuaire. 1854. — La Chapelle Saint-Denis et La Villette, par F. Bournon.

1033. **Belleville.** 7 vol. et plaq. in-12 et in-8, brochés et cart.

Notice historique sur l'ancienne commune de Belleville, par TROCHE, 1864. — Les quartiers pauvres de Paris, par Louis LAZARE. — Le 20e arrondissement, par le même, 1870. — Les quartiers de l'Est de Paris et les communes suburbaines, par le même, 1870. — Offrande à la République d'un Cavalier Jacobin, par la Société populaire de la commune de Belleville (1794) ; publié par Daressy, 1871. — Belleville, par Fernand BOURNON, 1897. — A Belleville. La sépulture du réservoir de la rue du Télégraphe. Les pierres tombales de la rue du Pré-Saint-Gervais, par COYECQUE (1908).

4. *Essais historiques et archéologiques*

1034. **Essais historiques sur Paris** de M. DE SAINTFOIX. *A Londres*, 1754-1758 ; 5 parties. — Supplément... *Londres et Paris*, 1758 ; 1 vol. — 6 part. en 2 vol. in-12, veau marb., dos orné, tr. rouges. (*Rel. anc.*).

Première édition.

1035. **Essais historiques sur Paris**, pour faire suite aux Essais de M. Poullain de Saint-Foix, par Aug. Poullain DE SAINT-FOIX. *Paris, Debray, an* XIII-1805 ; 2 vol. in-8, demi-rel. veau violet, dos orné, tr. marb. (*Zoubre*).

Edition ornée d'un portrait gravé par Adam d'après Pierre.
Exemplaire sur papier vergé, tiré de format in-8, après réimposition du texte.

1036. — *Le même ouvrage*, même édition, format in-12, portr., veau marb., dos orné, tr. marb. (*Rel. de l'époque*).

1037. **Etudes historiques sur Paris.** 6 vol. cart.

Œuvres choisies de [POULLAIN DE] SAINT-FOIX. Avec une notice par COLLIN DE PLANCY, 1826, 2 vol. in-24, portr., gr. — Paris monumental et historique depuis son origine jusqu'à 1789, par Mme Fanny RICHOMME (1850) ; gr. in-8, lithogr. en coul. ou en deux tons, hors texte, et fig. dans le texte. — Itinéraire archéologique de Paris, par F. DE GUILHERMY, 1855, in-8, fig. — Promenades dans le vieux Paris, par Paul LACROIX, s. d. ; in-12, fig. — Paris historique anecdotique et pittoresque, par Charles LOUFT, 1875, gr. in-8, fig.

1038. **Etudes historiques sur Paris.** 4 vol. in-12, veau anc.

Mélanges d'histoire et de littérature... par TERRASSON, 1768. (Ce recueil contient des dissertations sur l'histoire de l'emplacement de l'ancien Hôtel de Soissons, pp. 1 à 116 ; sur l'Enceinte de la ville de Paris, pp. 117 à 150, etc.). — Beautés de l'histoire de Paris... par P.-J.-B. NOUGARET, 1820, fig.

Beautés historiques, chronologiques, politiques et critiques de la ville de Paris, par le chevalier DE PROPIAC, 1822, 2 vol. fig.

1039. **Paris ancien, Paris moderne** . religions, mœurs, caractères, usages des habitans de cette ville, anecdotes curieuses et faits intéressans [par DE MAUPERCHÉ]. *Paris, Barrois l'aîné*, 1813 ; in-4 de 176 pp., demi-rel. veau bleu, dos orné, non rog. (*Rel. de l'époque*).

Première partie, seule parue, de cet ouvrage ; elle renferme des recherches sur l'histoire de Paris, notamment sur ses diverses enceintes, et est accompagnée de 8 planches gravées.

Exemplaire contenant une double suite des planches : en noir et *coloriées*, et à la suite duquel on a relié les opuscules suivants du même auteur : Notes sur le premier plan de Paris, connu sous le nom de Plan de tapisserie (*Paris*, 1818) ; in-4 de 11 pp. avec un plan replié, également en noir et *colorié*. — Notes et renseignements sur une gravure représentant l'entrée de Henri IV dans Paris le 22 mars 1594... *S. l. n. d.* ; in-8 de 16 pp. avec une gravure repliée. — Exemplaire remargé de format in-4, avec la gravure en noir et *coloriée*.

1040. **Etudes historiques sur Paris**. 5 vol. in-12, brochés, rel. ou cart.

Petit tableau de Paris et des Français aux principales époques de la monarchie, par le chevalier DE PROPIAC, 1820, plan et fig. en noir. — Beautés de l'histoire de Paris... rédigé par P.-J.-B. NOUGARET, 1824, fig. — Paris à vol d'oiseau, son histoire, 1851, fig. — La légende du vieux Paris, par Ch. WALLUT, 1883, fig. — A travers l'ancien Paris, par J. LAURENTIE, 1896.

1041. **Etudes historiques sur Paris**. 10 vol. ou plaq. in-8, brochés.

Dissertation sur les Parisii ou Parisiens, et sur le culte d'Isis chez les Gaulois, par J. N. DÉAL, 1826. — Origines de Paris et de toutes les communes, hameaux, châteaux, etc., des départements de Seine et Seine-et-Oise, par J.-B. ROBERT, 1864 ; 2 vol. — Origine de Paris et du Parisis, par Charles BRÉARD, 1887. — Etc.

1042. **Nodier** (Charles). Paris historique. Promenade dans les rues de Paris, par MM. Charles Nodier, Auguste Régnier et Champin. Orné de 200 vues lithographiées, avec un résumé de l'histoire de Paris, par P. Christian. *Paris, F.-G. Levrault*, 1838-1839 ; 3 vol. in-8, demi-rel. chag. rouge avec coins, dos orné, tr. peigne.

Premier tirage. — Ouvrage rare et recherché, qu'il est difficile de rencontrer bien complet. — Il comprend 200 lithographies dessinées par Régnier et exécutées par Champin. — Le tome III renferme les *études sur les Révolutions de Paris*, par F. Christian. (Fortes piqûres de vers au tome II).

1043. **Etudes historiques sur Paris.** 4 vol. rel. ou cart.

Paris démoli, par Edouard FOURNIER. Deuxième édition. *Paris, Aubry,* 1855, in-12, demi-rel. chag. — Curiosités de l'histoire du vieux Paris, par P.-L. Jacob [Paul LACROIX]. *Ibid., Delahays,* 1858 ; in-16, cart. demi-perc., couv. cons. — Souvenirs historiques des principaux monuments de Paris, par le Vte WALSH. *Ibid., Vermot* (1858) ; pet. in-8, demi-rel. chag. — Mon vieux Paris. Hommes et choses, par Edouard DRUMONT. *Ibid., Charpentier,* 1879 ; in-12, cart. demi-bas., couv. cons.

1044. **Etudes historiques sur Paris.** 5 vol. in-12, rel. ou cart.

Ombres et vieux murs, par Auguste VITU. 1859. — Etudes sur l'histoire de Paris ancien et moderne, par Lucien DAVESIÈS DE PONTÈS. 1865. — Légendes du vieux Paris, par Amédée DE PONTHIEU. 1867, front. — Mon vieux Paris, par Edouard DRUMONT. 1893, fig.

1045. **Paris** depuis ses origines jusqu'à nos jours, par E. DE MÉNORVAL. *Paris, Firmin-Didot,* 1889-1897 ; 3 vol. pet. in-8, cartes et plans en coul., cart. bradel demi-chag. grenat à long grain, non rog., couv. cons.

1046. **Le Parisien de Paris.** Journal hebdomadaire illustré. Léon MAILLARD, Directeur. *Paris, de l'origine,* 10 *janvier* 1897, *au* 29 *janvier* 1899 ; 93 numéros en 2 vol. in-4, demi-rel. veau rac., tête jasp., non rog. (*Petitot*).

Collection complète des 2 premières années, à laquelle on joint les 9 premiers bulletins tri-annuels du *Parisien de Paris,* de 1901 à 1905, imprimés par l'Imp. Nationale, avec nombreuses reproductions en noir et en couleurs, brochés, couv. imp.

1047. **Commission municipale du Vieux Paris.** Année 1898 [et 1901 à 1916]. Procès-Verbaux. *Paris, Imp. Municipale,* 1901-1918 ; 19 vol. in-4, nombr. reprod. et plans hors texte, cart. bradel demi-perc. rouge, tête jasp., non rog., couv. cons. (*Petitot*).

On y joint : 1° les 15 procès-verbaux de l'année 1917, en fasc., accompagnés de phototypies ; 2° 74 suppléments du *Bulletin Municipal officiel* relatifs à la Commission du vieux Paris, années 1898 à 1903 et 1917 à 1919.

1048. **Etudes** sur le Paris d'autrefois, par Arthur CHRISTIAN. *Paris, G. Roustan ; Champion,* 1904-1907 ; 6 vol. pet. in-8, brochés, couv. imp.

I. *Les Médecins. L'Université.* — II. *Les Juges. Le Clergé.* — III. *Ecrivains et miniaturistes. Les primitifs de la peinture. Les origines de l'imprimerie. La décoration du livre.* — IV. *Les demeures royales. Les demeures aristocratiques.* — V. *Les demeures royales aux portes de Paris.* — VI. *L'ar équestre à Paris. Les sports et exercices physiques* (ce dernier vol. est tiré sur papier du Japon).

1049. **Société historique et archéologique des VIIIe et XVIIe arrondissements de Paris** (17e et 18e années). Mélanges Emile Le Senne. [Texte par Marcel Poète, Paul Jarry, Henry Nocq, G. Bapst, H. Beraldi, Funck-Brentano, Paul Lacombe, Mareuse, etc.]. *Paris*, 1915-1916 ; gr. in-8, portr. et reproductions dans le texte et hors texte, broché, couv. imp.

Tiré à 300 exemplaires seulement. — Un des 100 num. sur papier vélin à la forme.

1050. **Histoire de la Bourgeoisie de Paris**, depuis son origine jusqu'à nos jours, par Francis Lacombe, 3 vol. — Les Bourgeois célèbres de Paris, par le même, 1 vol. (petites taches). — *Paris*, *Amyot*, (1851-1852) ; 4 vol. in-8, cart., non rog., couv. cons.

On y joint : La Bourgeoisie parisienne au temps de la Fronde, par Léon Lecestre. *Paris, Plon-Nourrit*, 1913 ; brochure in-8.

1051. **Nouvelle découverte** d'une des plus singulières et des plus curieuses Antiquitez de la Ville de Paris. *S. l. n. d.* (*vers* 1681) ; placard in-4 de 4 pp.

Dissertation sur une tête d'Isis, ou plutôt de Cybèle, en bronze, trouvée au cours de fouilles auprès de l'église Saint-Eustache ; la première page est ornée d'une grande figure sur cuivre, reproduisant ce monument. La dissertation semble pouvoir être attribuée à Claude du Molinet, célèbre numismate, auteur de divers ouvrages parmi lesquels l'histoire de la Bibliothèque Sainte-Geneviève.

1052. **Museum of french monuments**, or, an historical and chronological description of the monuments in marble, bronze, and bas-relief, collected in the Museum at Paris. Translated from the french of Alexander Lenoir... by J. Griffiths. *Paris and London*, 1803 ; in-8, pap. vélin, demi-rel. veau avec coins.

Premier volume, seul paru, de cette traduction du *Musée des Monuments français* d'Alexandre Lenoir, il renferme 44 planches gravées, représentant des statues antiques et du moyen-âge, provenant de fouilles ou d'édifices parisiens disparus.

1053. **Antiquités gauloises et romaines**, recueillies dans les jardins du palais du Sénat, pendant les travaux d'embellissement qui y ont été exécutés depuis l'an IX jusqu'à ce jour...., par C.-M. GRIVAUD, sous-chef de la Trésorerie du Sénat. *Paris, Fr. Buisson*, 1807 ; 1 vol. pet. in-4, veau fauve, dos orné, bord. dor. encadrant les plats, dent. int. à froid, tr. rouges, et 1 atlas in-4 de 26 pl. grav., demi-rel. veau fauve avec coins. (*Rel. de l'époque*).

1054. **Rapport** de la Commission nommée par la Société royale des Antiquaires de France, sur les Antiquités gallo-romaines, découvertes à Paris dans les fouilles de Saint-Landri, en l'île de la Cité, au mois de Juin 1829, par MM. DULAURE, JORAND et GILBERT. *Paris, Selligue*, 1830 ; pet. in-fol. de 16 pp., avec 10 pl. lithogr. tirées sur Chine monté, demi-rel. cuir de Russie, tr. jasp.

Exemplaire du comte de Laborde.

1055. **Polyanthea archéologique**, ou curiosités, raretés, bizarreries et singularités de l'histoire religieuse, civile, industrielle.... dans l'antiquité, le moyen âge et les temps modernes...., par T. DE JOLIMONT. *S. l.* (*Moulins, imp. Place*), 1843-1844 ; 3 fasc. in-8, brochés, couv. imp.

Tout ce qui a paru de cette publication curieuse. — Recherches sur l'origine des poissons d'avril, des œufs de Pâques, de l'usage de saluer ceux qui éternuent, etc.

1056. **Memoires** présentés par divers savants à l'Académie royale des inscriptions et Belles-Lettres. *S. l. n. a.* (*Paris*, 1845) ; pet. in-4 carré, demi-rel. bas. fauve, tête jasp., non rog.

Renferme un important mémoire de M. JOLLOIS, directeur des Ponts et Chaussées de la Seine sur les *antiquités romaines et gallo romaines de Paris* (découverte d'un cimetière gallo-romain entre les rues Blanche et de Clichy et observations sur les antiquités trouvées à Paris à diverses époques) ; ce mémoire, qui comporte 177 pp., est accompagné de 23 planches lithographiées, repliées ; il est suivi d'un mémoire sur les *antiquités de Montmartre* par Ferdinand de GUILHERMY.

1057. **Archéologie parisienne.** 3 vol. ou plaq., brochés ou cart.

Description d'un sarcophage antique placé dans le jardin Boutin, connu sous le nom de Tivoli [Extrait d'un ouvrage ancien in-4 comprenant les pages 105 à 124, orné d'une grande figure, gravée sur cuivre, pliée]. — Rapports à M. le Préfet de la Seine sur les fouilles des Célestins [par le Dr A. Thierry, le Dr Broca, etc.]. 1852, in-4. — Les fouilles dans le sol du vieux Paris, par Eugène Toulouze. 1888, in-8, fig.

1058. **Archéologie parisienne.** Etudes par Fr.-M. Bourignon, Quicherat, Louis Leguay, Ad. Blanchet, Perrault-Dabot, Ern. Desjardins, etc., publiées de 1782 à 1910 ; 17 plaq. ou opuscules, in-8 ou in-12, fig., brochés ou cart.

Dissertations relatives à des inscriptions gallo-romaines et gauloises, aux inscriptions des monnaies mérovingiennes, au cimetière gallo romain de Paris, aux monuments préhistoriques, à la borne milliaire de Paris, etc.

1059. **Collection de plombs historiés**, trouvés dans la Seine et recueillis par Arthur Forgeais. *Paris*, 1862-1866 ; 5 vol. in-8, cart. bradel demi-perc., non rog., couv. cons.

Intéressant ouvrage, illustré d'un grand nombre de reproductions, intercalées dans le texte. — Envoi d'auteur à Alfred Bonnardot.

On y joint, du même auteur : Notice sur des plombs historiés trouvés dans la Seine. *Ibid.*, 1858 ; in-8, fig. cart. de l'époque pap. rouge, non rog. (Envoi d'auteur au même). — Numismatique des corporations parisiennes, métiers, etc., d'après les plombs... *Ibid.*, 1874, in-8, fig., broché, couv. imp. — Ens. 7 vol.

1060. **Arènes de Lutèce.** 10 plaquettes in-4 et in-8, brochées ou cart.

Les Arènes de la vieille Lutèce, par Charles Read. 1870. — Les fouilles des Arènes de Paris, par Louis de Chalarieu. 1870. — Les squelettes des Arènes de Paris, par Charles Lefebvre. 1870. — Les Arènes de Lutèce, conférence de Ruprich-Robert. 1875, fig., cart. demi-perc. — Les Arènes de Lutèce, par Fernand Bournon. 1908, fig. — Etc.

1061. **Arènes de Lutèce** (1884-1886). Album gr. in-4 oblong, cart. bradel, demi-perc. verte avec coins.

11 grandes photographies 18 × 24 prises à l'époque des fouilles, montées sur onglets.

1062. **Sur la ville de Paris** dont les Armes sont un Navire. [Ode par J.-B. Santeuil]. *S. l. n. d.* ; in-8 de 3 ff., demi-rel. veau fauve.

Copie manuscrite, en rouge et noir, de cette ode parue dans les Œuvres de Santeul. (Paris, Billiot, 1729).

On y joint : Sceaux, Devises et Armoiries de Paris, par Dangeau. *Angers*, 1872 ; gr. in-8 de 31 pp., broché.

5. *Histoire de Paris à différentes époques*

1063. **Etudes historiques** sur les révolutions de Paris, par P. Christian. Deuxième édition. *Paris, Bertrand*, 1840 ; in-8, cart., non rog., couv. cons.

On y joint : Paris au temps de Saint Louis, d'après les documents contemporains... par Louis Boutié. *Ibid., Perrin*, 1911 ; pet. in-8, fig., broché. — Campagne et bulletins de la grande armée d'Italie commandée par Charles VIII (1494-1495), par J. de La Pilorgerie. *Nantes*, 1866 ; in-12, broché. — Ens. 3 vol.

1064. **Nouvelles Annales de Paris**, jusqu'au règne de Hugues Capet. On y a joint le poème d'Abbon sur le fameux siège de Paris par les Normans en 885 et 886, beaucoup plus correct que dans aucune des éditions précédentes ; avec des notes pour l'intelligence du texte par dom Toussaints Du Plessis. *A Paris, chez la veuve Lottin et Butard*, 1753 ; in-4, veau marb., dos orné, tr. rouges. (*Rel. anc., usagée*).

Première édition. (Qq. petites taches).

1065. **Rois et Serfs**. Un chapitre d'histoire capétienne, par Marc Bloch. *Paris, Champion*, 1920 ; gr. in-8, broché, couv. imp. — Envoi d'auteur.

1066. **Sièges de Paris**. 4 vol. ou plaq. in-8 et in-16, brochés ou cart.

Le Premier siège de Paris, an 52 avant l'ère chrétienne, par Henry Houssaye. 1876, pap. de Holl. — Sièges soutenus par la ville de Paris depuis l'invasion des Romains dans les Gaules jusqu'au 30 mars 1814, par N. L. P. (Noël-Laurent Pissot). 1815. — Le siège de Paris par les Normands en 885 et 886. Poème d'Abbon, avec la traduction en regard, accompagné de notes par N. R. Taranne. 1834. — Siège de Paris par les Normands, par Jérémie Babinet. 1850.

1067. **Les Sièges de Paris**. Annales militaires de la capitale, depuis Jules César jusqu'à ce jour, par Borel d'Hauterive. *Paris, Plon*, 1881 ; in-12, cart. demi-perc. — Journal du siège de Paris en 1590, rédigé par un des assiégés, publié... et précédé d'une étude sur les mœurs et coutumes des Parisiens au XVIe siècle par A. Franklin. *Ibid.*, *Willem*, 1876 ; pet. in-8, pap. de Holl., fig., broché. — Paris en armes, sièges et batailles, par Edouard Gœpp. *Ibid.*, *Ducrocq*, (1894); gr. in-8, fig., broché. — Ens. 3 vol.

1068. **Quant reviendra nostre roy à Paris.** Ballade d'Eustache Deschamps, chantée en 1389. *Reims*, *imp. Jacquet*, 1849 ; in-8 de 11 pp., demi-rel. veau olive, non rog. (*Rel. de l'époque*).

Ballade composée en l'honneur de Charles V, par Eustache Deschamps, dit Morel, poète champenois.

1069. **Le Livre d'Or de Jeanne d'Arc.** Bibliographie raisonnée et analytique des ouvrages relatifs à Jeanne d'Arc. Catalogue méthodique, descriptif et critique des principales études historiques, littéraires et artistiques, consacrées à la Pucelle d'Orléans depuis le XVe siècle jusqu'à nos jours, par Pierre-Lanéry d'Arc. *Paris*, *Leclerc et Cornuau*, 1894 ; gr. in-8, fig., demi-rel. veau fauve, dos orné, tête dor., non rog., couv. cons.

1070. **Le Journal d'un bourgeois de Paris** sous le règne de François Ier (1515-1536). Nouvelle édition publiée avec une introduction et des notes par V.-L. Bourrilly. *Paris*, *A. Picard*, 1910 ; in-8, broché, couv. imp.

On y joint : La cour de France et la société au XVIe siècle, par Decrue de Stoutz. *Ibid.*, *Firmin Didot*, 1888 ; in-12, cart. demi-perc. — Un vieux canard, document parisien inconnu de 1570. Le Pourtraict véritable de la bataille donnée entre Paris et Sainct-Denis le 10 novembre 1567, par Jean Le Maistre. *Ibid.*, 1910 ; gr. in-8 de 14 pp., plan, broché. — Exemplaire unique, sur papier vergé.

1071. **Le Tigre en** 1560, reproduit pour la première fois en fac-simile... publié avec des notes historiques, littéraires et bibliographiques, par M. Charles Read. *Paris*, *Académie des Bibliophiles*, 1875 ; in-16 carré, pap. de Holl., portr. gravé, cart. bradel vélin blanc, non rog.

Réimpression de ce virulent pamphlet de François Hotman contre le cardinal de Lorraine et les Guises.

1072. **Journal des choses memorables** advenues durant tout le regne de Henry III, roy de France et de Pologne [par Pierre DE L'ESTOILE]. *S. l.*, 1621 ; in-4 de 133 pp. et 41 pp., vélin blanc. (*Rel. de l'époque*).

Edition rare, parue la même année que l'édition originale. La deuxième partie renferme : *Le procez verbal d'un nommé Nicolas Poulain, lieutenant de la prevosté de l'Isle de France, qui contient l'histoire de la Ligue, depuis le second Janvier 1585 jusques au jour des Barricades, escheuës le 12 May* 1588. — Les nombreuses notes marginales et des deux premières pages ont été attribuées à La Monnoye. (Qq. mouillures).

1073. **La Saint-Barthélemy** et la critique moderne, par Henri BORDIER. *Genève et Paris*, 1879 ; in-4, fig., demi-rel. chag. brun, dos orné, tr. jasp. — Envoi d'auteur.

1074. **La Ligue.** 4 vol. ou plaq. in-8 ou in-12, cart.

Au Roy, mon souverain seigneur, sur les misères du temps présent et de la conspiration des ennemys de sa majesté, par un Gentil-homme de l'Eglise. *A Ortais*, 1585. — Paris et la Ligue sous le règne de Henri III, étude d'histoire municipale et politique, par Paul ROBIQUET, 1886 ; lettre et envoi d'auteur. — Journal d'un curé ligueur de Paris sous les trois derniers Valois, publié et annoté par Ed. DE BARTHÉLEMY, 1866. — La Satyre Ménippée ou la vertu du Catholicon, avec introduction et éclaircissements par Ch. READ, 1880.

1075. **Siège de Paris par Henri IV.** 4 vol. ou plaq., brochés ou rel.

Discours de tout ce qui s'est passé à la prise de la ville de Paris. *Tours*, 1594 ; in-16 de 15 pp., en ff. — Relation sommaire et véridique des choses dignes de remarques arrivées pendant le siège mémorable de la fameuse ville de Paris, et sa défense par le duc de Nemours, contre Henri de Bourbon. Traduit de l'espagnol de CORNEJO. *Paris*, 1834 ; in-8 de 43 pp., demi-rel. veau fauve. (Tiré à 30 exemplaires). — La révolte et le siège de Paris (1589), par A. GÉRARD. *Ibid.*, 1907 ; in-8. — Relation du siège de Paris, par Henri IV. Traduite de l'italien de PIGAFETTA, par A. Dufour. *Ibid.*, 1875, in-8, pap. vergé, front.

1076. **Journal de Jean Héroard** sur l'enfance et la jeunesse de Louis XIII (1601-1628). Extrait des manuscrits originaux par Eud. Soulié et Ed. de Barthélemy. *Paris, Firmin Didot*, 1868 ; 2 vol. in-8, cart. bradel demi-perc. brune, non rog., couv. cons.

On y joint : Le Coup d'état du 24 avril 1617, par Louis BATIFFOL, 1908. — La mort de Louis XIII, étude d'histoire médicale par le Dr Paul GUILLON, 1897. — Paris devant la menace étrangère en 1636, par Marcel POËTE, 1916. — Ens. 5 vol.

1077. **Cardinal de Richelieu.** 3 brochures in-4.

Journal véritable de ce qui s'est fait et passé à la maladie et à la mort de feu Mgr l'Eminentissime cardinal duc de Richelieu, et les dernières paroles qu'il a proférées. Envoyé à Mgr le Marquis de Fontenay-Marueil, ambassadeur du roy à Rome [Signé F. S., pseud. du P. Léon de SAINT-JEAN, suivant le P. Lelong]. 1642. — Advertissement aux partisans de ce temps suivant l'estat des partisans rotis. 1643. — Abrégé de la vie du cardinal de Richelieu pour luy servir d'épitaphe [par Matthieu DE MORGUES, seigneur de Saint-Germain]. 1644.

1078. **Franklin** (Alfred). La Cour de France et l'assassinat du maréchal d'Ancre, 1 vol. — Christine de Suède et l'assassinat de Monaldeschi au Château de Fontainebleau, 1 vol. *Paris, Emile-Paul*, 1912-1913 ; 2 vol. in-12, brochés, couv. imp. — Editions originales.

1079. **La Fronde**. 12 plaq. in-4 ou in-8, en ff. ou cart.

Lettres de deux amis sur la prise de la Bastille. 1649. — Contributions d'un bourgeois de Paris pour sa cotte-part au secours de sa patrie. 1649. — Les charmans effects des barricades ou l'amitié durable de la Compagnie des frères bachiques de Pique-Nique, en vers burlesque. 1649. — Les dernières barricades de Paris en vers burlesques, avec autres vers envoyez à M. Scarron sur l'arrivée d'un convoy à Paris. 1649. — Agréable et véritable récit de ce qui s'est passé devant et depuis l'enlèvement du roy, hors la ville de Paris, par le conseil de Jule Mazarin, en vers burlesques. 1649. — Lettre de la petite Nichon du Marais à M. le prince de Condé, à S. Germain. 1649. — Lettre de Fanchon du faux-bourg Sainct Germain à la petite Nichon du Marais. 1649. — Le Génie de Paris descouurant la cause des malheurs du temps. 1652. (petite tache). — Etc.

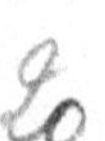

1080. **Le Mareschal des logis**, logeant le roy et toute sa cour par les rues et principaux quartiers de Paris, en consequence de la pretendue amnistie, par le sieur de Sandric[ourt]. Demande au vendeur l'estat présent de la fortune des princes et le visage de la cour. Et reçois ces trois pièces comme des diuertissemens de ma plume. *A Paris*, 1652 ; in-4 de 7 pp., veau fauve, dos orné, fil. sur les plats, dent. int., tr. jasp. (*Rel. du début du* XIXe *siècle*).

Curieuse et rare mazarinade, attribuée par Quérard à François-Eudes de MEZERAY (Forte tache).

1081. **Mémoires** du cardinal de RETZ, contenant ce qui s'est passé de remarquable en France pendant les premières années du règne de Louis XIV. Nouvelle édition, revue et corrigée. *Genève, Fabry et Barillot*, 1751 ; 4 vol. pet. in-12, veau marb., dos sans nerfs orné, fil. sur les plats, tr. marb. (*Rel. anc.*).

1082. **Règne de Louis XIV**. 7 vol. ou plaq. in-4 ou in-8, brochés, rel. ou cart.

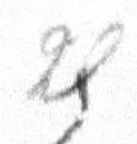

La Médaille de Louis XIV [poème publié par le baron Double]. (1891) ; in-4 de 6 ff. (Tiré à 30 exemplaires seulement sur papier du Japon et non mis dans le commerce). — Règne de Louis XIV, par QUATREMÈRE-ROISSY 1826. (Tache). — Voyage de France, mœurs et coutumes françaises (1664-1665). Relation de Sébastien LOCATELLI, traduite par A. Vautier. 1905. — La femme du Grand Condé, par HOMBERG et JOUSSELIN. 1905, portrait. (Envoi d'auteur). — Les nièces de Mazarin. Mœurs et caractères au XVIIe siècle, par Amédée RENÉE. 1858. — Etc.

1083. **Les Annales de la Cour et de Paris** pour les années 1697 et 1698 [par SANDRAS DE COURTILZ]. *A Cologne, chez Pierre Marteau*, 1701 ; 2 tom. de 232, 457 pp. (ch. 233-689), et 20 pp. de table en 1 vol. in-12, veau fauve, dos orné, tr. jasp. (*Rel. de l'époque*).

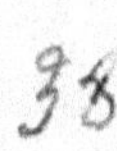

Bonne édition de cet ouvrage scandaleux qui valut à son auteur un long emprisonnement. — Sandras de Courtilz, né à Montargis en 1644, ancien capitaine au régiment de Champagne, avait passé en Hollande en 1683 pour y faire imprimer des ouvrages qu'il eût été difficile de publier en France. Il fut arrêté lors de son retour et resta neuf ans à la Bastille.

1084. — *Le même ouvrage*. Nouvelle édition revuë et corrigée. *A Amsterdam, chez Pierre Brunel*, 1703 ; 2 vol. in-12 de 269 pp. et 19 pp. de table, et 258 pp. et 15 pp. de table, veau brun, dos orné, armoiries sur les plats, tr. jasp. (*Rel. de l'époque*).

Exemplaire aux armes de *CHARLES LE GOULX DE LA BERCHÈRE*, évêque de Narbonne.

1085. — *Le même ouvrage*. Nouvelle édition. *A Amsterdam, chez Pierre Brunel*, 1706 ; 2 tom. de 269 pp. et 19 pp. de table, et 258 pp. et 14 pp. de table, en 1 vol. in-12, veau fauve, dos orné, tr. rouges. (*Rel. de l'époque*).

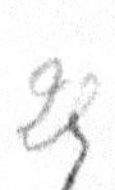

1086. **Paris sous Louis XIV**. Monuments et vues. Texte par Auguste MAQUET. *Paris, Laplace, Sanchez et Cie*, 1883 ; in-4, demi-rel. chag. rouge avec coins, dos orné, tête dor., non rog.

Premier tirage. — Illustré de nombreuses figures dans le texte ou à pleine page et de 9 grands portraits, gravés sur bois, hors texte.

1087. **Mémoires pour servir à l'histoire de la Calotte**. [Recueil de pièces satiriques en prose et en vers, par l'abbé DE MARGON, l'abbé DESFONTAINES, GACON, etc.]. *Basle*,

1725 ; 2 part. en 1 vol. in-12, demi-rel. bas. marb., tr. jasp. — Première séance des Etats calotins, contenant l'oraison funèbre de feu Philippes-Emanuel de Torsac, généralissime du régiment de la Calotte [par l'abbé DE MARGON]. *A Babylone*, 1724 ; in-4 de 54 pp., broché. — Le Régiment de la Calotte, par Léon HENNET. *Paris*, 1886 ; in-12, fig., cart. demi-perc. rose, non rog., couv. cons. — Ens. 3 vol.

1088. **Gazette de la Régence** (Janvier 1715-Juin 1719), publiée... avec des annotations par le Cte E. DE BARTHÉLEMY. *Paris, Charpentier*, 1887 ; in-12, cart. — Les Philippiques de LA GRANGE-CHANCEL. Nouvelle édition... précédée de Mémoires pour servir à l'histoire de La Grange-Chancel et de son temps, en partie écrits par lui-même, avec des notes historiques et littéraires, par M. de Lescure. *Ibid., Poulet-Malassis et de Broise*, 1858 ; gr. in-12, demi-rel. chag. — Papiers inédits du duc de SAINT-SIMON. Lettres et dépêches sur l'ambassade d'Espagne. *Ibid., Quantin*, 1880 ; in-8, cart. — DUCLOS. Chroniques indiscrètes sur la Régence, tiré d'un manuscrit autographe de Collé, avec une notice et des notes par M. Gustave Mouravit. *Ibid., Moniteur du Bibliophile*, 1878 ; in-4, cart. — Ens. 4 vol.

1089. **Histoire journalière de Paris** (1716-1717) [par DUBOIS DE SAINT-GELAIS]. *A Paris, chez Estienne Ganeau*, 1717 ; 2 part. en 1 vol. pet. in-12, veau marb., dos orné, tr. rouges. (*Rel. anc.*).

Première édition. Rare.

On y a joint : *le même ouvrage*, précédé d'une introduction par Maurice Tourneux. *Ibid., pour la Société des Bibliophiles françois*, 1885 ; in 8, pap. vergé, fig., demi-rel. mar. rouge, tête dor., non rog., couv. cons. (*Krecht*) — Carte et envoi de Maurice Tourneux.

1090. **Journal** et mémoires de Mathieu MARAIS, avocat au Parlement de Paris sur la Régence et le règne de Louis XV (1715-1737) ; publiés pour la première fois, avec une introduction et des notes par M. de Lescure. *Paris, Firmin Didot*, 1863-1868 ; 4 tom. en 2 vol. in-8, demi-rel. mar. rouge, tête dor., non rog.

1091. **Mémoires historiques et secrets**, concernant les

amours des rois de France. Avec quelques autres pièces. *A Paris, vis-à-vis le Cheval de Bronze*, 1739 ; pet. in-12, demi-rel. mar. rouge à long grain, dos orné, tr. peigne. (*Rel. mod.*).

Curieux recueil publié par le Marquis D'ARGENS ; il est tiré en grande partie des *Annales de Paris* de SAUVAL, et contient, en outre, les pièces suivantes : Réflexions historiques sur la mort de Henri le Grand ; Le Mal de Naples, son origine et ses progrès en France ; Trésors des rois de France.

1092. **Journal et Mémoires** de Charles COLLÉ sur les hommes de lettres, les ouvrages dramatiques et les événements les plus mémorables du règne de Louis XV (1748-1772). Nouvelle édition augmentée de fragments inédits ; avec une introduction et des notes par Honoré Bonhomme. *Paris, Firmin Didot*, 1868 ; 3 vol. in-8, cart. bradel demi-perc. brune, non rog., couv. cons. — Correspondance inédite de Collé, faisant suite à son journal, publié avec une introduction et des notes par Honoré Bonhomme. *Ibid., H. Plon*, 1864 ; in-8, port. gravé, cart. de l'éditeur, non rog. — Ens. 4 vol.

1093. **Le comte de Clermont**, sa cour et ses maitresses. Lettres familières. Recherches et documents inédits publiés par Jules COUSIN. *Paris, Académie des Bibliophiles*, 1867 ; 2 tom. en 1 vol. in-12 carré, portr. et fac-sim., mar. rouge, dent. int., tête dor., non rog.

Exemplaire imprimé sur papier de Chine, auquel on a ajouté 10 *lettres autographes* de Jules Cousin adressées à P. Chéron, de la Bibliothèque Impériale.

1094. — *Le même ouvrage*, même édition ; 2 vol. in-12 carré, demi-rel. mar. rouge avec coins, dos orné, tête dor., non rog., couv. cons. (*Raparlier*).

Un des 400 exemplaires num. sur papier de Hollande. — Carte et envoi autographe de Jules Cousin.

1095. **Le Comte de Clermont**, sa cour et ses maitresses. Lettres familières, recherches et documents inédits publiés par Jules COUSIN. *Paris, Académie des Bibliophiles*, 1867 ; 2 tom. en 1 vol. in-12, pap. de Chine, fig. (Envoi signé de Jules Cousin). — Le Comte de Clermont et sa cour. Etude historique et critique par C.-A. SAINTE-BEUVE. *Ibid., id.*, 1868 in-12, pap. de Holl. — Ens. 2 vol., demi-rel. mar.

avec coins, dos orné, tête dor., non rog., couv. cons. au dernier vol. (*Raparlier*).

1096. **Lettres originales** de Madame la comtesse Du Barry, avec celles des princes, seigneurs, ministres et autres, qui lui ont écrit et qu'on a pu recueillir [recueil attribué à PIDANSAT DE MAIROBERT ou à THEVENEAU DE MORANDE]. Sixième édition. *Genève, Ormeaux*, 1779 ; in-12, veau marb., dos orné, tr. rouges. (*Rel. anc., usagée*). — Nouvelles à la main sur la comtesse Du Barry trouvées dans les papiers du comte de ***, revues et commentées par Emile CANTREL. *Paris, H. Plon*, 1861 ; in-8, portrait, cart. bradel demi-perc. bleue, non rog., couv. cons. (Petites taches). — Ens. 2 vol.

1097. **Vie privée du prince de Conty**, Louis-François de Bourbon (1717-1776), racontée d'après les documents des archives, les notes de la police des mœurs et les mémoires, manuscrits ou imprimés, de ses contemporains, par CAPON et YVE-PLESSIS. *Paris, Schemit*, 1907 ; in-8, portr., broché, couv. imp.

Ouvrage bien documenté sur la vie à la cour dans la seconde moitié du XVIIIe siècle.

1098. **Le Gazetier cuirassé**, ou anecdotes scandaleuses de la Cour de France [par THEVENEAU DE MORANDE]. *Imprimé à cent lieues de la Bastille, à l'enseigne de la Liberté*, 1771 ; 3 part. en 1 vol. pet. in-12, veau marb., dos orné, tr. rouges. (*Rel. anc.*).

Edition originale, renfermant en outre : *Mélanges confus sur des matières fort claires*, par l'auteur du Gazetier cuirassé, et *Le philosophe cynique, pour servir de suite aux anecdotes scandaleuses de la Cour de France*.

On y joint : Les Révélations indiscrètes du XVIIIe siècle, par le cardinal de Bernis, Bossuet, Chénier, Diderot, Voltaire, etc. ; [par P. R. AUGUIS]. *Paris, Guitel*, 1814, in-18, bas. rac., dos orné, tr. marb. (*Rel. anc. usagée*).

1099. **Le Gazetier cuirassé**, ou anecdotes scandaleuses de la Cour de France [par THEVENEAU DE MORANDE]. *Imprimé à cent lieues de la Bastille, à l'enseigne de la Liberté*, 1777 ; in-12 de 180 pp., veau rac., dos orné, tr. jasp. (*Rel. anc.*).

Edition renfermant le même texte que l'originale mais avec pagination suivie ; elle est ornée d'un curieux frontispice gravé.

On a relié à la suite : Remarques historiques et anecdotes sur le Château de la Bastille et l'Inquisition de France. *S. l. n. d.* ; 60 pp., plan.

On y joint : Le Diable dans un bénitier et la métamorphose du Gazettier cuirassé en mouche [par A.-G. LA FITTE, Marquis DE PELLEPORE]. Revû, corrigé et augmenté par l'abbé AUBERT et Pierre LE ROUX. *Londres*, 1784, in-12, en ff.

Curieux pamphlet contre l'auteur du *Gazetier cuirassé*, dans lequel l'auteur dévoile les turpitudes de Théveneau de Morande, les intrigues de la Du Barry, de la Gourdan et de quelques grands hommages.

1100. **Porte-feuille d'un talon rouge** (Le), contenant des anecdotes galantes et secrettes de la Cour de France (attribué au comte de Provence). *A Paris, de l'impr. du Comte de Paradès*, 178* ; pet. in-16 carré, demi-rel. chag. rouge, tête jasp., non rog.

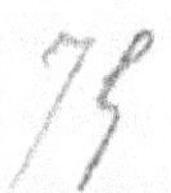

Edition originale de cette pièce satirique dans laquelle se trouvent des faits scandaleux qu'on ne rencontre pas ailleurs ; elle est d'une excessive rareté, les exemplaires ayant été presque tous détruits. (*Bibl. des ouvr. relatifs à l'amour*, t. VI, p. 116).

1101. **Chroniques du XVIIIe siècle**, publiées par Roger DE PARNES, avec préfaces de Georges d'Heylli. — I. La Régence. Portefeuille d'un Roué. — II. Anecdotes secrètes du règne de Louis XV. Portefeuille d'un Petit-Maître. — III. Gazette anecdotique du règne de Louis XVI. Portefeuille d'un Talon-Rouge. *Paris, Rouveyre*, 1881-1882 ; 3 vol. in-8, fig., demi-rel. chag. rose, dos sans nerfs orné en long, tête dor., non rog., couv. cons. (*Petitot*).

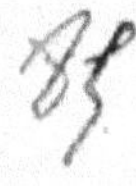

Un des 50 exemplaires num. sur papier Seychall-Mill contenant les eaux-fortes en 2 états : avant la lettre, en bistre, et avec la lettre, en noir.

1102. **Mémoires du duc de Lauzun** (1747-1783), publiés pour la première fois avec les passages supprimés, les noms propres, une étude sur la vie de l'auteur, des notes et une table générale, par Louis Lacour. *Paris, Poulet-Malassis et de Broise*, 1858 ; gr. in-12, demi-rel. chag. brun, fil. au dos, non rog.

Première édition contenant le texte intégral avec les noms propres rétablis.

1103. — *Le même ouvrage*. Seconde édition, sans suppressions et augmentée d'une préface et de notes nouvelles par Louis Lacour. *Ibid., id.*, 1858 ; in-12, demi-rel. veau rouge, tr. jasp.

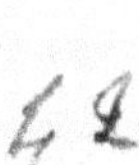

1104. **Paris, Versailles et les provinces au dix-huitième siècle.** Anecdotes sur la vie privée de plusieurs ministres, évêques, magistrats célèbres, hommes de lettres et autres personnages connus sous les règnes de Louis XV et Louis XVI, par un ancien officier aux Gardes-Françaises [le Marquis Du Gast de Bois-Saint-Just]. Seconde édition, revue, corrigée et augmentée [par Mely-Janin]. *Paris et Lyon*, 1809-1817 ; 3 tom. en 2 vol. in-8, demi-rel. veau anc., usagée. — Lettres du commissaire Dubuisson au marquis de Caumont (1735-1741), avec introduction, notes et tables par A. Rouxel. *Paris, Arnould*, (1882) ; in-12, cart. bradel pap. bleu, non rog. — Ens. 3 vol.

1105. **Mémoires sur la chevalière d'Eon** avec son portrait d'après Latour. La vérité sur les mystères de sa vie d'après des documents authentiques suivis de douze lettres inédites de Beaumarchais, par Frédéric Gaillardet. *Paris, Dentu, s. d.* ; in-8, portr., demi-rel. veau vert avec coins, enc. de fil. au dos, tr. peigne.

Intéressants et curieux mémoires.

1106. **Mémoires** du comte de Maurepas, ministre de la Marine, etc. Seconde édition, avec onze caricatures du temps, gravées en taille-douce. *Paris, Buisson*, 1792 ; 4 tom. en 2 vol. in-8, demi-rel. bas. marb., dos sans nerfs orné, tr. jasp. (*Rel. anc.*).

On y joint : Mémoires du duc de Croy sur les cours de Louis XV et de Louis XVI, publiés par le Vicomte de Grouchy. *Ibid., s. d.* ; in-12, broché. (Deux lettres du Vicomte de Grouchy ajoutées). — Lettres de la marquise du Chatelet. Notes par Eugène Asse. *Ibid., Charpentier*, 1878 ; in-12, broché. — Ens. 4 vol.

1107. **Leçons de morale, de politique et de droit public**, puisées dans l'histoire de notre monarchie ou nouveau plan d'étude de l'histoire de France [par Jacob-Nicolas Moreau] *A Versailles, de l'imp. du départ. des Affaires étrangères*, 1773 ; in-8, demi-rel. veau brun, dos orné, tr. jasp. (*Rel. anc.*)

Edition originale de cet ouvrage rédigé par ordre de Louis XVI, alors Dauphin, pour l'instruction de ses enfants.

1108. **Histoire du règne de Louis XVI** pendant les années où l'on pouvait prévenir ou diriger la Révolution française, par Joseph Droz. Nouvelle édition précédée d'une notice sur l'auteur et sur ses ouvrages, par Emile de Bonnechose. *Paris*, *Ve Renouard*, 1860 ; 3 vol. in-12, cart. bradel pap. blanc, non rog., couv. cons.

1109. **Histoire du Collier**, ou Mémoire de la dame comtesse de La Motte, contre M. le cardinal de Rohan et le soi-disant comte de Cagliostro. *Paris*, 1786 ; in-8 de 63 pp., dérel. — Marie-Antoinette et le procès du Collier, d'après la procédure instruite devant le Parlement de Paris, par Emile Campardon. *Ibid.*, *H. Plon*, 1863 ; in-8, fig., cart. bradel demi-cuir de Russie, tête dor., non rog., couv. cons. — L'Affaire du Collier, par Fr. Funck-Brentano. *Ibid.*, *Hachette*, 1901 ; in-12, broché, couv. imp. — Ens. 3 vol.

1110. **L'Evénement de Varennes** (avec un plan et une autographie), par Victor Fournel. *Paris*, *Champion*, 1890 ; in-8, demi-rel. chag. brun, enc. de fil. au dos, tête peigne, non rog., couv. cons. (*Petitot*).

Edition originale. — Envoi d'auteur.
On y joint un avis du département de Paris et du Conseil général de la commune réunis, du 23 juin 1791, signé de La Rochefoucault et de Bailly, sur le retour du roi à Paris. 1791 ; in-8 de 3 pp. (*2 exempl.*).

1111. **Histoire du procès de Louis XVI**, contenant l'analyse des pièces qui ont servi de base à ce procès, ainsi que des opinions prononcées à ce sujet à la Convention Nationale, ou imprimées par son ordre, avec l'interrogatoire, la défense, le jugement et le testament de Louis, par J. Cordier. *Paris*, *Onfroy*, 1793 ; in-8, veau marb., dos orné, tr. jasp. (*Rel. anc.*, *un peu usagée*).

1112. **Procès et exécution de Louis XVI**. 8 brochures et opuscules in-8.

Discours sur la question de savoir si le roi peut être jugé, par J.-P. Brissot. 1791 (mouillure). — Appels nominaux faits dans les séances des 15 et 19 janvier 1793 [sur le jugement de Louis XVI]. 1793 (taches). — Relation de l'exécution à mort de Louis XVI. — Appel à l'honneur français sur le jugement de Louis XVI et la fête du 21 janvier, par M. E*** [Emmanuel]. 1796. — Testament de Louis XVI. 1816 ; portr. gravé (mouillure). — La Passion et la mort de Louis XVI, roi des Juifs et des Chrétiens [par le baron J.-F. de Menou]. 1790 ; frontispice gr. — Résurrection de Louis XVI, roi des Juifs et des François, par le même. 1790. — Etc.

1113. **Mémoires** de l'abbé Edgeworth de Firmont, dernier confesseur de Louis XVI, recueillis par C. Sneyd Edgeworth, et traduits de l'anglais par le traducteur d'Edmund Burke [Dupont, conseiller d'Etat]. Nouvelle édition. *Paris, Gide fils*, 1815 ; in-8, cart. bradel demi-perc., tr. jasp.

1114. **Marie-Antoinette.** 5 vol. gr. in-8 ou in-12, brochés ou cart.

Marie-Antoinette, Louis XVI et la famille royale. Journal anecdotique tiré des *Mémoires secrets* pour servir à l'Histoire de la république des lettres (1763-1782). 1866. — Marie-Antoinette et la Révolution française, par le Comte Horace de Viel-Castel. 1859. — La Mort de la reine (les suites de l'affaire du collier), par Fr. Funck-Brentano. 1901, fig. (*Envoi d'auteur*). — Souvenirs de Léonard, coiffeur de la reine Marie-Antoinette. (1905), fig. — Etc.

1115. **Marie-Antoinette.** Lettres de Marie-Antoinette, recueil des lettres authentiques de la reine, publié par Maxime de La Rocheterie et le Marquis de Beaucourt. *Paris, A. Picard*, 1895-1896 ; 2 vol. in-8, demi-rel. chag. bleu, tête dor., non rog., couv. cons. — Correspondance inédite de Marie-Antoinette, publiée par le Cte Paul Vogt d'Hunolstein. *Ibid., Dentu*, 1864 ; in-8, demi-rel. chag. tête de nègre, plats toile, tr. jasp. — Histoire de Marie-Antoinette, par Maxime de La Rocheterie. *Ibid., Perrin*, 1890 ; 2 vol. in-8, portr., demi-rel. chag. bleu, tête peigne, non rog., couv. cons. (*Petitot*).

1116. **Marie-Antoinette.** 3 pièces in-4 et in-8.

Décret de la Convention Nationale, du 3 octobre 1793, qui ordonne le prompt jugement de la veuve Capet au Tribunal révolutionnaire. *Paris, Imp. Nationale*, 1793 ; in-4 de 2 pp. — Acte d'accusation de Marie-Antoinette, dite Lorraine d'Autriche, veuve de Louis Capet. *Ibid., imp. du Tribunal Criminel Révolutionnaire* (1793) ; in-4 de 8 pp. — Dernières dispositions de Marie-Antoinette, reine de France, précédées du Précis historique de son horrible assassinat. [suivi des Testaments de Louis XVI et de Marie-Antoinette]. *Besançon, Petit*, 1816, in-8 de 15 et 8 pp.

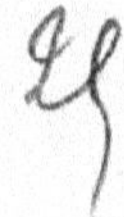

1117. **Confession dernière et testament de Marie-Antoinette**, veuve Capet, précédés de ses dernières réflexions, mis au jour par un sans-culotte. *A Paris, chez la citoyenne Lefèvre*, 1793 ; pet. in-8 de 32 pp., broché.

Rare libelle prêtant à la reine un langage de vivandière et des réflexions cyniques. (Gay, *Bibliogr.*, col. 653).

Le portrait manque à cet exemplaire, auquel, par contre, on a ajouté une curieuse gravure allégorique ancienne ; cette figure est remontée au format de la brochure (Tache).

On y a joint une *Ode*, violent libelle contre Marie Antoinette, formant 5 pages pet. in-8.

1118. **Les Songes d'un philosophe solitaire**, par l'auteur de Diogène aux Etats Généraux. Seconde édition. *S. l.*, Août 1789. — Suite des Songes... *S. l. n. d.* — La Résurrection du collier, par M. Lameth et compagnie. *S. l.* [*Paris, imp. Chaudriet*], *s. d.* — Le Martyre de Marie-Antoinette d'Autriche, reine de France. Tragédie en cinq actes [Attribué à SAINT-AIGNAN ou à BERTHEVIN]. *A Amsterdam*, 1794. — Acte d'accusation, interrogatoire complet et jugement de Marie-Antoinette dite Lorraine d'Autriche, veuve de Louis Capet. *S. l. n. d.* — 5 pièces en 1 vol. in-8, demi-rel. mar. rouge avec coins, tr. peigne. (*Petit-Simier*).

Réunion rare. — Les deux premières pièces sont une sévère critique de la conduite de Marie Antoinette.

1119. **La Princesse de Lamballe** et Madame de Polignac, par E.-L. GUERIN. *Paris, Lachapelle*, 1838 ; 2 vol. in-8, cart. pap. marb. (Cachet sur les titres). — Madame de Lamballe d'après des documents inédits par Georges BERTIN. *Ibid., Revue Rétrospective*, 1888 ; gr. in-8, fig., cart. bradel demi-mar. bleu à long grain, tête dor., non rog., couv. cons. (Envoi d'auteur).

On y joint : Essais sur la mort de la princesse de Lamballe, par Lucien LAMBEAU. Lille, 1902 ; broch. gr. in-8, tirée à 100 exempl.

1120. **Premier** [et second et troisième] **registre des dépenses secrètes de la cour**, connu sous le nom de *Livre Rouge*, apporté par des députés des corps administratifs de Versailles le 28 février 1793, l'an deuxième de la République, déposé aux archives et imprimé par ordre de la Convention Nationale. *A Paris, de l'Imp. Nationale*, 1793 ; 3 vol. in-8, cart. bradel demi-perc. grise, non rog.

On y joint : Rapports du Comité des pensions à l'Assemblée Nationale [1er, 2e et 3e rapports]. *Ibid. id.*, 1790. — Véritable Livre Rouge, fini d'imprimer par ordre de l'Assemblée Nationale, le 8 avril 1790, contenant la liste des pensions et traitemens secrets sur le Trésor-Royal. *Ibid., Baudouin*, 1790. — 4 part. en 1 vol. pet. in-8, demi-rel. mar. rouge avec coins tr. peigne. (*Rel. mod.*).

1121. **Sophie de Monnier et Mirabeau**, d'après leur correspondance secrète inédite (1775-1789), par Paul Cottin. *Paris, Plon-Nourrit*, 1903 ; in-8, portraits, broché, couv. imp.

Edition originale. — Lettre et envoi d'auteur.
On y joint : Le roman d'amour de Sophie de Monnier et Mirabeau, par le même. *Ibid., id.*, 1902 ; brochure in-8. Envoi d'auteur. — Mirabeau. Son interdiction judiciaire (1774-1791). Documents inédits publiés par A. Bégis. *Ibid., imprimé pour les Amis des Livres*, 1895 ; brochure in-8. — Ens. 3 vol.

1122. **Mes onze ducats d'Amsterdam**, mes quatre cens quatre-vingt livres de Versailles et mes quinze cens livres de Paris, à déposer sur l'autel de la patrie, dans la quinzaine de Pâques, par M. le comte de Mirabeau, député de Provence [par Poupart de Beaubourg]. *A Paris, chez les libraires du Palais-Royal*, 1790 ; in-8, cart. bradel pap. fant., non rog.

Curieux recueil contenant d'intéressantes notices sur Mirabeau, La Fayette, Bailly, Necker, le duc d'Orléans, etc.
Poupart de Beaubourg, inspecteur de la marine, fut guillotiné le 2 mars 1794.

1123. **Le Petit Almanach de nos grands hommes**. Année 1788 [par de Rivarol et Champcenetz]. *S. l. n. d.* ; pet. in-12, cart. bradel pap., non rog. — Le même ouvrage. Nouvelle édition, revue, corrigée et augmentée. *S. l.*, 1788 ; pet. in-12, même cart. — Le Petit Almanach de nos grandes femmes, accompagné de quelques prédictions pour l'année 1789 [par de Rivarol]. *A Londres, s. d.* ; in-12, même cart. — Ens. 3 vol.

1124. **Mélanges révolutionnaires**. 7 vol. ou plaq. in-8 ou in-12, brochés ou cart.

Pétition des citoyens domiciliés à Paris [relative à la convocation des Etats Généraux, rédigée par Guillotin]. 1788. — Jugement du Champ-de-Mars, du 26 décembre 1788 [par Letellier]. — Lettre d'un Anglais à Paris. 1787. — Paris révolutionnaire. 1848. — Un chapitre inédit du Neuf Thermidor [par Gratien Dufrénoy]. 1885. — La Révolution française à propos du centenaire de 1789, par Mgr Freppel. 1889. — La crise de l'histoire révolutionnaire : Taine et M. Aulard, par Augustin Cochin. 1909.

1125. **Collection de documents relatifs à l'histoire de Paris** pendant la Révolution française, publiée sous le patronage du Conseil Municipal. *Paris*, 1888-1914 ; 51 vol. gr. in-8, brochés, couv. imp.

Collection complète des 51 premiers volumes de cette publication, contenant des ouvrages de Ch.-L. Chassin, H. Monin, A. Aulard, Paul Robiquet, Et. Charavay, Sigismond, Lacroix, Challamel, etc.

1126. **Histoire de la Révolution française**, par Jules MICHELET. Troisième édition, revue et augmentée. *Paris, Lacroix*, 1876 ; 6 vol. in-8, brochés, couv. imp.

1127. **Esquisses historiques des principaux événemens de la Révolution française**, depuis la convocation des Etats-Généraux jusqu'au rétablissement de la Maison de Bourbon, par DULAURE, auteur de l'Histoire de Paris. *Paris, Baudouin frères*, 1823-1825 ; 6 vol. in-8, demi-rel. veau bleu, dos orné, non rog. (*Rel. de l'époque*).

Première édition de cet ouvrage important, orné de 112 belles figures dessinées et gravées par Couché fils, représentant les scènes mémorables de la Révolution. — Une bonne table alphabétique et analytique occupe tout entier le tome VI. — (Le faux titre et le titre du tome VI manquent).

1128. **L'Art de vérifier les dates de la Révolution**, ou répertoire législatif, administratif.... depuis l'ouverture des Etats-Généraux en 1789 jusqu'au 1er vendémiaire an XII, avec table alphabétique des noms de lieux, de personnes et des matières. *Paris, Rondonneau, an* XII (1803) ; in-12, veau rac., dos orné, tr. jasp. (*Rel. anc.*). — Concordance des calendriers républicain et grégorien, depuis 1793 jusques et compris l'an XXII. *Ibid., id.*, 1805 ; in-8, demi-rel. veau anc., dos orné, tr. jasp. — Ens. 2 vol.

1129. **Manuel pratique pour l'étude de la Révolution francaise**, par Pierre CARON. Avec une lettre-préface de M. A. Aulard. *Paris, A. Picard*, 1912 ; in-8, broché, couv. imp.

Forme le tome V des *Manuels de bibliographie historique.*

1130. **La Révolution** (1789-1882), par Charles D'HERICAULT. Appendices par Emm. de Saint-Alban, Victor Pierre et Arthur Loth. *Paris, Dumoulin*, 1883 ; in-4, demi-rel. chag. rouge, tête dor., non rog., couv. cons.

Premier tirage. — Illustré de nombreuses figures dans le texte et hors texte, dont 14 chromolithographies.

On y joint : Tableaux historiques de la Révolution française (1789-1800). Edition du Centenaire. *Ibid. Librairie Illustrée, s. d.* ; in-4, 80 reproduct., cart. bradel, pap. crème, non rog., couv. cons.

1131. **Mémoires sur la Révolution Française.** 4 vol. in-8 ou in-12, rel. ou dérel.

Causes secrètes de la Révolution du 9 au 10 thermidor, par VILATE. 1795 ; 2 part. en 1 vol. — Quelques notices pour l'histoire et le récit de mes périls depuis le 31 mai 1793, par J.-B. LOUVET. 1795. — L'Ecole des factieux, des peuples et des rois, ou supplément à l'histoire des conjurations de Louis-Philippe-Joseph d'Orléans et de Maximilien Robespierre, par un témoin oculaire [RICHER-SÉRIZY]. 1800 ; 2 tom. en 1 vol. — Souvenirs de ma vie, depuis 1774 jusqu'en 1814, par M. de J*** [DE JULLIAN]. 1815.

1132. **Mémoires sur la Révolution Française.** 4 vol. in-8, brochés ou cart.

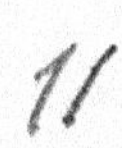

Souvenirs d'un déporté. Œuvre posthume de Pierre VILLIERS. 1802 (mouillures). — Témoignage d'un royaliste, par J.-S. CAZOTTE. 1839 ; fig. ajoutées. — La Révolution française racontée par un diplomate étranger. Correspondance du bailli DE VIRIEU (1788-1793), publiée par le Vicomte DE GROUCHY et A. GUILLOIS (1903). — Mémoires du Comte DE PAROY. Souvenirs d'un défenseur de la famille royale pendant la Révolution (1789-1797), publiés par Etienne CHARAVAY. 1895, portr.

1133. **Variétés révolutionnaires**, par Marcellin PELLET. *Paris, Alcan*, 1885-1890 ; 3 vol. in-12, demi-rel. chag. brun, tête dor., non rog., couv. cons. aux 2 derniers vol.

De la *Bibliothèque d'histoire contemporaine.*

1134. **Mélanges révolutionnaires.** 5 vol. in-8 ou in-12, rel. ou cart.

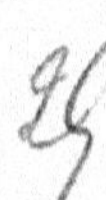

Paris révolutionnaire, par G. LENOTRE. *Paris, Firmin-Didot*, 1895 ; pet. in-8, fig., cart. demi-mar. rouge à long grain. — Autour d'une révolution (1788-1789), par le Comte D'HÉRISSON. *Ibid., Ollendorff*, 1888 ; in-12, cart. — Journal d'un bourgeois de Paris pendant la Révolution française (1789), par H. MONIN. *Ibid., Armand Colin*, 1889 ; in-12, cart. — Histoire de la littérature révolutionnaire, par Georges DUVAL. *Ibid., Dentu*, 1879 ; in-12, cart. — De la restauration de la société française [par H. DE LOURDOUEIX]. *Ibid.*, 1833 ; in-8, demi-rel. bas. marb.

1135. **Le Magicien républicain**, ou almanach des oracles des événemens dont l'Europe sera le théâtre en 1794..., par ROUY l'aîné. *Paris, s. d.* (1792) ; in-18, fig., cart. bradel demi-veau brun tête dor., non rog.

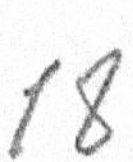

On a relié à la suite le *Calendrier républicain* pour l'an II (1794).

1136. **Les véritables prophéties** de Michel Nostradamus, en concordance avec les événemens de la révolution, pendant les années 1789, 1790 et suivantes, jusques et compris le retour de S. M. Louis XVIII, par L. P*** (Louis Pissot). *A Paris, chez Lesné*, 1816 ; 2 vol. in-12, demi-rel. vélin blanc, tête dor., non rog.

Orné de 2 frontispices gravés, pliés, représentant l'épisode du XIII vendémiaire, sur les marches de l'église Saint Roch, et l'exécution du duc d'Enghien.

Exemplaire provenant de la bibliothèque de Paul Lacroix, avec son ex-libris. (Petites mouillures).

1137. **Etrennes à la vérité**, ou Almanach des Aristocrates, ornée de deux gravures en taille-douce et allégoriques. Pour la présente année, seconde de la liberté, 1790. *A Spa, chez Clairvoyant, s. d.* ; in-8, demi-rel. mar. bleu, tête peigne, non rog. — Le Guide national ou l'Almanach des adresses, pour faire suite à l'*Almanach des Aristocrates*, suivi d'un recueil d'épigrammes, de chansons, de couplets et de vers en l'honneur de l'Assemblée Nationale. *Paris, s. d.* ; pet. in-12, cart. demi-perc., tr. jasp. — Ens. 2 vol.

1138. **Almanach historique de la Révolution françoise** pour l'année 1792, rédigé par M. J.-P. Rabaut. *Paris, Onfroy et Strasbourg, Treuttel, s. d.* ; 1 vol. — Précis historique... Assemblée législative, par Lacretelle. Seconde édition. *Paris, Treuttel et Würtz*, 1804 ; 1 vol. — Convention Nationale, par le même. Seconde édition. *Ibid., id.*, 1806 ; 2 vol. — Directoire exécutif, par le même. *Ibid., id.*, 1806 ; 2 vol. — Ens. 6 vol. in-18, le premier en demi-rel. mar. vert, tête peigne, non rog., les cinq dern. demi-rel. de l'époque veau gr. avec coins, tr. jasp.

Le 1er volume est orné de 6 figures de Moreau, les 5 autres contiennent chacun 2 figures de Duplessi-Bertaux, gravées par Dupréel, Halbou, Simonet, etc.

1139. **Almanach des honnêtes gens**, contenant des prophéties pour chaque mois de l'année 1793, des anecdotes peu connues sur les journées des 10 août, 2 et 3 septembre 1792 ; et la liste des personnes égorgées dans les différentes prisons [par Sylvain Maréchal]. *A Paris, chez les marchands de nouveautés*, 1793 ; pet. in-12, front. gr., cart. bradel demi-perc. verte, non rog.

1140. **Morale des sans-culottes** de tout âge, de tout sexe, de tout pays et de tout état ; ou Evangile républicain, par Chemin fils [J.-B. CHEMIN-DUPONTÈS]. (*Paris*), *imp. de l'auteur, an* II (1794) ; in-18, front. gr., broché. — Calendrier républicain, décrété par la Convention Nationale pour la IIe année de la République françoise (1793-1794)... avec la liste des départemens et des districts de la République. *Metz, Collignon, s. d.* (1793) ; brochure pet. in-12. — Calendrier républicain... IIIe année. *Paris, Tastu, s. d.* (1794) ; brochure in-32. — Ens. 3 brochures.

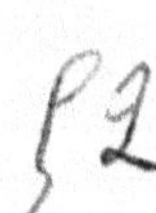

1141. **Almanachs de la Révolution**. 8 vol. ou plaq. in-12 ou in-18, brochés, rel. ou cart.

L'Almanach des métamorphoses nationales. 1790. — Almanach national portatif. 1793. — Almanach des Républicains français [IIIe année (1794-1795) ; contenant le Rapport de FABRE-D'EGLANTINE pour la confection du calendrier républicain]. — Almanach du XIXe siècle. 1801, front. — Manuel portatif pour l'an X. 1802. — Les almanachs de la Révolution, par Henri WELSCHINGER. 1884. — Etc.

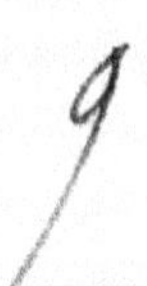

1142. **Aneries révolutionnaires** ou balourdisiana, bêtisiana, etc., etc., etc... Anecdotes de nos jours, recueillies et publiées par Cap...! [L.-Pierre CAPELLE]. Deuxième édition. *Paris, Capelle, an* X (1802) ; in-18, demi-rel. chag. brun, tête peigne, non rog. (*Rel. mod.*).

Curieux et rare opuscule, orné d'un joli frontispice gravé, *colorié*. (Petites rousseurs).

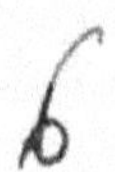

1143. **De l'influence attribuée aux philosophes**, aux francs-maçons et aux illuminés sur la Révolution de France, par J.-J. MOUNIER. *A Tubingen, chez Cotta*, 1801 ; in-8, demi-rel. veau marb., tr. jasp. (*Rel. anc.*).

Edition originale de cette réfutation des *Mémoires pour servir à l'histoire du Jacobinisme* de l'abbé Barruel.

Jean-Joseph Mounier, né à Grenoble, le 12 novembre 1758, mort à Paris, le 26 janvier 1806, est considéré comme un des membres les plus distingués des Etats Généraux de 1789.

1144. **Dictionnaire des athées** anciens et modernes, par Sylvain M......l [MARECHAL]. *Paris, Grabit, an* VIII (1800) ; in-8, demi-rel. veau fauve, tr. jasp.

On a relié à la suite : Notice sur Sylvain Maréchal, avec des supplémens pour le *Dictionnaire des athées*, par Jérôme DE LA LANDE.

1145. **Veni Creator Spiritus**, par un citoyen passif. Seconde édition, revue, corrigée et considérablement augmentée ; suivie du Pange lingua, revue, corrigé et considérablement augmenté, orné de gravures. *S. l., l'an de la liberté, Juin zéro* (1790) ; in-18, cart. bradel demi-chag. La Vallière, tête dor., non rog.

Rare et curieux pamphlet royaliste, orné de 2 figures, non signées, hors texte.

1146. **Pamphlets révolutionnaires.** 6 plaq. ou pièces in-8, brochés ou dérel.

Confession générale de S. A. S. Mgr le comte d'Artois, déposée à son arrivée à Madrid, dans le sein du T. R. P. Dom Jérôme... 23 juillet 1789. — La Chasse aux bêtes puantes et féroces [Première partie]. 1789. — Description de la ménagerie royale d'animaux vivans, établie aux Tuileries... (1790). — Les Etats Généraux d'Esope. — Discours de M. Péthion à la Commune et Réponse de la Commune à M. Péthion. 1791. — Les Voyages du petit furet patriote par Aristide [N° 1]. 1793.

1147. **Pamphlets révolutionnaires.** 6 plaq. ou opuscules in-8, rel. ou dérel.

Les crimes de Paris, poème [attribué au Comte Cl.-Fr. DE RIVAROL]. — Les crimes des aristocrates, ou Réponse aux crimes de Paris. 1790. — La Chasse aux bêtes puantes et féroces. 1789 ; 2 parties en 1 vol. — La grande découverte ou les menées ministérielles dévoilées. 1789. — Lettre du s[r] DE FLESSELLES à M. de Calonne, sur l'arrivée de Foulon et de Bertier au pays des Ombres ; ou les secrets de l'enfer dévoilés, par Br. S*** (1789). — Confession générale de Mgr le comte d'Artois... Seconde édition. 1789.

1148. **Réfutation du fameux pamphlet de Dulaure**, intitulé : Liste des noms des ci-devant nobles, etc., et publié en 1790-91 [par Paul LACROIX]. *Paris, Téchener*, 1841 ; in-8 de 96 pp., pap. vergé, broché.

Fait partie des *Dissertations sur quelques points curieux de l'histoire de France et de l'histoire littéraire.*
Tiré à très petit nombre.

1149. **Nouveau Dictionnaire françois** à l'usage de toutes les municipalités, les milices nationales, et de tous les patriotes, composé par un Aristocrate, dédié à l'Assemblée dite Nationale, pour servir à l'Histoire de la Révolution en France. Nouvelle édition. *En France, d'une imprimerie aristocratique, Août* 1790 ; in-8 de 133 pp. et 1 f. de table, cart.

Intéressant pamphlet contre révolutionnaire sous forme de dictionnaire. L'*Assemblée dite Nationale* y est ainsi blasonnée :
« *Tout y est absurde, jusqu'au nom qu'elle s'est donnée contre le vœu de la*

nation et contre le sens commun. C'est un amalgame de brigands, de poltrons et d'imbéciles, qui nous coûtent beaucoup plus qu'ils ne valent, et dont la mauvaise foi, l'insolence et la nullité, ne peuvent être comparées qu'à la honteuse patience et au stupide aveuglement des Provinces ».

1150. **Les Chants du patriotisme**, avec des notes, dédiés à la jeunesse citoyenne, par M. T. Rousseau. *A Paris*, 1792 ; XLVI chants en 1 vol. in-12 de 344 pp., cart. pap. fant. (Quérard. *France littér.*, col. 231, n'annonce que 184 pp. ; 24 premiers chants). — Recueil de chants moraux et patriotiques, par le citoyen Rallier. *Ibid.*, *Pougens*, *an* VII (1799) ; in-12, cart. demi-perc. — Choix de poésies révolutionnaires et anti-révolutionnaires. *Bruxelles*, 1830 ; 2 vol. in-32, brochés. — Ens. 4 vol.

1151. **Le Chant de guerre** pour l'armée du Rhin, ou la Marseillaise. Paroles et musique de la Marseillaise. Son histoire. Contestations à propos de son auteur. Imitations et parodies de ce chant national français, par Le Roy de Sainte-Croix. *Strasbourg*, *Hagemann*, 1880 ; gr. in-8, fig., cart., non rog., 1er plat de la couv. cons.

1152. **Le Manuel des jeunes républicains**, ou élémens d'instruction à l'usage des jeunes élèves des écoles primaires. *Paris*, *Devaux*, (1794) ; in-12, front. gr., cart. bradel demi-perc. verte, non rog.

1153. **Catéchisme français, républicain**, enrichi de la Déclaration des droits de l'homme, et de maximes de morale républicaine, par un sans-culotte français. *Paris*, *Debarle*, *an* II (1794). — Nouveau catéchisme républicain, à l'usage des sans-culottes et de leurs enfans. *Ibid.*, *Prévost*, *s. d.* — 2 ouvr. en 1 vol. in-18, mar. rouge, dos sans nerfs orné, enc. de fil. et orn. aux angles, avec titres et armoiries sur les plats, dent. int., tr. dor. (*Rel. mod.*).

Aux armes d'Alcide de BEAUCHESNE, auteur de la *vie de Louis XVII* et de la *Vie de Madame Elisabeth*.

1154. **La Civilité républicaine**, contenant les principes d'une saine morale, un abrégé de l'histoire de la Révolution et différents traits historiques, tirés de l'histoire romaine, suivis d'un vocabulaire de la langue française, par le citoyen

Gerlet. *Amiens, imp. Caron-Berquier*, (1795) ; pet. in-12, front., demi-rel. chag. rouge, dos orné, tête peigne, non rog.,

Petit traité rare par l'auteur du *Catéchisme républicain*, à l'usage des écoles primaires de la Convention, imprimé en différents caractères. (Manque un morceau à deux ff., atteignant le texte ; taches).

1155 **Civilité républicaine**, contenant les principes de la bienséance, puisés dans la morale et autres instructions utiles à la jeunesse, par Chemin. Nouvelle édition, revue, corrigée et augmentée. *Paris, chez l'auteur, an* VII (1799) ; pet. in-12, cart. bradel pap. gris, non rog.

Petit traité entièrement différent du précédent, mais imprimé comme lui avec différents types de caractères. (Petites taches).

1156. **Etat de la France en** 1789, par Paul Boiteau. *Paris, Perrotin*, 1861 ; in-8, demi-rel. veau fauve, tr. jasp.

1157. **Un provincial à Paris**, pendant une partie de l'année 1789 [par A.-H. Dampmartin]. *Strasbourg et Paris*, (1790) ; in-12, cart. bradel demi-perc. verte.

Première édition de ce recueil renfermant 37 lettres. — *Intéressante lettre autographe* signée de l'auteur, relative à l'impression du recueil, datée de Strasbourg, 16 septembre 1789, ajoutée.

On y joint : Relation de ce qui s'est passé à l'abbaye Saint-Germain, le 30 juin 1789. *S. l. n. d.* ; in-12 de 3 pp., demi-rel. chag. vert.

1158. **Jean-Jacques**, ou le Réveil-Matin des représentans de la nation françoise. *S. l.*, 1789 ; in-12, demi-rel. chag. rouge avec coins, dos orné, tête dor., non rog. (*Hardy*).

1159. **Etats-Généraux.** 8 plaq. in-8, brochées ou dérel.

Mémoire à consulter et consultation pour les habitans de la ville de Paris [sur la nomination des Députés aux Etats-Généraux]. 1788. — Réquisitoire du Procureur du roi et de la ville de Paris, et arrêté de Messieurs les Prévôt des marchands... [même sujet]. 1789. — Projet d'articles à insérer dans le cahier du Tiers Etat de la ville de Paris. 1789. — L'Echo de l'Elisée, ou dialogues de quelques morts célèbres sur les Etats-Généraux. (Mouillures). — Lettre de M. Bergasse sur les Etats-Généraux. 1789. (Mouillures). — Le Cadran des Etats Généraux. — Etc.

1160. **Discours** prononcé par le Cte d'Antraigues, député aux Etats-Généraux, dans la Chambre de la Noblesse le 10 (et le 11) mai 1789. *S. l. n. d.* ; in-8 de 28 pp., dérel. — Point d'accomodement, par M. Henri-Alexandre Audainel [le Cte d'Antraigues]. *S. l.* (1791) ; in-8 de 47 pp., broché. — Pièce trouvée à Venise, dans le porte-feuille de d'Antraigues, et écrite entièrement de sa main. *S. l. n. d.* (*prairial*, 1796) ; in-8 de 15 pp., en ff. — Ens. 3 pièces.

1161. **La Journée du 14 juillet** 1789. Fragment des mémoires inédits de L.-G. Pitra, électeur de Paris en 1789, publié avec une introduction et des notes par Jules Flammermont. *Paris*, 1892 ; gr. in-8, pap. vergé, broché, couv. imp.

Publié par la *Société de l'Histoire de la Révolution française.*
On y a joint : L'Aventure extraordinaire, arrivée à notre bon roi Louis XVI, suivie d'un petit avis au peuple. *Ibid., Volland*, 1789 ; pet. in-8 de 7 pp., dérel.

1162. **Assemblée Constituante.** 15 vol. ou opuscules in-8, en ff., rel. ou dérel.

Petit dictionnaire des grands hommes et des grandes choses qui ont rapport à la Révolution, composé par une société d'aristocrates. 1790. — Et je m'en fouts. 1790. — Correspondance d'un habitant de Paris [le comte d'Escherny], avec ses amis de Suisse et d'Angleterre sur les événemens de 1789, 1790 et jusqu'au 4 avril 1791. — Extrait du registre des délibérations du Corps municipal, du 17 juillet 1791 [sur les troubles et émeutes à Paris]. 1791. — De l'influence de la Révolution sur la ville de Paris, par M. de Lally Tollendal. 1791. — Etc.

1163. **La Constitution françoise**, décrétée par l'Assemblée nationale constituante, aux années 1789-1790-1791 ; acceptée par le roi le 14 septembre 1791 [avec un calendrier pour l'année 1792]. *S. l. n. d.*, in-18, demi-rel. veau bleu. — Liste par ordre alphabétique des représentans au Corps législatif, avec leur demeure... *Paris, Marchant, an* v (1797) ; in-18. — La Constitution de 1793, précédée de la Déclaration des Droits de l'homme. Publiée, annotée, comparée avec la Constitution de 1848, et la Constitution des Etats-Unis d'Amérique, par J.-G. Prat. *Ibid.*, 1887 ; brochure in-18. — La Constitution en vaudevilles (1792). Réimprimée avec une notice par J. Kergomard. *Ibid.*, 1872 ; brochure in-18. — Ens. 4 vol.

1164. **Pièces révolutionnaires**. 22 plaq. in-8, en ff. ou brochées.

Annales parisiennes, politiques et critiques, mais véritables. 1789. — Arrêté du Parlement de Paris, du mai 1788 [relatif à la convocation des Etats

Généraux]. — Déclaration d'une partie des députés aux Etats Généraux, touchant l'acte constitutionnel et l'état du royaume. — Précis raisonné des Etats Généraux. 1790. — Première lettre à l'Assemblée soi disant nationale. — Mémoire à consulter proposé à tous les publicistes sur les pouvoirs de l'Assemblée nationale. — Division effrayante des patriotes de l'Assemblée nationale. — Les crimes de l'Assemblée nationale. 1790. — Confession générale de l'Assemblée nationale, par un aristocrate qui n'est pas enragé. 1790. — Etc.

1165. **Pièces révolutionnaires.** 10 plaq. in-8 et in-12, dérel.

Rapport à MM. les honorables Membres du comité civil du District des Mathurins, par le Chevalier QUESNAY DE BEAUREPAIRE [sur les événements du 13 juillet 1789]. — Démarches patriotiques de M. DE LA FAYETTE, à l'égard des ouvriers de Montmartre (24 août 1789). — Plaintes, doléances, remontrances et vœu de N., bourgeois de Paris (1789). — Le Coup de massue (1789). — Les quatre têtes ou la trahison punie (1789). — Les Héroines de Paris ou l'entière liberté de la France par les femmes. 1789. — Etc.

1166. **Camille Desmoulins.** Lucile Desmoulins. Etude sur les Dantonistes d'après des documents nouveaux et inédits par Jules CLARETIE. *Paris, E. Plon*, 1875 ; gr. in-8, portr., cart. bradel demi-perc. orange, non rog., couv. cons.

Edition originale.

On y joint : Discours de la Lanterne aux Parisiens [par Camille DESMOULINS]. *En France, l'an premier de la liberté.* (1789) ; in-8 de 54 pp., fig., brochée. — Le même opuscule, troisième édition. *Paris*, (1789) ; in-8 de 67 pp., broché. — Pétition prononcé à l'Assemblée nationale, par des citoyens de Paris le 10 décembre 1791 [par Camille DESMOULINS]. *S. l. n. d.* ; in-8 de 7 pp. — Etc. — Ens. 1 vol. et 5 plaq.

1167. **Districts et Clubs de Paris.** 40 brochures ou opuscules in-4 ou in-8.

Liste des membres du Club des Feuillants. 1792 — Liste des citoyens de la section de Notre-Dame. 1790. (Mouillure). — Réclamations du moderne Prométhée, à tous les Districts [relatives aux prisons]. 1790. (Tache). — Rapports et discours prononcés dans les assemblées des divers Districts parmi lesquels : Discours de M. BRUNEAU, District des Petits-Pères, sur la pétition des Juifs de Paris, relative à leur état civil. 5 février 1790. — Discours de M. LAIR DUVAUCELLES, District de Saint-Gervais, sur les approvisionnements. 4 novembre 1789. — Observations de J.-N. PACHE, Section du Luxembourg, sur une faute de rédaction dans l'Acte Constitutionnel, 26 juin 1792. — Etc.

1168. **Club des Jacobins.** Circulaires, pétitions, procès-verbaux, discours, par ROBESPIERRE, CAMILLE DESMOULINS, COLLOT D'HERBOIS, CARRA, DROUET, PELLETIER, etc. 60 pièces in-8, publiées de 1792 à 1795, brochées ou dérel.

1169. **Evénements du 20 juin 1792** [Envahissement du

château des Tuileries et des appartements du roi]. Compte rendu par M. le Maire [PÉTION], et procès-verbaux dressés par les officiers municipaux. Imprimés par ordre du Conseil général. *Paris*, 1792 ; 16 pièces in-4 de 4 à 15 pp.

1170. **Dernier tableau de Paris**, ou récit historique de la révolution du 10 août 1792, des causes qui l'ont produite, des événemens qui l'ont précédée et des crimes qui l'ont suivie, par J. PELTIER. Troisième édition, revue et corrigée. *Londres et Bruxelles*, 1794 ; 2 vol. in-8, cart. bradel demi-chag. bleu, tête dor., non rog.

Orné des portraits de Louis XVI et de Louis XVII, gravés, et d'un plan du château des Tuileries.

Exemplaire bien complet de l'*Appendix* et de *Mon Agonie de trente-huit heures*... par JOURGNIAC SAINT-MÉARD. (Petites rousseurs).

On y joint : Détails particuliers sur la journée du 10 août 1792, par un bourgeois de Paris, témoin oculaire (C. DURAND). *Paris, Blaise*, 1822 ; in-8 de 199 pp., cart., non rog.

1171. **Chronique de cinquante jours**, du 20 juin au 10 août 1792, rédigée sur pièces authentiques par P.-L. ROEDERER. *Paris, imp. de Lachevardière*, 1832 ; in-8, demi-rel. veau marb., dos orné, tête marb., non rog. (*Petitot*).

Edition originale. (Petite tache dans la marge de qq. ff.).

1172. **Décrets de la Convention**. 4 pièces de 2 ou 4 pages in-4.

Décrets ayant trait aux affaires politiques, à la suppression des emblèmes de l'ancien régime, aux actes de l'état civil, au calendrier républicain, à la réquisition des imprimeries, etc.

1173. **Les Conventionnels**. Listes par départements et par ordre alphabétique des députés et des suppléants à la Convention nationale dressées d'après les documents originaux des Archives nationales, avec nombreux détails biographiques inédits, par Jules GUIFFREY. *Paris*, 1889 ; gr. in-8, pap. vergé, cart. bradel pap. marb., non rog., couv. cons.

Publié par la *Société de l'Histoire de la Révolution française*. — Envoi d'auteur.

1174. **Petite biographie conventionnelle**, ou Tableau moral et raisonné des sept cent quarante-neuf députés qui composaient l'assemblée dite de la Convention... précédé d'un coup-d'œil rapide sur les principales causes de la révolution de 1789 [par A.-J. RAUP DE BAPTESTEIN DE MOULIÈRES]. Seconde édition. *Paris*, *Eymery*, 1816 ; in-12, front. gravé, cart. bradel demi-perc. verte, non rog.

On y joint : Liste des députés proscrits avec la désignation de leurs départemens. 1793. — Liste des représentans du peuple à la Convention Nationale, avec le nom de leurs départemens et leurs demeures à Paris. 1794. — Liste formée en exécution de l'article II du décret de la Convention Nationale, du 13 fructidor de l'an troisième, des membres de la Convention qui y sont en activité. 1795. (3 exempl.). Etc. — Ens. 1 vol. et 6 brochures.

1175. **Mémoires sur la Révolution Francaise.** 5 vol. in-12, cart. ou brochés.

La chute de la royauté (10 août 1792), par MORTIMER-TERNAUX. 1864. — Le peuple aux Tuileries (20 juin 1792), par le même. 1864. — Mémoires de Mme DU HAUSSET, publiés avec préface, notes et tables par H. FOURNIER. 1891. — Le Culte de la Raison et le Culte de l'Etre suprême (1793-1794). Essai historique par F.-A. AULARD. 1892. — La vie à Paris pendant une année de la Révolution (1791-1792), par Gustave ISAMBERT. 1896.

1176. **Recueil des actes du Comité de Salut public**, avec la correspondance officielle des représentants en mission et le registre du Conseil exécutif provisoire publié par F.-A. AULARD. *Paris*, *Imp. Nationale*, 1889-1918 ; 25 vol. gr. in-8, cart. de l'éditeur, couv. collée sur les plats, non rog.

On y joint la *Table alphabétique* pour les cinq premiers vol., gr. in-8, même cart.

1177. **Biré** (Edmond). Paris en 1793. *Paris*, *Gervais*, 1888 ; in-12, cart. bradel pap., non rog., couv. cons. — Paris pendant la Terreur. *Ibid.*, *Perrin*, 1890 ; in-12, même cart. — Journal d'un bourgeois de Paris pendant la Terreur [Tomes I, IV et V]. *Ibid.*, 1884-1898 ; 3 vol. in-12, le prem. cart. demi-perc., non rog., couv. cons., les deux dern. broché, couv. imp. — Aventures de deux Parisiennes pendant la Terreur par Ch. D'HERICAULT. Deuxième édition. *Ibid.*, *Didier*, 1881 ; in-12, demi-rel. de l'éditeur chag. vert. — Ens. 6 vol.

1178. **La Terreur.** 1 vol. in-12 et 13 pièces ou brochures in-8.

Les Souvenirs de l'histoire, ou le Diurnal de la Révolution de France [contenant, jour par jour, les événements de l'année 1793 ; attribué à Cl.-Fr. BEAULIEU]. 1797 ; 2 part. en 1 vol. in-12, veau anc. — Le cri du sang qui demande vengeance, par LEBOINEL. — Rapport sur l'état actuel de Paris

(Janvier 1793). — Interrogatoire du général Miranda (8 avril 1793). — Déclaration de la citoyenne Topin [concernant Philippe-Egalité, Avril 1793]. — Règlement de la Société des citoyennes républicaines révolutionnaires de Paris. — De l'héroïsme des femmes pendant la Terreur, par Ch. Lacretelle. 1838. — Etc.

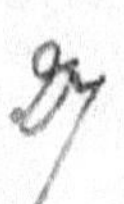

1179. **La Commune de Paris de** 1793. Les Hébertistes, par G. Tridon, membre de la commune de Paris en 1871. Seconde édition. *France et Belgique, chez tous les libraires*, 1871 ; gr. in-8, pap. vergé, cart. bradel pap. maroq. rouge, non rog., couv. cons.

1180. **Procès-verbaux de la Commune de Paris** (10 août 1792-1er juin 1793). Extraits en partie inédits ; publiés d'après un manuscrit des Archives nationales, par Maurice Tourneux. *Paris*, 1894 ; gr. in-8, pap. vergé, demi-rel. mar. rouge, enc. de fil. à froid au dos, tête dor., non rog., couv. cons. (*Petitot*).

Publié par la *Société de l'Histoire de la Révolution française*. — Envoi d'auteur.

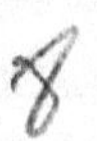

1181. **Révolution française**. Certificat de civisme du C. Saint-Félix. *S. l. n. d.* (1794) ; in-8 de 15 pp. — Carte de sûreté du citoyen Pierre Desbois, rentier, natif de Tours, demeurant rue du Faubourg Montmartre. *Paris, le 15 pluviôse, an* VII. — Dénonciation des Jacobins. *S. l. n. d.* (1792); placard in-4, etc.

Ensemble 5 pièces curieuses. — *La Dénonciation des Jacobins* est adressée aux Français : « *Les Jacobins en veulent à la vie de votre Roi. Lundi dernier, vingt-et-un de ce mois, on a proposé aux Jacobins de mettre le Roi en état d'accusation, parce qu'il a refusé sa sanction au décret contre ses frères, et le scélérat qui eut l'audace de faire cette horrible motion fut applaudi... Les Jacobins ont attiré à Paris ceux des brigands d'Avignon qui ont échappé aux recherches des troupes. A ces brigands se joindront ceux qui sont à Paris depuis le commencement de la Révolution, et ceux qu'ils font venir de toutes les provinces et de l'étranger ; ils reçoivent une solde de 12 sous par jour* ».

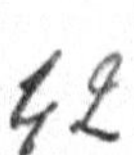

1182. **Avant, pendant et après la Terreur**. Echos des gazettes françaises indépendantes, publiées à l'étranger de 1788 à 1794, par Eugène de Mirecourt. *Paris, Dentu*, 1865 ; 3 vol. gr. in-8, demi-rel. chag. rouge, tête dor., non rog., couv. cons.

On y joint: L'humnaité pendant la Terreur, récit en vers par F. Vaubertrand. *Paris, Firmin Didot*. 1861 ; brochure in-8, couv. imp.

1183. **Paris en 1794 et en 1795.** Histoire de la rue, du club, de la famine, composée d'après des documents inédits, par C.-A. DAUBAN. *Paris, H. Plon*, 1869 ; in-8, fig., demi-rel. chag. brun, tr. jasp. — La Démagogie en 1793 à Paris, ou histoire jour par jour, de l'année 1793... par le même. *Ibid., id.*, 1868 ; in-8, fig., cart. bradel demi-perc. rouge, non rog., couv. cons. — Le fond de la société sous la Commune... par le même. *Ibid., id.*, 1873 ; in-8, fig., même cart. — Ens. 3 vol.

1184. **Annuaire du républicain**, ou légende physico-économique, avec l'explication des trois cents soixante-douze noms imposés aux mois et aux jours... par E. MILLIN. Seconde édition. *Paris, Drouhin, an* II-1794 ; in-12, demi-rel. veau rouge, dos orné, non rog.

Orné d'un frontispice gravé par Levasseur d'après Monet.

On y joint : Le Calendrier républicain, poème, précédé d'une lettre du citoyen Lalande ; suivi de trente six hymnes civiques pour les trente-six décades de l'année ; d'une Ode au Vengeur... par CUBIÈRES. *Ibid., Mérigot, an* VII (1799) ; pet. in-8, crat.

1185. **De l'origine et de la forme du bonnet de la liberté**, par A.-E. GIBELIN. *Paris, Buisson, an* IV (1796) ; plaq. in-8, cart. demi-perc. rouge, tr. jasp.

Orné de 5 planches gravées.

On y joint : Histoire patriotique des arbres de la liberté, par GRÉGOIRE ; précédée d'un essai sur sa vie et ses ouvrages par Ch. DUGAST. *Ibid., Havard*, 1833 ; in 18, portr. gr., cart. bradel demi-perc. rouge, non rog., couv. cons.

1186. **Manuscrit** de l'an trois (1794-1795) ; contenant les premières transactions des puissances de l'Europe avec la République française, et le tableau des derniers événemens du Régime conventionnel. Seconde édition. *Paris, Delaunay*, 1829 ; 1 vol. — Manuscrit de mil huit cent douze... *Ibid., id.*, 1827 ; 2 vol. — Manuscrit de mil huit cent treize. — *Ibid., id.*, 1825, 2 vol. — Mémoires des contemporains... [Manuscrit de mil huit cent quatorze...] *Ibid., Bossange*, 1824 ; 1 vol. Par le baron A.-J.-F. FAIN. — Ens. 6 vol., les 5 premiers brochés, couv. imp., le dernier veau rac., dos sans nerfs orné, tr. marb. (*Rel. anc.*).

1187. **Les Vautours du XVIIIe siècle**, ou les Crésus modernes au tribunal de l'opinion publique, par A.-A. DENIS. *Paris*, 1798 ; in-18, cart. bradel pap. brun, tr. jaunes.

Orné d'un curieux frontispice gravé.

1188. **Directoire.** 14 vol. ou plaq. in-8, broch. et cart.

Liste des principaux agens et moteurs de la Révolution française, en ventôse, an 3 (1795). — Un vieillard de la Butte des Moulins aux jeuges gens de Paris (1795). — Discours prononcé au Cercle constitutionnel, le 9 ventôse, an VI, par Benjamin CONSTANT (1798). — Le Russe à Paris... par PETERS-SUBWATHÉKOFF [LE CLERC, des Vosges]. 1799. — Essais sur l'histoire de la Révolution française, par une société d'auteurs latins [HÉRON DE VILLEFOSSE, CHAMBRY et DUROZOIR]. Seconde édition (1800). — Testament d'un électeur de Paris, par Louis-Abel BEFFROY-REIGNY, dit le Cousin Jacques. 1798, portr. gravé. — Esquisses historiques, politiques, morales et dramatiques du Gouvernement révolutionnaire de France aux années 1793-1795, par DUCANCEL. 1821. — Etc.

1189. **Directoire.** Environ 200 pièces in-8, brochées ou dérel.

Procès-verbaux, rapports, messages, discours prononcés par CARNOT, FABRE (de l'Aude), GALLAIS, FRÉVILLE, FAVART, SIMÉON, etc., au Tribunat ou au Corps législatif.

1190. **Paris révolutionnaire**, par MM. Ader, Alhoy, Altaroche, Em., Et. et J. Arago, Auger, Bastide, Bequet, Blanchard, Blanqui, Bonnias, Boussi, Briffault, Buonarotti, Cahaigne, Carré, Carrel, Cavaignac, Claudon, Ducange, Delatouche, Desjardins, Desnoyers, Duchatelet, Dufey, A. Dumas, Dupenty, etc., etc. *Paris, Guillaumin*, 1833-1834 ; 4 vol. in-8, cart. bradel demi-perc. rouge, non rog., couv. cons.

Intéressant recueil d'études révolutionnaires écrites par les chefs du parti démocratique sous la monarchie de juillet.

1191. **Histoire de la société française pendant la Révolution**, par Edmond et Jules de GONCOURT. Deuxième édition, 1 vol. — Histoire de la société française pendant le Directoire, par les mêmes. Deuxième édition, 1 vol. — *Paris, Dentu*, 1854-1855 ; 2 vol. in-8, cart. bradel demi-perc., non rog., couv. cons.

1192. **Paris pendant la Révolution** (1789-1798), ou le nouveau Paris, par Sébastien MERCIER. Nouvelle édition, annotée, avec une introduction. *Paris, Poulet-Malassis*, 1862 ; 2 vol. in-12, cart. bradel demi-chag. rouge à long grain, tête rog., non rog., couv. cons. (Légères rousseurs).

1193. **Paris en 1789**, par Albert BABEAU. Ouvrage illustré de 96 gravures sur bois et photogravures d'après des estampes de l'époque. *Paris, Firmin-Didot*, 1889 ; in-8, demi-rel. mar. bleu, enc. de fil. à froid au dos, tête dor., non rog., couv. cons. (*Petitot*).

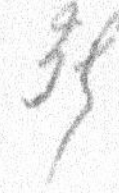

Exemplaire imprimé sur papier de Hollande, portant un envoi d'auteur et auquel on a ajouté 3 lettres autographes d'Albert Babeau adressées à M. Paul Lacombe.

1194. *Le même ouvrage*. Nouvelle édition. *Ibid., id.*, 1892 ; gr. in-8, front. en chromolith. et 150 fig., broché, couv. imp.

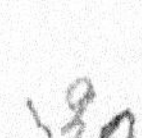

Un des 10 exemplaires sur grand papier vélin. — Envoi d'auteur.

1195. **Paris en** 1789, par Albert BABEAU. Quatrième édition. *Paris, Firmin-Didot*, 1891 ; in-8, fig., demi-rel. chag. vert, enc. de fil. à froid au dos, tête peigne, non rog., couv. cons. (*Petitot*). — La France et Paris sous le Directoire. Lettres d'une voyageuse anglaise ; suivies d'extraits des lettres de Swinburne (1796-1797) ; traduites et annotées par A.Babeau. *Ibid., id.*, 1888 ; in-12, cart. bradel pap. bleu, non rog., couv. cons. — Lettre d'Albert Babeau ajoutée. — Ens. 2 vol.

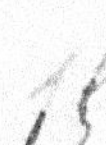

1196. **Paris pendant le cours de la Révolution**, avant et après la Restauration, ou Mémorial de tous les événements, de tous les faits extraordinaires, surprenans, horribles, curieux, intéressans qui se sont passés dans cette capitale, depuis 1789 jusqu'en 1816, présentés, détaillés et circonstanciés dans leur ordre chronologique. Par M. LÉOPOLD, avocat. *Paris, Poupelin*, 1816 ; 2 vol. in-12 de 230 et 224 pp., cart. bradel demi-perc. verte, non rog. (*Rel. mod.*).

Première édition de cette intéressante description, par ordre chronologique, des événements de Paris de 1789 à 1816, par un royaliste.

1197. **Les Quartiers de Paris pendant la Révolution** (1789-1804). — Dessins inédits de Demachy, Bélanger, Fragonard, Lallemand, Debucourt, L. Moreau, Schwebach, Ransonnette, Raffet, David, Prieur, etc. — Texte et plans reconstitués d'après des documents inédits par G. LENOTRE. *Paris, E. Bernard et Cie*, 1896 ; pet. in-plano, cart. bradel demi-vélin vert, éb. (*Petitot*).

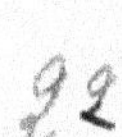

94 plans, dessins ou aquarelles, reproduits en phototypie, à pleine page ou tirés par 2 ou 3 sur la même feuille.

1198. **Tableaux de la Révolution française**, publiés sur les papiers inédits du département et de la police secrète de Paris, par Adolphe SCHMIDT, professeur d'histoire à l'Université de Iéna. *Leipzig, Veit et Cie*, 1867-1870 ; 3 vol. — Paris pendant la Révolution, d'après les rapports de la police secrète (1789-1800), par le même. Traduction française par Paul VIOLLET. *Paris, Champion*, 1880-1894, 4 vol. — Ens. 7 vol. in-8, cart. bradel demi-chag. non rog., couv. cons.

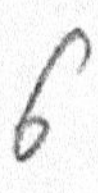

1199. **The revolutionary Plutarch** : exhibiting the most distinguished characters, literary, military and political, in the recent annals of the french republic. The greater part from the original information of a gentleman resident at Paris. Third edition. *London, J. Murray*, 1805 ; 3 vol. in-12, port. gravés, demi-rel. chag. bleu, dos orné, tr. jasp. — Tache aux 15 premiers ff. du tome Ier.

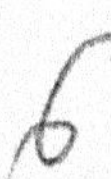

1200. **Sylvain Bailly**, maire de Paris. Hommage à sa mémoire, précédé de la préface générale d'une édition projetée d'œuvres dramatiques et littéraires ; et suivi d'un essai sur la nature et les élémens de l'éloge, ainsi que de divers opuscules [par DELISLE DE SALES]. Ouvrage imprimé au nombre de 15 exemplaires et destiné à servir de tribut à l'amitié. *S. l. n. d.* ; in-8, demi-rel. mar. vert à long grain avec coins, dos orné, tête marb., non rog. (*Petitot*). — Petite mouillure dans les marges de qq. ff.

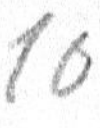

1201. **Marat inconnu**. L'homme privé, le médecin, le savant, par le Dr CABANÈS. *Paris, Genonceaux*, 1891 ; in-12, pap. de Holl., portrait, cart. bradel demi-perc. verte, non rog., couv. cons.

Edition originale.

On y joint : Oraison funèbre de Marat, par F.-E. GUIRAUT (1793). — Marat, dit l'Ami du peuple, notice sur sa vie et ses ouvrages, par Charles BRUNET. 1862, portrait gr. par Flameng. — Marat, sa mort, ses véritables funérailles, par Paul FASSY. 1867. — Ens. 1 vol. et 3 brochures.

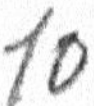

1202. **Personnages de la Révolution**. 7 vol. ou plaq. in-8 ou in-12, brochés ou cart.

BILLAUD-VARENNE. Mémoires inédits et correspondance, accompagnés de notices par A. BÉGIS. 1893 ; port. — Saint-Just et les bureaux de la police générale au Comité de Salut public en 1794. Documents inédits publiés par A. Bégis. 1896. — Talleyrand, par A. Marcade. 1883. — Lepeletier de Saint-Fargeau et son meurtrier, par Edmond Le Blant. 1874. — Le naturaliste Bosc, par Aug. Rey. 1901, fig. sur Chine monté. (Envoi d'auteur). — Louise-Marie-Adélaïde de Bourbon-Penthièvre, duchesse d'Orléans. La jeunesse (1753-1791), par le baron A. de Maricourt. 1913, port. — Etc.

1203. **Personnages de la Révolution.** 6 vol. ou plaq. in-8 ou in-12, brochés ou cart.

Eloge historique de M. Mounier, conseiller d'Etat, par M. Berriat [Saint-Prix]. 1806. — Pendant la Terreur. Le poète Roucher (1745-1794), par A. Guillois. 1890 ; portr. — Barnave, par Jules Janin. 1878 ; 2 vol. — Danton, sa première femme et ses propriétés, par A. Babeau. 1898. Envoi d'auteur. — Carnot. Son emprisonnement sous Louis XVI à Béthune, par A. Bégis. 1900. (Envoi d'auteur).

1204. **Almanach des Francoises célèbres** par leurs vertus, leurs talens ou leur beauté. *A Paris, chez Lejay*, 1790 ; pet. in-12, cart. bradel pap. marb., non rog.

Orné d'un joli titre-frontispice et d'une curieuse figure, gravés, non signés.

1205. **Appel à l'impartiale postérité**, par la citoyenne Roland, femme du ministre de l'Intérieur, ou recueil des écrits qu'elle a rédigés, pendant sa détention aux prisons de l'Abbaye et de Sainte-Pélagie. *A Paris, chez Louvet*, (1795) ; 4 tom. en 2 vol. in-8, demi-rel. veau gr. avec coins, dos sans nerfs orné, tr. jasp. (*Rel. de l'époque*).

Edition originale des *Mémoires* de Mme Roland.

1206. **Lettres autographes de Madame Roland**, adressées à Bancal-des-Issarts, membre de la Convention..., précédées d'une introduction par Sainte-Beuve. *Paris, Renduel*, 1835 ; in-8, broché, couv. imp. — Lettres en partie inédites de Mme Roland aux demoiselles Cannet, suivies des Lettres de Mme Roland à Bosc, Servan, Lanthenas, Robespierre, etc. Notes par C.-A. Dauban. *Ibid., H. Plon*, 1867 ; 2 vol. in-8, portr., cart. bradel demi-perc. grise, non rog., couv. cons.

On y joint : La Vérité sur Mme Roland et sur les deux éditions de ses mémoires, par C.-A. Dauban. (1864) ; br. in-8. — La vérité vraie sur la publication des mémoires de Mme Roland, par P. Faugère. 1864 ; br. in-8. — Ens. 5 vol. ou brochures.

1207. **Théroigne de Méricourt**, la jolie Liégeoise. Correspondance publiée par le vicomte de V....Y [Variclery]. *Paris*, *Allardin*, 1836 ; 2 vol. in-8, cart. bradel demi-perc. verte, tête jasp., non rog.

Curieuse correspondance apocryphe, attribuée au baron E.-L. de La-Mothe-Langon. — Exemplaire lavé et encollé.

1208. **Les femmes du XVIIIe siècle.** — La duchesse de Polignac et son temps, par H. Schlesinger. *Paris*, *Ghio*, 1889 ; in-12 carré, fig., cart., non rog., couv. cons. — Souvenirs de la princesse de Tarente (1789-1792), par Louis de La Trémoille. *Paris*, *Champion*, 1901 ; pet. in-8 carré, portr., broché, couv. imp. — Ens. 2 vol.

1209. **Paris sous Napoléon**, par L. de Lanzac de Laborie. *Paris*, *Plon-Nourrit*, 1905-1913 ; 8 vol. pet. in-8, brochés, couv. imp.

Edition originale. — 3 cartes autographes de l'auteur ajoutées.

1210. **Les Mémoires d'une Inconnue** [Mme Cavaignac]. Publiés sur le manuscrit original (1780-1816). *Paris*, *Plon-Nourrit*, 1894 ; in-8, broché, couv. imp.

Edition originale, devenue rare, les exemplaires en ayant été retirés du commerce et la seconde édition ayant subi des suppressions.

L'auteur de ces mémoires était la femme du conventionnel Jean-Baptiste Cavaignac.

1211. **Paris**, in eighteen hundred and two, and eighteen hundred and fourteen, by the Rev. William Shepherd. *London*, 1814 ; in-8, dérel. — France in eighteen hundred and two, described in a series of contemporary letters, by Henry Redhead Yorke. Edited and revised by J.-A.-C. Sykes. *Ibid.*, 1906 ; fort vol. in-12 carré, cart. de l'éditeur. — Ens. 2 vol.

1212. **Etat actuel de la France**, par un Anglais, échappé de Paris au mois de Mai dernier [1805]. *A Londres*, *imp. de W. Spilsbury*, *s. d.* ; in-8, demi-rel. veau marb. avec coins, tr. rouges. (*Rel. de l'époque*).

Recueil contenant des réflexions et des anecdotes curieuses sur la vie à Paris au début du premier Empire et sur Napoléon Ier.

On y joint : Histoire de la conspiration du général Mallet, 1812, par H. Dourille. *Paris*, 1840 ; brochure in-8.

1213. **Les Pamphlets de la fin de l'Empire**, des Cent-Jours et de la Restauration. Catalogue raisonné d'une collection de discours, mémoires, documents politiques, histoires secrètes, etc., publiés de 1814 à 1817, mis en ordre par A. Germond de La Vigne. *Paris, Dentu*, 1879 ; in-12, cart., non rog., couv. cons.

On y joint : Satires parisiennes du XIXe siècle, par E.-G. Rey. *Ibid., id.*, 1860 ; in-12, même cart. (Envoi d'auteur).

1214. **1814-1815. Les Cent-Jours**. 14 vol. ou plaq. in-8 ou in-18, brochés ou rel.

Histoire des sociétés secrètes de l'armée, et des conspirations militaires, qui ont eu pour objet la destruction du gouvernement de Bonaparte. Seconde édition. 1815. — Une soirée du boulevard de Gand. 1815. — Dictionnaire des immobiles. 1815. — Les remontrances du parterre. 1814. — Campagne de Paris en 1814, précédée d'un coup d'œil sur celle de 1813, par Giraud. 5e édition, carte. — Invasions et sièges de Paris en 1814 et 1815, par un témoin oculaire. (1819) ; front. gr. — Bulletin, ou relation historique des événemens qui sont arrivés en France en 1814 et 1815 et particulièrement pendant le siège de Paris. 1815. — Etc.

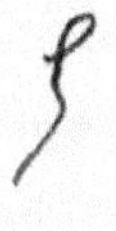

1215. **Lettres écrites de Paris**, pendant le dernier règne de l'empereur Napoléon, adressées principalement à l'honorable lord Byron ; suivies d'un appendix contenant des documens officiels ; traduites de l'anglais de J. Hobhouse. *Gand et Bruxelles*, 1817 ; 2 vol. in-8, demi-rel. bas. brune, tr. jaunes. (*Rel. de l'époque, usagée*).

On a relié, à la suite du tome II : 1° Rapport sur l'état de la France fait au roi dans son conseil, par le Vte de Chateaubriand. — 2° Manifeste du roi de France adressé à la nation française (Gand, 24 avril 1815). — 3° Protestation de l'impératrice Marie-Louise, adressée au Congrès de Vienne, contre l'occupation du trône français par la dynastie des Bourbons. (19 février 1815).

1216. **Raison, Folie**, petit cours de morale, mis à la portée des vieux enfans ; suivi des observateurs de la femme. Troisième édition, augmentée de quelques dissertations à peu près philosophiques et de quatre contes inédits : La Nourriture d'un prince ; le Pêcheur du Danube ; le Jardinier de Samos ; l'Enfant de l'Europe ou le Dîner des Libéraux à Paris, en 1814 [par P.-E. Lemontey]. *Paris, Deterville*, 1816 ; 2 vol. in-8, cart. bradel pap. gris, tête jasp., non rog. (*Petitot*). — Petite tache dans la marge inférieure du tome II.

1217. **Restauration.** 5 vol. et 2 plaq. in-8 ou in-16, brochés, rel. ou cart.

Jérôme Lerond, ou mémoires politiques et moraux d'un petit électeur de Paris, recueillis par Al. CREVEL. 1817. — Le nouveau riche et le bourgeois de Paris, ou l'élection d'un remplaçant en 1820, 1830 ou 1840, roman politique par C. MATTHÉUS. 1818. — Nouveaux mémoires secrets, pour servir à l'histoire de notre temps [par V.-D. DE MUSSET-PATHAY]. 1829. — Mémoires du comte BEUGNOT (1783-1815). 1866 ; 2 tom. en 1 vol. — Les Secrets des Bourbons, par Charles NAUROY. 1882. (Rousseurs). — Etc.

1218. **Restauration.** 8 vol. ou plaq., brochés ou rel.

Notice historique des événements qui se sont passés dans l'administration de l'Opéra la nuit du 13 février 1820, par ROULLET. 1820 ; in-8, portr. gravé de la duchesse de Berry ajouté. — Précis historique sur l'horrible assassinat commis à l'Opéra le 13 février 1820, par Louis-Pierre Louvel, sur la personne de S. A. R. le duc de Berri. 1820 ; in-18, front. gravé. — Un mot sur les deux procès-verbaux dressés après la mort de S. A. R. Mgr le duc de Berri, et conséquences à en tirer par rapport au gouvernement et à la société, par FORESTIER. 1821 ; in-4. — Les derniers Bourbons... par Charles NAUROY. 1883 ; in-12. — Etc.

1219. **Lettres sur Paris**, ou correspondance pour servir à l'histoire de l'établissement du gouvernement représentatif en France, par C.-G. ETIENNE. *Paris, Delaunay*, 1820 ; 2 vol. in-8, demi-rel. veau brun, tr. jasp. (rousseurs). — Tableau de Paris dans les quinze premiers jours de Juin 1820, par M. J.-J.-E. R. [ROY]. *Ibid., Brissot-Thivars*, 1820. — Histoire de la première quinzaine de Juin 1820, par REYMONDIN DE BEX. *Ibid., s. d.* — 2 ouvr. en 1 vol. in-8, cart. de l'époque pap. bleu. — Ens. 3 vol.

1220. **Restauration.** 7 vol., brochés, rel. ou cart.

Biographie des dames de la cour et du faubourg Saint-Germain, par un valet de chambre congédié [GARAY DE MONGLAVE et E.-Constant PITON]. *Paris*, 1826 ; in-32, demi-rel. mar. rouge. (Petit ouvrage saisi et détruit). — L'Homme gris, almanach français... pour l'année 1820, par CUGNET DE MONTARLOT. *Ibid.*, 1820 ; in-18, br. — Chronique indiscrète du XIXe siècle. Esquisses contemporaines, extraites de la correspondance du prince de *** [par P. LAHALLE, REGNAULT-WARIN et DE ROQUEFORT]. *Ibid., Persan*, 1825 ; in-8, demi-rel. chag. vert. — Manuscrit de 1905, ou Explications des salons de Curtius au vingtième siècle, par Gabriel Fictor [par Fabien PILLET]. *Ibid., A. Dupont*, 1827 ; 2 vol. in-12, cart. — Le procès des ministres (1830), par Ernest DAUDET. *Ibid., Quantin*, 1877 ; in-8, cart. — Etc.

1221. **Mémoires** et relations politiques du Baron DE VITROLLES publiés par Eugène FORGUES. *Paris, Charpentier*, 1884 ;

3 vol. in-8, demi-rel. veau fauve, dos orné, tête dor., non rog., couv. cons.

1222. **Evénemens de Paris** des 26, 27, 28 et 29 juillet 1830, par plusieurs témoins oculaires. Septième édition continuée jusqu'au serment de Louis-Philippe Ier et augmentée de la Charte, avec l'indication comparée des nouvelles modifications, de plusieurs articles intéressans, et de la Marche parisienne de Casimir Delavigne, avec la musique. *Paris, Audot*, 1830 ; in-18, pap. bleu, blanc et rouge, cart. bradel vélin blanc, non rog.

1223. **27, 28, 29 juillet 1830** représentés en trois tableaux renfermant trois chansons patriotiques. Dédié à la Nation française. *Paris, Knecht et Roissy*, 1831 ; in-folio, en ff., couv. imp.

Titre orné en couleurs et 3 ff. avec poèmes encadrés de sujets historiques, lithographiés, tirés en noir, en bleu et en rouge. A la fin, tableau imprimé des événements de la grande semaine.

1224. **Un mois de 1830**, ou Mémorables journées de Juillet et d'Août, tableaux historiques composés et dessinés sur pierre par Victor Adam ; accompagnés d'un texte français et anglais, et précédés d'un précis de la révolution française de 1789 à 1830, par P.-J. Charrin. *Paris, Bulla*, 1830-1831 ; gr. in-4 obl., cart. de l'éditeur, couv. collée sur les plats.

Album renfermant 29 grandes lithographies de Victor Adam. (Le plan mentionné à la table manque).

1225. **Révolution de 1830.** 12 brochures in-8.

Bataille de Paris, par le Lieut.-Gén. Allix. 1830 ; plan. — Esquisse du mouvement héroïque du peuple de Paris.... par Fabré Palaprat. 1830. (*Envoi d'auteur*). — Ma première page pour l'histoire des trois mémorables journées... par Conté de Lévignac. 1830. — Trois ans au Palais Bourbon, par le Gén. Lambot. 1831. — Relation chirurgicale des événemens de juillet 1830, par H. Larrey. 1831. — Les cinq derniers jours de la police Mangin. 1830. — Les Parisiennes, chants de la révolution de 1830, par Adolphe Dumas. — Etc.

1226. **Révolution de 1830.** 9 vol. ou plaq. in-8 ou in-16, brochés, rel. ou cart.

Une semaine de l'histoire de Paris, par le baron de L*** L*** [E.-L. de Lamothe-Langon]. 1830. — Relation historique des journées mémorables des 27, 28, 29 juillet 1830 [par A.-M. Perrot]. 1830, plan. — Souvenir glorieux du Parisien. Précis historique des journées des 26-31 juillet 1830, par P.-G. Prosper L******. Nouvelle édition. *S. d.* ; 2 lithogr., pliées. — Histoire de la mémorable semaine de juillet 1830, par Ch. Laumier. 1830 ; front. — Mémorial de l'Hôtel-de-Ville. (1830) ; par H. Bonnelier. 1835. — Etc.

1227. **Louis-Philippe**. 6 vol. in-8 ou in-12, brochés, rel. ou cart.

Les Tuileries en juillet 1832, par le Vte de Varicléry [Lamothe-Langon]. 1832. — Maria Stella, ou échange criminel d'une demoiselle du plus haut rang contre un garçon de la condition la plus vile [par lady Maria Stella Marlborough, baronne de Sternberg]. 1830. (Rousseurs). — Souvenirs d'un ancien préfet (1787-1848) [de Barthélemy]. 1885 ; portr. — Les discours du trône depuis 1814 jusqu'à nos jours ; avec une préface par Auguste Lepage. 1867. — Etc.

1228. **Emeutes de 1832-1834**. 5 brochures in-4 ou in-8.

Rapports sur les opérations et les faits militaires auxquels la Garde Nationale a pris part, dans les journées des 5 et 6 juin, 1832. — Les Bertrands à Paris, ou les marrons tirés du feu, par Raton [Auburtin], de Sainte-Barbe. 1832. — Mémoire sur les événements de la rue Transnonain, dans les journées des 13 et 14 avril 1834, par Ledru-Rollin. 1834. — Cour des Pairs. Attentat du 28 juillet 1835 [Affaire Fieschi]. Plans annexés au rapport de M. le comte Portalis. 1835. — Etc.

1229. **Révolution de 1848**. 20 vol. ou plaq. in-8, in-12 et in-18, brochés ou cart.

La Maison d'Orléans devant la légitimité et la démocratie, par Laurent (de l'Ardèche). 2e édition. 1861. — Tableaux historiques des principaux événements de la Révolution française de 1848. Douze planches imprimées en 2 teintes. 1848. — La deuxième légion pendant les journées de juin 1848. — La République dans les carrosses du roi... Scènes de la révolution de 1848, par Louis Tirel. 1850. — Etc.

1230. **Les murailles révolutionnaires de 1848**. Collection des décrets, bulletins de la République, adhésions, affiches, fac-simile de signatures, professions de foi, etc. (Paris et les départements)... *Paris, Picard, s. d.* ; 2 vol. in-4, fig., cart. bradel demi-vélin vert avec coins, tête rouge, non rog., couv. cons.

On y joint : Journées illustrées de la révolution de 1848. Récit historique... accompagné de 600 gravures sur tous les événements de cette époque tant en France qu'à l'étranger, représentant des scènes politiques et de mœurs, des vues, des portraits, des costumes, des caricatures, etc. *Ibid., L'Illustration, s. d.* ; gr. in-4 à 3 col., demi-rel. chag. rouge, tr. jasp.

1231. **Notes et souvenirs**, par M. Denormandie. Les journées de Juin 1848. Le siège de Paris. La Commune... *Paris, Chailley*, 1896 ; 1 vol. — Temps passé. Jours présents (notes de famille) [par le même, avec le supplément]. *Ibid.*, 1900 ; 1 vol. Lettre et envoi. — Ens. 2 vol. in-8, demi-rel. chag., enc. de fil. à froid au dos, tête dor., non rog., couv. cons. (*Petitot*).

1232. **Histoire de Paris**, ses révolutions, ses gouvernements et ses événements de 1841 à 1852, comprenant les sept dernières années du règne de Louis-Philippe et les quatre premières de la République, par Jacques ARAGO. *Paris, Dion-Lambert*, 1856 ; 2 vol. gr. in-8, cart. bradel demi-perc. rouge, non rog., couv. cons. (*Knecht*).

Illustré du portrait de l'auteur et de 25 figures, gravés sur acier, hors texte.

1233. **Seconde République**. 7 vol. in-8 et in-12, rel. ou cart.

Histoire de Paris en 1848, par Louis D'ORMOY. (1849) ; fig. (rousseurs). — Les clubs et les clubistes. Histoire complète critique et anecdotique des clubs et des comités électoraux fondés à Paris depuis la république de 1848, par A. LUCAS. 1851. — Les accusés du 15 mai 1848, par E. DUQUAI. 1869. — Paris en décembre 1851, par Eugène TÉNOT. 1868. — Histoire du 2 décembre, par P. MAYER, 1869. — Les prisonniers du 2 décembre, par H. BABOU. (1876). — Les détenus politiques à l'Ile du Diable, par CHABANNE. 1870. — Etc.

1234. **Souvenirs et portraits de famille**, par Eugène ASSE. *S. l.*, 1902 ; in-8, broché, couv. imp.

Édition publiée par les soins de M. Georges Vicaire, tirée à 40 exemplaires num. seulement, sur papier vélin, et non mise dans le commerce. Elle est ornée de 7 portraits en héliogravure sur cuivre, imprimés en taille-douce, sur Chine monté.

1235. **Mémoires d'un bourgeois de Paris**, par le Dr Louis VÉRON. *Paris, Librairie Nouvelle*, 1856 ; 5 vol. in-16, cart. bradel demi-perc. grise, non rog., couv. cons.

Première édition dans ce format.
On y joint, du même auteur : Nouveaux mémoires d'un bourgeois de Paris... Deuxième édition. *Ibid., Lacroix, Verboeckhoven et Cie*, 1866 ; in 8, cart., tête jasp., non rog., couv. cons. (*Petitot*).

1236. **Souvenirs intimes de la Cour des Tuileries**, par Mme CARETTE, née Bouvet. Huitième édition. *Paris, Ollendorff*, 1889-1891 ; 3 vol. in-12, cart., non rog., couv. cons.

On y joint : A la Cour de Napoléon III, par la Marquise DE TAISEY-CHA-

TENAY. *Paris, Savine*, 1891 ; in 12, même cart. — La Cour de Napoléon III, par Pierre DE LANO. *Paris, Havard*, 1892 ; in-12, même cart. — Ens. 5 vol.

1237. **Second Empire**. 5 vol. in-12, brochés ou cart.

Souvenirs du Second Empire, par le Cte DE MAUGNY. (1890). — Sous l'Empire, par MARCELIN, 1889. — La lutte électorale en 1863, par J. FERRY, 1863. — La découverte de Paris par une famille anglaise, 1860. (Rousseurs). — L'Année anecdotique. Petits mémoires du temps, par Félix NORMAND, 1860.

1238. **Almanach de la littérature**, du théâtre et des beaux-arts... précédé d'une histoire littéraire et dramatique de l'année, par M. J. JANIN. — Illustré de beaux portraits de littérateurs et d'artistes. *Paris, Pagnerre, s. d.* (1854-1864) ; 11 années (2e à 12e) en 1 fort vol. pet. in-8, cart. demi-perc. brune, tr. jasp.

1239. **Second Empire**. 3 vol. in-8 ou in-12, cart., et 1 brochure in-8.

Papiers secrets et correspondance du Second Empire. Réimpression complète, annotée et augmentée de nombreuses pièces publiées à l'étranger, et recueillies par A. POULET-MALASSIS, 1880 ; fac-similés. — Papiers secrets brûlés dans l'incendie des Tuileries, 1871. — Circulaires, rapports, notes et instructions confidentielles (1851-1870), 1872. — Rapport du préfet de police [DE MAUPAS], sur les événements du 3 décembre 1851, 1853.

1240. **Second Empire**. 5 vol. in-12 et in-16, rel. ou cart.

L'histoire du nouveau César. Louis-Napoléon Bonaparte, représentant et président, par P. VÉSINIER, 1866. — Les Passe-temps secrets de Napoléon III, par V. VENDEX, 1871. — Les Conspirations sous le Second Empire, par A. FERMÉ, 1869. — Mémoire de GRISCELLI, agent secret de Napoléon III, de Cavour... 1867. — Napoléon et ses détracteurs, par le Prince NAPOLÉON.

1241. **Papiers et correspondance de la famille impériale**. *Paris, Imp. Nationale*, 1870-1872 ; 2 tom. en 3 part. réunis en 1 vol. in-8, fac-sim., demi-rel. veau bleu, dos orné, tr. jasp. — Le titre de la 1re partie du t. II manque.

1242. **Souvenirs d'un impérialiste**. Journal de dix ans, par FIDUS (Eugène LOUDUN). *Paris, Fetscherin et Chuit*, 1886 ; 2 vol. in-12, brochés, couv. imp. — Journal de FIDUS sous la république opportuniste (De la mort du Prince Impérial jusqu'à la mort de Gambetta). *Ibid., Marpon et Flammarion*, (1887) ; in-12, cart., non rog., couv. cons. — Ens. 3 vol.

1243. **L'Année comique.** Revue de 1861 [et 1862], par Pierre Véron. *Paris, Dentu*, 1862 ; 2 vol. in-12, cart. bradel pap., non rog., couv. cons. — Le Panthéon de poche. *Ibid., Degorce-Cadot*, 1875 ; in-12, même cart. — La Comédie républicaine. Lettres anonymes, par Léonce Dupont. *Ibid., Dentu*, 1872 ; in-12, même cart. (petites taches). — Révélations parisiennes. Laides figures et jolis visages, par le Cte, Fosco. [*Paris*, 1872] ; brochure in-8. — Ens. 5 vol.

1244. **Livres illustrés.** 6 vol. gr. in-8, brochés ou rel.

Le Trombinoscope, par Touchatout. 1882. — Le Trocadéroscope, revue tintamarresque de l'Exposition universelle, par le même. 1878. — Histoire tintamarresque de Napoléon III, par le même. 1874. — Histoire secrète de Napoléon III. La vérité sur Orsini, par un ancien proscrit. — Les amours de Napoléon III, par l'abbé C***. — Les femmes de l'Empire. (Grandes dames. Actrices. Courtisanes, etc.), par le même.

1245. **La Troisième Invasion,** par Eugène Véron. Gravures d'après A. Lançon. — Nouvelle édition. *Paris, J. Rouam*, 1886 ; 2 vol. gr. in-8, demi-rel. chag. vert foncé, tête dor., non rog., couv. cons.

On y joint : Historique de l'incendie du ministère des Finances (24-30 mai 1871), par A. de Colmont. *Paris, Lapirot et Boullay*, 1882 ; in-8, cart. bradel demi-perc. grenat, non rog., couv. cons.

1246. **Guerre de 1870.** 9 vol. in-12, cart.

Paris assiégé par Jules Claretie, 1871 (rousseurs). — Ruines et fantômes, par le même. 1874. — Le siège de Paris raconté par un Prussien, Hermann Robolsky. 1871. — Journal du siège, par un bourgeois de Paris (Jacques Henri Paradis). 1872. — Enfermé dans Paris. Journal du siège par M. N. Sheppard. 1877. — Mémorandum du siège de Paris, par Jules de Marthold. 1884, cartes. — Etc.

1247. **Guerre de 1870.** 12 vol. gr. in-8 et in-12, brochés ou cart.

Paris, le Quatre-Septembre et Châtillon. — Chevilly et Bagneux. — La Malmaison, le Bourget et le 31 octobre. — Thiers, le plan Trochu et l'Hay, par Alfred Duquet. 1890-1895. 4 vol., cartes. — Un château en Seine-et-Marne (1870), par le marquis de Mun. 1876. — Les défenseurs du fort d'Issy et le bombardement de Paris ; par le capitaine Gautereau (1901). — Les Allemands à l'Est de Paris, du canal de l'Ourcq à la Marne, par A. Hustin. 1912, fig. et plans. — Etc.

1248. **Guerre de 1870.** 5 vol. gr. in-8, brochés, rel. ou cart.

Combats et batailles du siège de Paris, par Louis Jezierski. (1872), fig.

— Le Journal du siège de Paris, publié par le Gaulois. 1871. — Le siège de Paris... par un officier d'état-major. 1871, fig. — Le 5e secteur ou rempart des Ternes. Notes sur son organisation, son armement, etc., par Bellier de Villiers. 1871. — Journal d'un lycéen de 14 ans pendant le siège de Paris, par Edmond Deschaumes. 1890, fig.

1249. **Guerre de 1870.** 11 vol. in-12 et in-16, brochés, rel. ou cart.

Le siège de Paris et la Défense nationale, par Edgar Quinet. 1871. — Le siège de Paris. Impressions et souvenirs, par Francisque Sarcey. 1871 ; carte. — Le siège de Paris. Journal d'une Parisienne, par Juliette Lamber. (Mme Edmond Adam). 1873. — Mémorial du siège de Paris, par J. D'Arsac. 1871 (rousseurs). — A Paris pendant le siège, par un Anglais, membre de l'Université d'Oxford. 1888. — Le siège de Paris, avec un aperçu des événements qui ont précédé et suivi le siège, par Adolphe Michel (1871). — Etc.

1250. **Guerre de 1870.** 4 vol. in-12, brochés, rel. ou cart.

En ballon pendant le siège de Paris, par G. Tissandier 1871. — Les ballons pendant le siège de Paris, par G. de Clerval. 1871. — La Science pendant le siège de Paris, par E. Saint-Edme. 1871 ; fig. — Les chemins de fer pendant la guerre franco-prussienne, par le Baron Ernouf. 1874.

1251. **Guerre de 1870.** 12 vol. in-8 ou in-12, brochés ou cart.

Recueil officiel des actes du gouvernement de la Défense nationale pendant le siège de Paris (4 septembre 1870-28 février 1871). Extrait du Bulletin officiel du ministère de l'Intérieur. 1871. — L'Armée de Versailles. Rapport du maréchal de Mac-Mahon. 1871. — Messages de M. Thiers (1-13 septembre 1871). — M. Thiers à Versailles. L'Armistice. 1871. — L'Empire et la Défense de Paris devant le jury de la Seine. Introduction et conclusion par le général Trochu. 1872. — Annuaire de la guerre de 1870-1871; par Jules Richard. 1887 ; 3 vol. — Etc.

1252. **Guerre de 1870.** 7 vol. in-12, brochés ou cart.

Les clubs rouges pendant le siège de Paris, par M. G. de Molinari. 1871. — A coups de fusil, par Quatrelles, s. d. — Notes et souvenirs (1871-1872) par L. Halévy. 1889. — Mobiles et volontaires de la Seine pendant la guerre et les deux sièges, par A. de Grandeffe. 1871. — Histoire d'un trente-sous (1870-1871) par Sutter-Laumann. 1891. — Les aventures d'un étudiant, par P. Boyer, 1888.

1253. **Guerre de 1870.** 60 brochures par Stéphen Liegeard, Alb. Schulz, Viollet-le-Duc, René Vallette, Ed. Cadol, A. Delpit, Lacaussade, Aug. Roussel, etc., la plupart publiées de 1870 à 1873.

1254. **Tablettes quotidiennes du Siège de Paris**, raconté par la Lettre-Journal. Réimpression suivie d'une table analytique. *Paris, Librairie des Bibliophiles*, 1871 ; gr. in-8, cart. bradel demi-perc. verte, non rog., couv. cons.

Un des 90 exemplaires num. sur papier vergé.

1255. **Journal du siège de Paris**. Décrets, proclamations, circulaires, rapports, notes, renseignements, documents divers officiels et autres, publiés par Georges D'HEYLLI. *Paris, Librairie Générale*, 1873-1874 ; 3 vol. — Le Moniteur prussien de Versailles. Reproduction des 13 numéros du *Nouvelliste de Versailles* et des 108 numéros du *Moniteur officiel du gouvernement général du Nord de la France*, parus à Versailles pendant l'occupation prussienne, publiés par le même. *Ibid., Beauvais*, 1871 ; 2 vol. — Ens. 5 vol. gr. in-8, demi-rel. chag. rouge, tête dor., non rog., couv. cons.

1256. **Guerre de 1870 et Commune de Paris**. 10 vol. et plaq., brochés, rel. ou cart.

Lettre-Journal de Paris. Gazette des Absents [contenant les 8 nos supplémentaires et les 35 nos publiés pendant le siège et l'armistice]. *Paris, imp. Jouaust*, 1870-71 ; in-8, en fl., plusieurs fig. sur bois ajoutées. — La même publication en demi-rel. chag. rouge. — Le Pair du Chêne, par A.-C. BLOUET. 1871 ; 7 nos en 1 brochure in-8. — Les journaux de Paris du 4 septembre 1870 ; brochure in-4. — Histoire de la presse sous la Commune par A. GAGNIÈRE. 1872, in-12, cart. — Les Journaux de Paris pendant la Commune, par J. LEMONNYER. 1871, brochure in-8. — Etc.

1257. **Siège de Paris**. Opérations du 13e corps et de la 3e Armée. — L'Armistice et la Commune. Opérations de l'armée de Paris et de l'armée de réserve, par le Général VINOY. (Rousseurs). *Paris, H. Plon*, 1872-1874 ; 2 vol. in-8 et 2 atlas in-4, cart. bradel demi-perc. bleue, tête jasp., non rog., couv. cons.

1258. **La marine au siège de Paris**, par le vice-amiral Baron DE LA RONCIÈRE-LE NOURY. *Paris, Plon*, 1872 ; in-8, cart. bradel demi-perc. rouge, tête jasp., non rog., couv. cons., avec cartes et plans réunis dans un étui de même format.

On y joint : Le siège de Paris. Journal d'un officier de marine... (par Francis GARNIER). *Paris, Delagrave*, 1872 ; in-12, broché, couv. imp. — Note sur le concours apporté par la marine pour la répression de l'insurrection de Paris. *Paris*, 1871 ; brochure in-8. — Ens. 4 vol. ou plaq.

1259. **Siège de Paris** (1870-1871). 9 vol. in-8 et in-12, brochés, rel. ou cart.

L'Hôtel-de-Ville de Paris au 4 septembre et pendant le siège... par E. Arago (1874). — Les Prussiens chez nous, par E. Fournier. 1871. — Souvenirs de la mobile (6e, 7e et 8e bataillon de la Seine) par A. Rendu. 1872. — Tablettes d'un mobile. Journal historique et anecdotique du siège de Paris, par L. de Villiers et G. de Targes. 1871. — Les Prussiens à Paris et le 18 mars, par Ch. Yriarte. 1871. — Etc.

1260. **Les Ambulances de la Presse**, pendant le siège et sous la Commune (1870-1871). *Paris, Marc*, 1872 ; gr. in-8, fig., cart. bradel demi-perc. bleue, non rog., couv. cons.

On y joint : Les Ambulances de Paris pendant le siège par A. Piédagnel. *Paris, Librairie Générale*, 1871 ; in-12, cart. bradel vélin blanc, non rog., couv. cons.

1261. **Guerre de 1870 et Commune de Paris.** 8 vol. ou plaq. in-8 et in-12, brochés ou cart.

Les sportsmen pendant la guerre, par Edouard de Cavaillon. 1881. — Les Fédérations artistiques sous la Commune, par Paul Hippeau. 1890. (Exempl. sur pap. jonquille). — La Musique pendant le siège de Paris, par Albert de Lasalle. 1872. — Dix mois à la Comédie-Française. Siège et Commune (1870-1871), par Georges d'Heylli. 1885. — L'Année infâme, par Jules Lacroix. 1872, pap. vergé. — Etc.

1262. **Guerre de 1870 et Commune de Paris.** 25 vol. ou plaq. in-8, in-12 ou in-16, brochés ou cart.

Mgr Darboy et M. l'abbé Lagarde. La Commune de Paris et le citoyen Blanqui, par l'abbé E. Pougeois. *Manuscrit autographe* daté du 28 juillet 1871 ; 51 pp. pet. in-4. — Message de M. l'abbé Lagarde, vicaire général à à Versailles, auprès de M. Thiers, pendant la Commune (1871). Mémoire rédigé par la sœur M. O. 1889, pap. vergé. — Paris, ses crimes et ses châtiments, par le R. P. Huguet. 1871. — Une semaine de la Commune de Paris, par l'abbé Ravailhe. 1883. — La Terreur et l'Eglise en 1871, par l'abbé Delmas. 1871. — Les martyrs de Picpus, par le R. P. Benoît Perdereau. 1872. — Actes de la captivité et de la mort des RR. PP. Olivaint, Ducoudray, Caubert, Clerc, A. de Bengy, par le P. Armand de Ponlevoy. 1871. — Etc.

1263. **Commune de Paris.** 8 vol., rel. ou cart.

Paris insurgé. Pièces et documents recueillis au jour le jour par A. de Balathier-Bragelonne. 1872 ; gr. in-8, fig. — Album photographique des ruines de Paris. Collection de tous les monuments et édifices, incendiés et détruits par la Commune de Paris. (1871) ; pet. in-18, oblong. — La vérité sur la Commune par un ancien proscrit (1882) ; gr. in-8, fig. — Paris sous la Commune, par un témoin fidèle : la photographie (1885) ; in-4 obl. — Histoire de la Commune de 1871 par de La Brugère (Arthème Fayard), *s. d.*, gr. in-8, fig. — Etc.

1264. **Commune de Paris.** 11 vol. in-12, rel. ou cart.

Guerre des Communeux de Paris, par un officier supérieur de l'armée de Versailles. 1871. — La guerre civile et la Commune de Paris en 1871, par J. d'Arsac. 1871. — Le Pilori des communeux..., par Henry Morel. 1871. — Les survivants de la Commune, par Charles Chincholle. 1885. — La Commune sanglante ou le legs incendiaire, par le Comte A. de La Guéronnière (1871). — Guide-recueil de Paris-brûlé. (Evénements de Mai 1871), photographies par Pierre Petit. — Etc.

1265. **Commune de Paris.** 13 vol. in-12, cart.

Les membres de la Commune et du Comité central, par Paul Delion. 1871. — La Commune et ses auxiliaires devant la justice, par Léonce Dupont. 1871. — Les hommes de la Commune. Biographie complète de tous ses membres, par Jules Clère. 1871. — Victor Hugo et la Commune, par Georges d'Heylli. 1871. — Journal d'un habitant de Neuilly pendant la Commune, par le même. 1872. — Les Francs Maçons et la Commune de Paris, par un Franc-Maçon. 1871. — Les Polonais et la Commune de Paris, par de Bélina. 1871. — Croquis révolutionnaires, par Por. 1872. — Etc.

1266. **Commune de Paris.** 12 vol. in-12, rel. ou cart.

Les 73 journées de la Commune, par Catulle Mendès. 1871. — Histoire des conspirations sous la Commune, par A.-J. Dalsème. 1872. — Les fauteurs de la Commune. MM. Thiers, Louis Blanc. 1887. — Histoire de la Commune, par Aug. Lepage. 1871. — Mémoires secrets du Comité central et de la Commune, par Jules de Gastyne. 1871. — Journal d'un officier d'ordonnance (juillet 1870-février 1871) [et Nouveau Journal... (La Commune)] par le Comte d'Hérisson. 1885-1889, 2 vol. — Etc.

1267. **Commune de Paris.** 6 vol. in-12, brochés ou cart.

Paris sous la Commune, par Edouard Moriac, précédé des commentaires d'un blessé, par Henry de Pène. 1871. — Histoire authentique de la Commune de Paris en 1871, par le Vicomte de Beaumont-Vassy. 1871. — La Commune de Paris, par Charles Virmaitre. 1871. — La Commune, par P. et V. Margueritte (1904). Histoire de la Commune de 1871 par Lissagaray. (1896). — Mémoires inédits du chef de la Sûreté sous la Commune, par P. Cattelain. (1900).

1268. **Commune de Paris.** 10 vol. in-12 et in-16, rel. ou cart.

Second siège de Paris. Le Comité central et la Commune. Journal anecdotique par Ludovic Hans. 1871. — Les 8 journées de mai, derrière les barricades, par Lissagaray. 1871. — Le siège et la Commune de Paris en 1871 par Gabriel Chausson. 1880. — La Commune. Deuxième siège de Paris par Frédéric Lock (1871). — Mémoires du Général Cluseret. Le second siège. 1887 ; 2 vol. — Etc.

1269. **Commune de Paris.** 7 vol. in-8 et in-12, cart.

Histoire critique de la Commune, par G. Morin. 1871. — Comment a péri la Commune, par P. Vésinier. 1892. — Le Communisme jugé par l'Histoire depuis son origine jusqu'en 1871, par Ad. Franck. 1871. — Les leçons du 18 mars, par E. de Pressensé. 1871. — Etude sur le mouvement communaliste à Paris en 1871, par G. Lefrançais. 1871. — Etc.

1270. **Commune de Paris.** 9 vol. in-8 et in-12, brochés ou cart.

Journal de l'insurrection du 18 mars et des événements qui l'ont précédée, par un spectateur philosophe. 1871. — Histoire intime de la révolution du 18 mars, par Philibert Audebrand. 1871. — Histoire de la révolution du 18 mars 1871, dans Paris, par le Comte de Montferrier. 1871. — Le 18 mars. Récit des faits... par Martial Delpit. 1872. — Histoire de la révolution du 18 mars, par Paul Lanjalley et Paul Corriez. 1871. — Etc.

1271. **Commune de Paris.** 8 vol. in-12 et in-16, cart.

Journal officiel de Paris pendant la Commune (20 mars 24 mai 1871), par Ch. Livet. 1871. — Les séances officielles de l'Internationale à Paris, pendant le siège et la Commune. 1872. — Les 31 séances officielles de la Commune de Paris. 1871. — Décrets et rapports officiels de la Commune de Paris et du Gouvernement Français à Versailles, du 18 Mars au 31 mai 1871 ; par le Dr E. Pierrotti. 1871, cartes. — Le dossier de la Commune devant les conseils de guerre. 1871. — Etc.

1272. **Commune de Paris.** 5 vol. in-12, cart.

Journal des journaux de la Commune. Tableau résumé de la presse quotidienne (du 19 mars au 24 mai 1871). 1872, 2 vol. — Histoire des journaux publiés à Paris pendant le siège et la Commune, par F. Maillard. 1871 (rousseurs). — Les publications de la rue. Bibliographie pittoresque et anecdotique, par le même. 1874. — Affiches. Professions de foi. Documents officiels. Clubs et Comités pendant la Commune, recueillis par le même. 1871.

1273. **Commune de Paris.** 40 brochures par Baudrillart, Ch. Desmaze, Delachenalle, F. Evrard, W. de Fonvielle, Barral de Montaud, J. Mottu, etc., la plupart publiées en 1871, gr. in-8, in-12 ou in-16.

1274. **Gambetta.** Sa vie, son œuvre, par Henri Thurat. *Paris*, (1883) ; in-12, port., cart. bradel demi-perc. verte, non rog., couv. cons. — Télégrammes militaires de Léon Gambetta (du 9 octobre au 6 février 1871) publiés par Georges d'Heylli. *Paris*, 1871 ; in-12, cart. — Les dicts et faicts du Chier Cyre Gambette le Hutin en sa court. Exposés par mon Sieur Nadar. 1881-1882 ; in-12, vign., broché, couv. imp. (*Envoi d'auteur*). — La Passion illustrée, sinon illustre, de N. S. Gambetta, selon l'Evangile de St (Charles) Laurent... par le même. *Paris*, (1882) ; in-12 carré, fig., broché, couv. imp. — Satyre Ménippée de la vertu du Catholicon de Rome et de la sainte ligue du Sacré-Cœur (par Jean Wallon). *Paris*, 1877 ; pet. in-8, broché. — Ens. 5 vol.

1275. **Les Murailles politiques françaises** depuis le 18 juillet 1870 jusqu'au 25 mai 1871. Affiches françaises et allemandes. (La Guerre. La Commune. Paris. Province). *Paris, Le Chevalier*, 1874 ; 2 vol. in-4, cart. bradel demi-perc. verte, tête jasp., non rog., couv. cons. — Les Murailles politiques d'Alsace-Lorraine... *Ibid., id.*, 1874 ; in-4, même cart. — Les Murailles politiques de la France pendant la Révolution de 1870-71... *Ibid.*, (1880) ; in-4, demi-rel. bas. fauve, tr. jasp. — Ens. 4 vol.

1276. **Souvenirs artistiques** du siège de Paris (1870-1871). Eaux-fortes par Maxime LALANNE. *Paris, Cadart et Luce*, (1871) ; titre orné et 12 planches. — Paris pendant le siège. Notes et eaux-fortes par MARTIAL. *Ibid., id.*, (1871) ; titre orné et 11 pl. — Paris sous la Commune. Par MARTIAL. *Ibid., id.*, (1871) ; 12 pl. — Paris incendié. Eaux-fortes par MARTIAL. *Ibid., id.*, (1871) ; front. et 11 pl. — St-Cloud brûlé. Eaux-fortes par F. PIERDON. *Ibid., id.* ; 12 pl. — Paris et ses avant-postes pendant le siège. *Ibid., id.*, (1871) ; 12 pl. — Autour de Paris après la guerre. *Ibid., id.* ; 12 pl. — Ens. 7 albums en 1 vol. in-fol., avec 85 eaux-fortes, cart. de l'éditeur, 1er plat des couv. ill. cons.

1277. **La Caricature politique en France**, pendant la guerre, le siège de Paris et la Commune (1870-1871), par Jean BERLEUX [Maurice QUENTIN-BAUCHART]. *Paris, Labitte*, 1890 ; gr. in-8, fig., demi-rel. veau fauve, dos orné, tête dor., non rog., couv. cons. — Envoi d'auteur.

On y joint : Chronique de France. Revue historique artistique et générale. Charles GOUX, directeur. *Lyon*, 1889 ; gr. in 8, fig. en noir et en coul., cart. bradel demi-perc. verte, non rog. couv. cons. (Seul numéro paru).

1278. **Draner**. Paris assiégé. Scènes de la vie parisienne pendant le siège, 1 album. — Souvenirs du siège de Paris. Les Défenseurs de la capitale, 1 album. — Les Soldats de la République. L'Armée française en campagne, 1 album. — *Paris, L'Eclipse, s. d.* ; ens. 3 albums in-4, en ff., dans les emb. de l'édit.

Chaque album renferme 1 titre et 31 planches coloriées. — Envoi d'auteur à chaque album. (Manque une pl. des *Souvenirs du siège*).

On y joint 10 images d'Epinal relatives à la guerre de 1870 et à la Commune.

1279. **Assemblée Nationale**. Enquête parlementaire sur les actes du Gouvernement de la Défense Nationale. — Dépositions des témoins, 4 vol. — Rapports des enquêteurs, 10 tom. en 9 vol. — Pièces justificatives, 2 vol. — *Paris, Germer-Baillière*, 1873-1875 ; ens. 15 vol. pet. in-4, cart. souple demi-toile noire, éb.

1280. **Les Convulsions de Paris**, par Maxime Du Camp. Quatrième édition. *Paris, Hachette*, 1879-1880 ; 4 vol. in-8, demi-rel. chag. grenat, tête dor., non rog.

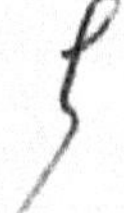

1281. **Paris**, ses organes, ses fonctions et sa vie, dans la seconde moitié du XIXe siècle, par Maxime Du Camp. Troisième édition. *Paris, Hachette*, 1874-1876 ; 6 vol. in-8, demi-rel. chag. grenat, tête dor., non rog.

1282. **Mélanges historiques**. 6 vol. in-8 et in-12, brochés ou cart.

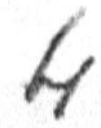

Trois ans à la Chambre, par S. Liégeard. 1873. — Le colonel Rossel. Sa vie et ses travaux, par E. Gerspach, 1873. — Mes cachots, par Ch. Lullier. 1881. — Mes souvenirs. Les boulevards de 1840 à 1871, par G. Claudin. 1884. — L'Amiral Courbet d'après ses lettres par F. Julien, 1889. — Champfleury, Courbet, Max Buchon, suivi d'une conférence sur Sainte-Beuve, par J. Troubat. 1900, fig. (*Envoi d'auteur*).

1283. **Mélanges politiques**. 6 vol. in-8 et in-12, brochés ou cart.

Au jour le jour, par le marquis de Biencourt. 1875. — L'Assemblée au jour le jour, du 24 mai au 25 février [1873] par C. Pelletan. 1875 (Envoi d'auteur). — Les députés et les cahiers électoraux de 1889, par E. Duguet. — Comment se fait la politique. Les dessous de l'affaire Norton, par E. Ducret. 1894. — Etc.

1284. **Petite Némésis**, par Albert Millaud (1869-1871). *Paris, Librairie des Bibliophiles*, 1872 ; in-16, cart. bradel papier, non rog., couv. cons. — Les Petites Comédies de la politique, par le même. *Ibid., Arnaud et Labat*, 1877 ; in-12, même cart. — Lettres du baron Grimm. Souvenirs, historiettes et anecdotes parlementaires (Mars-Août 1876), par le même. *Ibid., Calmann Lévy*, 1877 ; in-12, même cart. — Ens. 3 vol.

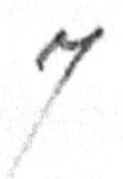

1285. **Audebrand** (Philibert). Nos Révolutionnaires (1830-

1880). *Paris, Frinzine*, 1886 ; in-8, cart., non rog., couv. cons. — Petits mémoires du XIXe siècle. *Ibid., Calmann Lévy*, 1892 ; in-12, cart. bradel demi-perc. ocre, non rog., couv. cons.

On y joint : La France et Paris, par Louis Lazare, 1872 ; in-8, cart. non rog., couv. cons. — Ens. 3 vol.

1286. **La Vie à Paris**, par Jules Claretie (de 1880 à 1884). *Paris, Havard, s. d.* ; 5 vol. in-12, demi-rel. chag. rouge, tête dor., non rog. — La Vie parisienne, par Parisis [Emile Blavet] (de 1885 à 1889). *Ibid., Ollendorff*, 1886-1890 ; 5 vol. in-12, brochés, couv. ill. — Ens. 10 vol.

1287. **Souvenirs littéraires.** 5 vol. in-12, brochés ou cart.

Trente ans de Paris. A travers ma vie et mes livres, par Alphonse Daudet, 1888, fig. — Souvenirs d'un homme de lettres, par le même (1888), fig. — Le Tiroir aux souvenirs, par Albéric Second, 1886. — Les Parisiens chez eux, par Jules Hoche, 1883. — Souvenirs de la vie parisienne, par Marcelin, 1888.

1288. **Mélanges littéraires.** 8 vol. in-12 et in-16, brochés ou cart.

Balzac intime... par L. Gozlan, s. d. — Pétrus Borel, le lycanthrope, sa vie, ses écrits, sa correspondance, poésies et documents inédits par J. Claretie, 1875 ; front. — Mémoires [et Nouveaux Mémoires des autres], par J. Simon, 1890-1891, 2 vol., fig. — Souvenirs de la vie littéraire... par E. Werdet, 1879. — Mémoires de G. Scheffer. (1919) ; 2 vol. — Introduction à mes mémoires, par G. Weill, 1890.

1289. **Mélanges littéraires.** 7 vol. in-12, cart.

Mémoranda, par J. Barbey d'Aurevilly, 1883 ; port. — Souvenirs d'un homme de lettres (1795-1873), par A. Jal, 1877. — Souvenirs et poésies diverses, par Ch. de La Rounat (1886). — Mes souvenirs (1830-1870), par Ch. Beslay, 1873. — Souvenirs littéraires, par E. Grenier, 1894. — Etc.

1290. **Mélanges historiques.** 6 vol. in-12, broches, rel. ou cart.

Histoire anecdotique du siècle, par Auguste Marcade, 1883. — L'Affaire Maubreuil, par Frédéric Masson, 1907. (2 lettres autographes de l'auteur ajoutées). — Anecdotes historiques du temps de la Restauration, par Baudouin, 1853. — Mémoires de Philarète Chasles, 1876 ; 2 vol. — Souvenirs et indiscrétions d'un disparu (1815-1891), par le baron de Plancy, 1891.

1291. **La France juive.** Essai d'histoire contemporaine, par

Edouard Drumont. Cinquième édition. *Paris, Marpon et Flammarion, s. d*; 2 vol. in-12, cart. bradel demi-perc. verte, non rog. (rousseurs). — La France juive devant l'opinion. *Ibid., id.*, 1886; in-12, même cart. — La Dernière bataille... *Paris, Dentu*, 1890; in-12, broché, couv. imp. — Ens. 4 vol.

1292. **Général Boulanger** (Le dossier du), par un curieux (G. Grison). *Paris, Librairie illustrée*, (1887); in-12, fig., cart. bradel demi-perc. rouge. — Le procès du général Boulanger. Rochefort-Dillon devant la Haute-Cour de Justice. *Paris, Librairie française*, 1889; in-12 carré, fig., cart. — Icono-bibliographie du Général Boulanger. Les chansons (1886-1890); in-12 carré, broché. — Revues et revuïstes, par Henry Buguet. *Paris, J. Lévy*, 1887; in-12, broché, couv. imp. — Ens. 4 vol.

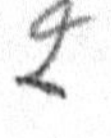

1293. **Incendie du Bazar de la Charité.** Dossier comprenant de nombreux journaux, revues, lettres de faire-part, etc., réunis dans un étui.

On y joint : Les Martyres de la Charité, par la comtesse D. de Beaurepaire de Louvagny. *Paris, Téqui*, 1897; in-8, portr., broché. — Mortes au champ d'honneur, par Paul Fesch. *Ibid., Flammarion, s. d.*, in 8, fig., broché. — La catastrophe du Bazar de la Charité (4 mai 1897). Historique.... Documents recueillis et mis en ordre par Jules Huret. *Ibid., s. d.*; in-8, fig., broché. — Ens. 1 dossier et 3 vol.

II. HISTOIRE PHYSIQUE ET NATURELLE

Flore, Faune, Carrières et Catacombes Eaux, Rivières et Ruisseaux, etc.

1294. **Flore et faune de Paris.** 5 vol. et 5 plaq. in-8 et in-12, brochés, rel. ou cart.

Flore des environs de Paris, ou distribution méthodique des plantes qui y croissent naturellement, par Thuillier. 1790. — Nouvelle flore des environs de Paris, avec l'indication des vertus des plantes usitées en médecine, par F.-V. Mérat. 1837; 2 vol. — Essai sur la flore du pavé de Paris, limité aux boulevards extérieurs..., par J. Vallot. 1884 ; pap. vergé. — Ornithologie parisienne, ou catalogue des oiseaux sédentaires et de passage qui vivent à l'état sauvage dans l'enceinte de la ville de Paris, par Nérée Quépat (René Paquet). 1874. — Les hôtes d'une maison parisienne. Animaux domestiques, commensaux et parasites vivant dans nos maisons, par Maurice Maindron. 1891 ; fig.

1295. **Mélanges.** 8 vol. ou plaq. in-8 et in-12, brochés, rel. ou dérel.

Discours sur la comète apparue sur la ville de Paris le 29 et 30 novembre 1618, 8 pp. — La Jubilation, ou la Ribotte des mariniers, maîtres pêcheurs,... et de tous les ouvriers de rivière sur la Seine, depuis le Port-à-l'Anglois jusqu'à St-Cloud. 1774 ; 16 pp. — Les Fêtes de l'Olympe, poème en deux chants, par B.-A. Bruleboeuf. 1810 ; 34 pp. — Paris tel qu'il a été, tel qu'il est et tel qu'il sera dans dix ans, par Ch. Lambert. 1808 ; 215 pp. — La Nymphe de la Seine et le chiffonnier, par M. Saint-Prix. 1827 ; 23 pp. — Etc.

1296. **Projet de catacombes** pour la ville de Paris, en adaptant à cet usage les carrières qui se trouvent tant dans son enceinte que dans ses environs (par Villedieu). *Londres et Paris*, 1782 ; in-8 de 27 pp., broché.

Très rare pièce.

On y joint : Mémoire instructif sur l'administration des carrières, par C.-A. Guillaumot. 1790 ; in-8 de 8 pp. — Mémoire sur les travaux ordonnée dans les carrières sous Paris..., par le même. (*Paris*, 1797) ; in-8 de 56 pp. — Le même mémoire, éd. de 1804 ; in 8 de 42 pp. — Réponse aux questions sur les travaux qui s'exécutent dans les carrières sous Paris et les environs, an X (1802) ; in-8 de 14 pp. — 7 pièces relatives aux attaques dont Guillaumot fut l'objet du fait de son administration des carrières. — Ens. 12 pièces.

1297. **Essai** sur les catacombes de Paris... (par Thomas Destruissart, curé de Gentilly), 1812 ; 29 pp. — Esquisse sur les catacombes de Paris, par L.-F. Hivert, 1860 ; 24 pp. — Les Catacombes, étude historique, par Paul Fassy, 1861 ; 60 pp., front. lithog. — Les Catacombes de Paris, par P.-L. Imbert, illustré de 20 planches hors texte par Paul Perrey, 1867 ; 54 pp. — Liste complète des inscriptions... gravées dans les Catacombes de Paris... par Abel Lemercier, 1882 ; 32 pp. (Tiré à 100 exempl.). — Les Catacombes de Paris... avec 6 gravures et 2 plans... par Emile Gérard, 1892 ; 209 pp. Etc. — Ens. 8 vol. ou brochures.

1298. **Description** des Catacombes de Paris, précédée d'un précis historique sur les Catacombes de tous les peuples de l'ancien et du nouveau continent, par L. Héricart de

THURY. *Paris et Londres*, 1815 ; in-8 de 368 pp. avec 8 pl. grav., cart. bradel demi-perc., non rog.

On y joint : Les Catacombes de Paris, ou projet de fonder une chapelle funéraire à l'entrée des Catacombes, avec une préface par M. de Cormenin. *Ibid.*, 1862 ; in-18, front., cart., non rog., couv. cons.

1299. **Carrières.** 4 brochures in-8 et in-4.

Mémoire sur l'examen de différentes pierres provenant des carrières des vallées avoisinant le canal de l'Ourcq, par JAY, 1832 (Extrait). — Anciennes carrières de Paris... par Eug. DE FOURCY, 1854 (Extrait). — Topographie et consolidation des carrières sous Paris, avec une description géologique et hydrologique du sol.... par J.-T. DUNKEL, 1882 ; 4 plans en coul. — La structure et le sol de Paris, par CAMILLE JULLIAN (Extrait). 1907.

1300. **Description** de divers fossiles trouvés dans les carrières de Montmartre, et vues générales sur la formation des pierres gypseuses, par R. de PAUL DE LAMANON, *S. l. n. d.* (1782) ; brochure in-4, avec 3 pl. grav.

Extrait du *Journal de physique*, mars 1782.

1301. **Eaux minérales.** 3 vol. et 1 plaq. in-8 ou in-12, dont 2 rel. et 2 dérel.

Traité des eaux minérales nouvellement découvertes au village de Passy, près Paris, par MOULLIN DE MARGUERY, 1723. — Observations expérimentales sur les eaux des rivières de Seine, de Marne, d'Arcueil, et de puits, et sur les filtres (par AMY), 1749. — Dissertation sur la nature des eaux de la Seine, par PARMENTIER, 1787. — Analyse chimique des eaux qui alimentent les fontaines publiques de Paris, par BOUTRON-CHARLARD et O. HENRY, 1848. (On a relié à la suite un mémoire manuscrit dû à M. A. Delacroix, sur la distribution de l'eau à Paris, formant 188 pp.).

1302. **Eaux minérales.** 7 brochures pet. in-8.

Exposé des principes et vertus de l'eau d'une source découverte à Vaugirard, dans le jardin de M. Le Meunié, 1769 ; 8 pp. — Analyse de l'eau non épurée et de celle épurée de Passy, 1806 ; 34 pp. — Analyse d'une eau sulfureuse située rue de Vendôme, au Marais (par E. BARRUEL), 1843 ; 16 pp. — Notice sur les eaux minérales ferrugineuses de Paris-Auteuil, par le Dr MIGON, 1862 ; 24 pp. — Etc.

1303. **Service des eaux de Paris.** 9 vol. ou plaq. in-4 ou in-8, brochés ou dérel.

Mémoire sur la possibilité d'amener à Paris, mille à douze cents pouces d'eau, belle et de bonne qualité, par M. DEPARCIEUX, (1762). — Prospectus de la fourniture et distribution des eaux de la Seine, à Paris, par les machines à feu, 1781. — Réponse du comte DE MIRABEAU, à l'écrivain des administrateurs de la Compagnie des Eaux de Paris. Seconde édition, 1786.

— Mémoire sur la nécessité et la manière de conserver à la ville de Paris l'administration de la Seine et rivières affluentes, par VAUVILLIERS. 1790. — Pétition des porteurs de quittances de portions d'actions de l'administration royale des Eaux de Paris, dites des Perriers (vers 1790). — Projet très intéressant pour la capitale (relatif aux services des eaux), par M. DE FORGE. 1791. — Etc.

1304. **Adduction d'eau**. Projet d'amener à Paris la rivière d'Yvette par feu Antoine DEPARCIEUX. Nouvelle édition, suivie d'un mémoire de M. PERRONET. *Paris*, *Jombert*, 1776 ; in-4, port. gravé, demi-rel. bas. anc. — Réflexions sur le projet de l'Yvette... par M. DE FER DE LA NOUERRE. *Paris*, 1786 ; in-8, broché. — Lettre d'un habitant du fauxbourg Saint-Marcel au curé de V... sur l'affaire de l'Yvette (vers 1788) ; plaq. in-8, demi-rel. chag. rouge. (Le titre manque). — Rapport du 9 floréal an X sur les moyens de fournir l'eau nécessaire à la ville de Paris, et particulièrement sur la dérivation des rivières d'Ourcq, de la Beuvronne, de l'Yvette et de la Bièvre, par L. BRUYÈRE. *Paris*, *Courcier*, 1804 ; in-4, cart., non rog. — Ens. 4 vol.

1305. **Canal** projeté pour la conduite des eaux des rivières de l'Yvette et de la Bièvre à Paris. (*Paris*, *Didot*, *Jombert*, 1788) ; in-4, pl., cart. bradel demi-vélin vert avec coins.

Extrait de l'*Architecture hydraulique* de PERRONET (pp. 137-154) avec 11 planches hors texte.

1306. **Distribution d'eau**. Mémoire pour servir d'introduction au devis général des ouvrages à exécuter pour la distribution des eaux du canal de l'Ourcq à l'intérieur de Paris, par P.-S. GIRARD. *Paris*, *Imp. Impériale*, 1812 ; in-4, veau rac., dos sans nerfs orné, bord. dor. sur les plats, tr. marb. (*Rel. de l'époque*). — Lettre de l'auteur ajoutée. — Recherches sur les eaux publiques de Paris, les distributions successives qui en ont été faites... par le même. *Ibid.*, *id.*, 1812 ; in-4, demi-rel. de l'époque, bas. verte, tr. jasp. — Ens. 2 vol.

1307. **Service des eaux de Paris**. 20 vol. ou plaq. in-4, in-8 et in-12, brochés ou cart.

Simple exposé de l'état actuel des eaux publiques de Paris, par P.-S. GIRARD. 1831. — Considérations sur le projet d'une distribution générale d'eau dans Paris, par F.-A. DELACROIX. 1831. — Documents relatifs aux eaux de Paris. 1861 ; carte collée sur toile. — Les eaux de Paris. Leur passé leur état présent, leur avenir, par Louis Figuier. 1862 ; carte. — Réponse aux adversaires des projets de la ville de Paris, par Robinet. 1862. — Dérivation de la Somme-Soude et du Morin, par E.-S. Dugué. 1862. — Les lavoirs de Paris, par J. Moisy. 1884 ; fig. — Etc.

1308. **Plan** d'ensemble de l'Atlas administratif des eaux de la ville de Paris. 1883. Extrait de la carte du département de la Seine au 1 : 25.000e. In-fol., demi-rel. bas.

16 plans en couleurs.

1309. **Les Fontaines de Paris**, anciennes et nouvelles, ouvrage contenant 66 planches dessinées et gravées au trait par M. Moisy, avec une dissertation sur les eaux de Paris, servant d'introduction, des descriptions historiques et des notes critiques et littéraires, par M. Amaury-Duval. *Paris*, 1813 ; in-folio, cart. de l'époque.

Divisé en 2 parties, contenant 6 pl. pour le 1er tome et 1 frontispice et 59 pl. pour le second ; ensemble 66 pl. finement gravées au trait.

1310. **Bains et fontaines de Paris.** 14 brochures ou opuscules in-4 ou in-8.

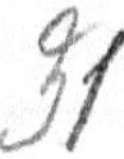

Ordonnances de police, concernant les bains dans la rivière, du 3 juin 1783. — Décret de la Faculté de Médecine sur les nouveaux bains établis à Paris sur le quai de la Grenouillère (1er août 1783). — Recherches sur les établissements de bains publics à Paris depuis le VIe siècle, par P.-S. Girard. 1832. — Lettre de M. M*** (Pierre-Jean Mariette). 1746. — Observations sur les nouvelles fontaines qui se construisent à Paris, par Goulet. 1806. — Une grande expérience, ou le puits de Grenelle, son histoire, ses accidents, par Azaïs. 1841. — Etc.

1311. **Rapport** sur les découvertes archéologiques faites aux sources de la Seine, par Henri Baudot. *Dijon et Paris*, 1845 ; in-4 carré, broché, couv. imp.

1 grand plan replié et 16 planches de monuments antiques, chacune à plusieurs sujets, lithographiés.

1312. **La Seine.** 7 vol. ou plaq. in-8, in-12 et in-16, brochés ou rel.

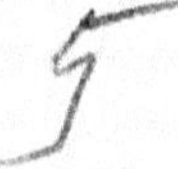

Notice historique sur le monument érigé par la ville de Paris aux sources de la Seine en 1867, par M. Larribe. 1868 ; front. — Le même ouvrage. 1869 ; front. — Note sur le monument des sources de la Seine, par Charles Lucas. 1869 ; fig. — La Seine, par Gustave Coquiot. 1894 ; in-18, broché. — Etc.

1313. **La Seine et ses bords**, par C. Nodier. Vignettes par

Marville et Foussereau. *Paris*, 1836 ; in-8, demi-rel. chag. vert, dos orné, tr. jasp. (mouillure). — Paris dans l'eau, par Eugène BRIFFAULT. Illustré par Bertall. *Paris, Hetzel*, 1844 ; pet. in-8 carré, cart. bradel demi-perc. brune, tr. jasp. — Ens. 2 vol.

1314. **La Seine à travers Paris**, par SAINT-JUIRS. Illustrée de 230 dessins et de 17 compositions en couleurs, par G. Fraipont. *Paris, Launette*, 1890 ; gr. in-8, demi-rel. veau fauve, dos orné, tête dor., non rog., couv. cons. — De Paris à la mer, par CONSTANT DE TOURS. *Paris, L.-Henry May*, 1897 ; in-4, fig., perc. brune, fers spéciaux. (*Cart. de l'éditeur*). — Ens. 2 vol.

1315. **La Seine**, par Gustave COQUIOT. *Paris, Librairie de l'Art*, (1896) ; plaq. in-8 carré, front. et vign., brochée, couv. imp.

Tiré à 100 exemplaires sur papier de Hollande.
On y joint : La Seine et les quais, par Gabriel HANOTAUX. *Paris, Daragon*, 1901 ; in-12, front. par Robida, broché, couv. imp.

1316. **Inondations de Paris**. 5 vol. et 5 plaq. in-4 et in-8 brochés.

Mémoire sur les inondations de Paris, par P. EGAULT. 1814. (Envoi d'auteur). — Rapport de MM. DELESSE, BEAULIEU et YVERT, au sujet de l'inondation souterraine qui s'est produite dans les quartiers nord de Paris en 1856. Plans. — Commission des inondations. Rapports et documents divers [par A. PICARD, NOUAILHAC PIOCH, MAILLET, BOREUX, Emm. ROUSSEAU, etc.] 1910 ; nomb. plans. — Paris inondé. La crue de janvier 1910. Introduction historique et notes. 1910 ; nomb. phototypies. — Les crues de Paris (VIe-XXe siècle), par Auguste PAWLOWSKI et Albert RADOUX. 1910 ; fig. — Etc.

1317. **Huysmans** (J.-K.). La Bièvre. — Les Gobelins. — Saint-Séverin. *Paris, Société de Propagation des Livres d'Art*, 1901 ; gr. in-8, broché, couv. imp.

Très beau livre tiré à 695 exemplaires num. sur papier vélin et orné d'une trentaine de compositions originales de A. Lepère, dont 4 eaux-fortes hors texte et 25 grandes vignettes sur bois, intercalées dans le texte.

1318. **La Bièvre**. 5 vol. et 5 plaq. in-8 et in-12, brochés ou cart.

La Bièvre, par J.-K. HUYSMANS. 1890 ; fig. (*Première édition française*).

— La Bièvre et Saint-Séverin, par le même. 1898. — Au bord de la Bièvre. Impressions et souvenirs, par Alfred Delvau. 1873. — Recherches et considérations sur la rivière de Bièvre, ou des Gobelins, et sur le moyen d'améliorer son cours par MM. Parent-Duchatelet et Pavet de Courteille. 1822. — La Bièvre. Nouvelles recherches historiques sur cette rivière et sur ses afluents, par S. Dupain. 1886 ; plan. — La Bièvre. Autrefois et aujourd'hui, par Anatole Béry. 1911 ; phototypies. — Etc.

1319. **Plan général du canal de Paris** projeté depuis l'arsenal jusqu'à Chaillot, par le sieur Boisson, ingénieur du Roy, suivant les ordres de la Cour. (*Paris*), *J.-F. Blondel, delineavit et sculpsit*, in-plano.

Plan dessiné et gravé par Blondel.

1320. **Projet** d'un canal de Saint-Denis à Pontoise, 1822.

6 lettres ou rapports manuscrits de Héricart de Thury, ingénieur en chef des mines, et d'Astier de Lavigerie, ingénieur en chef de la navigation en Seine-et-Oise, avec 2 cartes dessinées à la plume et à l'aquarelle.

1321. **Canaux et rivières**. 8 vol. ou plaq. in-4 ou in-8, brochés ou cart.

Mémoire sur les variations de la pente totale de la Seine dans la traversée de Paris... par M. de Prony. 1791. — Rapport de l'ingénieur en chef du canal de l'Ourcq (P.-S. Girard), à l'assemblée des Ponts et Chaussées. An XI (1803). — Devis général du canal Saint Martin [et Supplément] par le même. 1820-1821 ; 2 brochures. — Plan de Paris, avec détails de ses nouveaux embellissements, et divers embranchements des canaux de l'Ourcq et de l'Yvette, avec bassins... par M. B.-A.-H... (Houard-Dallier). 1813 ; tableaux et plans, pliés. — Mémoire pour Mgr le Duc d'Orléans, contre la ville de Paris (relatif au canal de l'Ourcq, par Dupin jeune, avocat). 1822. — Etc.

1322. **Geffroy** (Gustave). Les Bateaux de Paris. — Illustrations d'Eugène Béjot et Charles Huard ; gravures sur bois par J. Beltrand. *Paris*, 1903 ; pet. in-4 carré, en ff., couv. ill., dans un emboitage.

Beau livre, illustré de 14 belles eaux fortes, dessinées directement sur cuivre, en collaboration, par Eugène Béjot et Charles Huard, et de 10 vignettes d'Eugène Béjot, gravées sur bois par Jacques Beltrand.
Tiré à 184 exemplaires num. — Un des 150 sur papier vergé de Hollande à la cuve.

1323. **Navigation de la Seine et Ports de Paris**. 9 vol. ou plaq. in-8 ou in-12, brochés ou dérel.

Quittance pour l'acquittement des droits (relatifs au Port S. Paul). 1765. — Le port de Paris, hier et demain, par F. Maury. 1904. — Mémoire sur une ancre trouvée dans la Seine en 1837, par M. Jal. 1838. — Etude sur les droits de navigation de la Seine, de Paris à La Roche-Guyon, du

XIe au XVIIIe siècle, par G. GUILMOTO. 1889. — Ordonnance de police du 1er septembre 1848, concernant les ouvriers des ports. — Les ports de Paris, par Aug. PAWLOWSKI, avec 27 vues photographiques. 1910. — Etc.

1324. **Paris port de mer.** 18 brochures in-12 et in-8.

Lettre de MIRABEAU à David Leroy sur la possibilité de rendre Paris port... (vers 1797) ; 8 pp. — Lettres à M. Franklin sur la marine et particulièrement sur la possibilité de rendre Paris port... par David LEROY. 1790 ; 97 pp., avec 1 pl. grav. — Oui, Paris deviendra port maritime, par le chevalier BARRON. 1825 ; 16 pp. — Paris port de mer, (par P.-F.-X. BOURGUIGNON D'HERBIGNY). 1826 ; 83 pp. — Observations sur Paris port de mer... par DUPONT-BOISJOUVIN. 1827 ; 45 pp. — Paris port de mer, par A. DUMONT (vers 1865) ; 24 pp. — Rapport de Bouquet de La Grye sur le projet d'un canal maritime entre Paris et la mer et 10 brochures parues entre 1887 et 1890 sur ce sujet. — Etc.

1325. **Statistique.** 9 vol. ou plaq. in-4, in-8 ou in-12, brochés ou rel.

Coup-d'œil sur tout l'Univers et sur les siècles entiers, avec un calendrier des plus curieux et raisonné, enrichi d'observations également satisfaisantes et utiles et des plus intéressantes singularitez de Paris... par N. RAOUL, pour 1727 jusqu'à 1737. (Un des premiers essais de statistique). — Recherches statistiques sur la ville de Paris et le département de la Seine. 1826. — Rapport sur les résultats généraux du dénombrement de la population opéré en 1846 dans la ville de Paris et les autres communes du département de la Seine. 1847. — Etc.

1326. **Recherches statistiques sur la ville de Paris** et le département de la Seine. Recueil de tableaux dressés et réunis d'après les ordres de M. le Cte de Chabrol, préfet de la Seine. *Paris, C. Ballard*, 1821 ; pet. in-8, mar. bleu à long grain, dos plat orné au pointillé, fil. dor. et à froid sur les plats, dent. int., tr. dor. (*Purgold*).

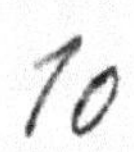

III. HISTOIRE TOPOGRAPHIQUE ET MONUMENTALE

1. *Topographie et Plans*

1327. **Tablettes parisiennes** qui contiennent le plan de la ville et des faubourgs de Paris, divisé en vingt quartiers, avec une dissertation sur ses aggrandissemens, et une table alphabétique..., par le S. Robert DE VAUGONDY. *Paris, chez* *l'auteur*, 1760. — Les Promenades des environs de Paris, en quatre cartes, avec un plan de Paris, précédées d'une description abrégée et historique des lieux qu'elles contiennent, par le même. *Ibid.*, *id.*, 1761. — Ens. 2 ouvr. en 1 vol. in-8, veau éc., dos orné, fil. sur les plats, bord. int. dor., tr. marb. (*Rel. anc.*).

Premier tirage.

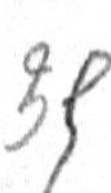

1328. **Mémoire historique et critique sur la topographie de Paris.** On y fait la critique de l'*Histoire de l'emplacement de l'ancien hôtel de Soissons*, par M. Terrasson, et de sa Dissertation sur l'enceinte de la Ville par Philippe-Auguste [par Pierre BOUQUET et M. DE VANNES]. *Paris, Lottin aîné*, 1771 ; XLVIII-330 pp. — Réfutation d'un Mémoire prétendu historique et critique sur la topographie de Paris... [par M. TERRASSON]. *Paris, imp. Michel Lambert*, 1772 ; 112 pp. — Addition à la réfutation du Mémoire prétendu historique et critique... *Paris, Cl. Simon*, 1773 ; 115 pp. — Ens. 3 ouvr. en 2 vol. in-4, le premier veau ancien, dos orné, tr. rouges ; l'autre en cart. bradel, non rog.

Le *Mémoire* rédigé par les avocats de la ville contre l'archevêque, au sujet d'une contestation relative à la vente des terrains de l'hôtel de Soissons, offre de nombreux et curieux extraits d'anciens registres, autres que ceux imprimés au tome III de Sauval.

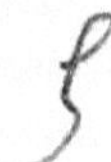

1329. **Paris tel qu'il étoit à son origine**, Paris tel qu'il est aujourd'hui ; par le citoyen COINTERAUX, professeur d'architecture rurale. *Paris, an* VII (1799) ; in-8 de 48 pp. et 48 pp., cart. bradel pap. fant. (*Rel. mod.*).

Curieux ouvrage dont « *l'objet principal est d'indiquer quels sont les embellissemens dont Paris est susceptible* ». — Il est orné de 2 plans in-folio, coloriés.

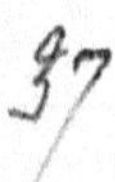

1330. **Etudes sur les transformations de Paris** par Eug. HÉNARD. *Paris, Motteroz*, 1903-1909 ; 8 fasc. in-8, couv. imp.

Ouvrage illustré de 49 planches hors texte.

1331 **Les anciens plans de Paris.** Notices historiques et topographiques, par Alfred FRANKLIN. *Paris, Willem*, 1878-1880 ; 2 tom. en 1 vol. pet. in-4, pap. de Holl., fig., demi-rel. chag. brun, dos orné, tête dor., non rog., couv. cons.

1332. **Notices sur les anciens plans de Paris.**

Le Paris du XVIIe siècle (Description et table du plan de Gomboust). *Paris, s. d.* ; in-8 de 73 pp. — Note sur le plan de Gomboust, par le baron J. Pichon. *Paris*, 1877 ; in-8 de 9 pp. — Un dernier mot sur le plan de Gomboust, par E. Marense. *Paris*, 1908 ; in-8 de 4 pp. — Description de la ville de Paris en relief, construit par Symphorien Caron. *S. l. n. d.*, in-8 de 9 pp. — Note sur le grand Plan de Paris, dit Plan des Artistes (1793-1808) par A Bruel. *Paris*, 1878 ; in-8 de 14 pp. — Les lettres de ratification hypothécaire, contribution à la topographie historique de Paris et du département de la Seine. *Paris*, 1903 ; in-8 de 14 pp. — Les plans cadastraux de la ville de Paris aux Archives nationales par Ernest Coyecque. *Paris*, 1909 ; in-8 de 45 pp. — Vieux Paris, vieux plans, par Edmond Beaurepaire. *Lille*, 1909 ; in-8 de 24 pp. — Notice sur le plan de Mathieu Mérian (1615) par Alfred Bonnardot, Parisien. *Paris, Taride* (1908) ; in-8 de 16 pp. — Ens. 9 pièces.

1333. **Paris sous les premiers Capétiens** (987-1223). Etude de topographie historique, par Louis Halphen. *Paris, Leroux*, 1909 ; 1 vol. in-8, fig., broché, couv. imp., et 1 album gr. in-4, en ff., dans un carton.

L'album renferme 11 grands plans gravés.

1334. **Franklin** (Alfred). Etude historique et topographique sur le plan de Paris de 1540, dit Plan de Tapisserie. *Paris, Aubry*, 1869 ; pet. in-8, pap. vergé, cart. bradel demi-cuir de Russie, tête dor., non rog., couv. cons.

1335. **Plan** de Paris sous le règne de Henri II, par Olivier Truschet et Germain Hoyau. Reproduit en fac-simile d'après l'exemplaire unique de la bibliothèque de Bâle, par Hoffbauer. (*Paris*, 1877) ; in-fol., carton d'éditeur.

Ce plan comprend 8 planches fac-simile.

1336. **Le plan de la ville**, Cité, Univercité et fauxbourgs de Paris. *Paris, Nicolas Bérey*, 1641.

Extrait de l'édition de 1660 de la *Topographiæ Galliæ* de Mathieu Zeiller, accompagné de l'explication des 793 renvois.

1337. **Plan de Paris en 1620**, [gravé par Mathieu Mérian]. In-fol. de 8 pp. et 4 plans gravés repliés, demi-veau fauve. (*Rel. mod.*).

Photographie (22×17), de cet ancien plan, très rare, où les maisons sont figurées, et qui est orné des portraits de Louis XIII, d'Anne d'Autriche et de leurs deux fils.

1338. **Plan de Paris** dressé géométriquement en 1649 et publié par Jacques GOMBOUST, avec le texte, les vues et les ornements qui accompagnent quelques exemplaires, augmenté d'une feuille d'assemblage pour faciliter les recherches, gravé en fac-simile par Lebel et publié par la Société des Bibliophiles françois. *Paris*, *Techener*, 1858, gr. in-folio, cart. bradel demi-rel. perc. grise.

Ce plan comprend 11 planches gravées.

On y joint : Notice sur le plan de Paris de Jacques Gombourt, avec le discours sur l'antiquité, grandeur, richesse, gouvernement de la ville de Paris, par P. P. et une table alphabétique indiquant les rues, les ponts, les portes, les églises, les couvents, les collèges, les palais, les hôtels et maisons remarquables. *Paris, Techener*, 1858 ; in-8, mar. bleu, 3 fil. dor., fil. int., non rog., tr. dor.

Un des 5 exemplaires tirés sur peau de vélin du plan et de la notice, sans le texte in-fol.

1339. **Plan de Paris** dressé géométriquement en 1649 et publié en 1652, par Jacques GOMBOUST, avec le texte, les vues et les ornements qui accompagnent quelques exemplaires, augmenté d'une feuille d'assemblage pour faciliter les recherches, gravé en fac-simile par Lebel et publié par la Société des Bibliophiles françois. *Paris*, *Techener*, 1858 ; gr. in-fol., demi-rel. chag. rouge.

Ce plan comprend 11 planches gravées.

On y joint : Notice sur le plan de Paris de J. Gomboust..., avec le discours sur l'antiquité, grandeur, richesse, gouvernement de la ville de Paris, par P. P. et une table alphabétique indiquant les rues, les ponts, les portes, les églises, les couvents, les collèges, les palais, les hôtels et maisons remarquables, *Paris, Techener*, 1858, pet. in-8, demi-rel. veau fauve.

Tiré à 273 exemplaires.

1340. **Plan** de Paris monumental en 1653, par Jacques GOMBOUST. Reproduction fac-simile, *s. d.* (*Taride*, 1905) ; gr. in-fol. de 9 ff., cart. bradel demi-toile rouge avec coins.

1341. **Plan de Paris**, commencé l'année 1734, dessiné (et levé par Louis BRETEZ) et gravé (par Claude LUCAS, écrit par Aubin) sous les ordres de messire Michel-Etienne Turgot..., conseiller d'Etat, prévôt des marchands. *S. l. n. d.* (*Paris*, 1740) ; gr. in-fol., mar. rouge, dos fleurdelisé, bord. fleurdelisée et armes de la ville de Paris sur les plats, dent. int., tr. dor. (*Rel. anc.*).

Premier tirage. — Renferme 1 tableau d'assemblage et 19 planches pliées, dont une double. Petite réparation à la planche 18.

1342. **Paris au XVIIIe siècle.** — Plan de Paris en 20 planches, dessiné et gravé sous les ordres de Michel-Etienne Turgot, Prévôt des Marchands. Commencé en 1734, achevé de graver en 1739. Levé et dessiné par Louis Bretez. *Paris, Taride, s. d.* (1908) ; in-fol., en ff., couv. imp., dans un étui.

4 pages de texte par A. Bonnardot, avec un tableau d'assemblage et 20 feuilles doubles reproduisant en fac-similé le plan dit de Turgot.

1343. **Plan topographique et raisonné de Paris.** Dédié et présenté à Mgr le Duc de Chevreuse, par les sieurs Pasquier et Denis, graveurs. *Paris, chez Pasquier*, 1758 ; in-12, veau marb., dos orné, tr. rouges. (*Rel. anc.*).

Livre entièrement gravé, renfermant 40 plans pour les quartiers de Paris et 3 grands plans généraux de Paris et de ses environs, pliés, *coloriés* ; il est orné de jolies vignettes, formant en-têtes et culs-de-lampe, dessinées et gravées par Pasquier. (Petit morceau coupé au titre).

1344. **Plan de la ville** et fauxbourgs de Paris, divisé en 20 quartiers, par Deharme. *Paris*, 1763 ; in-fol. oblong, mar. citron, dos orné, petite dent. encadrant les plats avec fleur de lis aux angles, tr. rouges. (*Rel. de l'époque*).

« Volume assez rare (Brunet, suppl., 357) » renfermant 35 planches, dont un frontispice de Monnet, gravé par Petit, et 14 feuillets de texte gravé.

1345. — *Le même ouvrage. Paris, Desnos*, 1766 ; in-4, demi-rel. veau brun, dos orné, tr. rouges. (*Rel. de l'époque*).

Nouvelle édition, corrigée, augmentée d'un plan général replié, et ornée par l'éditeur de 6 jolies figures, dont 5 en médaillon par G. de Saint-Aubin et Gravelot, extraites des *Etrennes françoises, dédiées à la Ville de Paris, pour l'année jubilaire du règne de Louis le Bien-Aimé.*

1346. — *Le même ouvrage. Paris, Desnos*, 1777 ; in-4, demi-rel. veau brun, dos orné, tr. rouges. (*Rel. de l'époque*).

Nouvelle édition, corrigée, contenant, outre les 35 planches de l'édition primitive, le plan général gravé par Perrier.

1347. **Plan** de la ville de Paris en 1789. — Plan de la ville de Paris, période révolutionnaire (1790-1794), avec la division de Paris en 48 sections. (*Paris*, 1889) ; ens. 2 plans mesurant chacun, 1 m. sur 0 m. 74, imp. en couleurs entoilés, étuis toile verte.

« Ces plans ont été exécutés conformément à la décision prise par le Conseil municipal de Paris dans sa séance du 30 décembre 1887. Le plan qui a servi

de base à ce travail est le plan d'Edme Verniquet (1789), *réduit à l'échelle de un dix millième* ».

1348. **Plan de la Ville** et Faubourg de Paris, divisé en ses 48 sections, décrété par l'Assemblée Nationale le 22 juin 1790, et sanctionné par le Roi. (*Paris*, 1790) ; entoilé, étui.

Plan de 97 × 62, *colorié*, avec une table des sections et des rues. « *Ce plan est le seul que l'Assemblée Nationale a accepté pour la division des sections.* »

1349. **Nouveau Plan** routier de la ville et fauxbourgs de Paris, avec ses principaux édifices et nouvelles barrières, par M. Pichon, ingénieur géographe. *Paris, Esnauts et Rapilly*, 1797 ; in-plano.

Plan gravé par Glot et Voyssard, *colorié*, orné de vignettes représentant les principaux monuments de Paris.

1350. **Nouveau Plan routier de la Ville** et Fauxbourgs de Paris, avec ses principaux édifices et nouvelles barrières, par M. Pichon, ingénieur géographe. Corrigé et augmenté en l'an 9. *Paris, Esnault, an* 10 (1802) ; entoilé, étui.

Grand plan de 1 m. 46 sur 1 m. gravé par Glot, colorié, avec une table des rues et encadré de gravures représentant les principaux monuments de Paris.

1351. **Plans de Paris** du XVIIIe siècle. 7 plans entoilés et repliés, dans des étuis.

Plan de Paris, mis en carte géographique du royaume de France divisé par les gouvernements des provinces, par M. T. [Teisserenc]. *S. l. n. d.* (*Paris*, 1754) ; plan de 70 cent. sur 63. — Nouveau Plan Routier de la Ville et Faubourgs de Paris. *Paris, Esnauts et Rapilly*, 1774 ; plan de 81 cent. sur 53, avec table des rues. — *Le même*, éd. de 1776. — *Le même*, éd. de 1789, plan de 80 cent. sur 56. — Plan routier de la ville et faubourg de Paris. *Paris, Lattré*, 1778 ; plan de 76 cent. sur 54, *colorié*, avec table des rues. — Nouveau Plan de Paris, avec les augmentations et changemens qui ont été faits pour son embellissement, fait par M. Brion de la Tour, ingénieur géographe du Roi. *Paris, Campions frères*, 1783 ; plan de 81 cent. sur 57 avec table des rues. — Plan de la Ville et Faubourg de Paris avec tous ses accroissements et la nouvelle enceinte des barrières de cette capitale. *Paris, Mondhare et Jean*, 1788 ; plan de 97 cent. sur 63, avec table des rues.

1352. **Plans de Paris.** Collection d'environ 80 plans de Paris et des environs, anciens ou modernes, de divers formats, in-4, in-fol. ou in-plano, parmi lesquels une quinzaine gravés aux XVIIe et XVIIIe siècles, dont plusieurs avec motifs ou encadrements, et quelques-uns coloriés.

On y joint : Tableau indicatif des jours de départ de Paris, des courriers et messageries royales... Janvier 1823 [et 1830] ; 2 placards in-fol.

1353. **Atlas du plan général** de la Ville de Paris levé géométriquement par le C. VERNIQUET. Rapporté sur une échelle d'une demie (*sic*) ligne pour Toise. Divisé en 72 planches, compris les cartouches et plan des opérations trigonométriques. Dessiné et gravé par les C. Bartholomé et Mathieu. *Paris*, *an* IV ; gr. in-fol., monté sur onglets, demi-rel. mar. rouge.

Titre orné d'un plan en couleurs et 72 planches doubles, dont plusieurs historiées.

1354. **Plan de la ville de Paris**, dressé géométriquement d'après celui de La Grive, avec ses changements et augmentations, par MAIRE. *Paris*, 1803, in-8, demi-rel. veau vert. (*Rel. de l'époque*).

Première édition, avec 21 planches *coloriées*, et un titre gravé.

1355. — *Le même ouvrage*, sous le titre : La Topographie de Paris, ou plan détaillé de la ville de Paris et de ses faubourgs. *Paris*, 1808 ; in-8, demi-rel. veau brun. (*Rel. de l'époque*).

Nouvelle édition, avec 21 planches, et les nouveaux noms de rues ordonnés par le décret impérial de mai 1806.

1356. — *Le même ouvrage*, sous le titre : Topographie de Paris, ou Atlas topographique et statistique du plan géométral de la ville de Paris, avec le tracé des alignements arrêtés par le gouvernement. *Paris*, 1813 ; in-8, demi-rel. veau fauve. (*Rel. romantique*).

Nouvelle édition, avec 22 planches, et une Notice « *sur les accroissements et embellissements de la ville de Paris depuis Jules César jusqu'à nos jours.* »

1357. — *Le même ouvrage*, sous le titre : La Topographie de Paris, ou atlas topographique et statistique du plan géométral de la ville de Paris, revu et augmenté. *S. l.*, 1824 ; in-8, demi-rel. veau vert. (*Rel. de l'époque*).

Nouvelle édition, avec 24 planches, dont 2 nouvelles « *nécessitées par la clôture du sud.* »

1358. **Plan de Paris**, nouveau et réduit géométriquement, s'étendant au-delà de ses limites fixées depuis le règne de Napoléon Ier, où divers embranchemens des canaux de l'Ourcq et de l'yvette, avec bassins pour ports et gares, sont cotés et figurés. Troisième édition, par M. B.-A. H*** [Benoît-André HOUART-DALLIER]. *Paris*, 1811 ; in-4, cart. bradel pap. fant., non rog., couv. cons. (*Rel. mod.*).

Ouvrage d'un ingénieur des Ponts-et-Chaussées, accompagné de 4 planches gravées, dont une vue du pont de la Cité, et un plan du canal de l'Ourcq.

1359. — *Le même ouvrage*. Troisième édition. *Paris, Demoraine et Debray*, 1812 ; in-4, cart. bradel pap. fant., non rog., couv. cons.

1360. **Plan de Paris** avec détails historiques de ses agrandissements et de ses embellissements, depuis Jules César jusqu'à ce jour..., par B.-A.-H. DEVERT, architecte. *Paris, Demoraine et Debray*, 1817 ; in-4, cart. de l'époque.

Abrégé historique, orné d'un plan de Paris replié, colorié, de 2 plans, et d'une carte du canal de l'Ourcq.

1361. **Atlas général des 48 quartiers** de la Ville de Paris. Dédié à M. le Comte Chabrol de Volvic, dressé et publié avec son autorisation par Ph. VASSEROT et BELLANGER. (*Paris*, 1827-1836) ; 3 albums in-fol., demi-rel. bas.

55 plans (se dépliant) numérotés à l'encre de 1 à 27 et de 36 à 59, comprenant 35 quartiers. (Les plans des autres quartiers n'ont pas été levés). On a dressé sur ces cartes le plan géométral de toutes les maisons, avec le numérotage qui a été presque partout changé depuis ; on y voit les cours, jardins, puits, etc. ; c'est le plus détaillé de tous les plans de Paris.

1362. **Petit Atlas pittoresque** des quarante-huit quartiers de la ville de Paris, par A.-M. PERROT, ingénieur. *Paris, E. Garnot*, 1834 ; in-4, demi-rel. veau brun, dos orné. (*Rel. de l'époque*).

Atlas de 48 planches gravées, *coloriées*, ornées du monument le plus remarquable de chaque quartier.

1363. **Atlas pittoresque** du Département de la Seine, comprenant les 48 quartiers de la Ville de Paris et des deux arrondissemens ruraux de Sceaux et de Saint-Denis, dressé... par Messieurs PERROT et MONIN, ingénieurs-géographes. *Paris, Garnot*, 1836 ; in-4, cart. demi-toile grise.

Atlas de 57 planches gravées, ornées chacune d'une petite vignette gravée représentant un monument ou une jolie vue.

1364. **Plans de Paris** au XIXe siècle, jusqu'en 1860 ; 10 plans dont 6 entoilés, dans des étuis ou sous cartonnage.

Nouveau plan routier de la ville et fauxbourgs de Paris. *Paris, Esnauts, an* 10 (1802) ; plan de 0 m. 80 sur 0 m. 55, *colorié*, avec table des rues. — Nouveau plan routier de la ville et faubourgs de Paris. Divisé en 12 arrondissements. *Paris, Esnauts, an* 11 (1803) ; plan de 1 m. 10 sur 0 m. 67 ; *colorié avec table des rues*. — Plan de la ville et fauxbourgs de Paris, divisé en 12 municipalités. *Paris, Jean*, 1810 ; plan de 0 m. 80 sur 0 m. 55, *colorié*, avec table des rues. — Plan routier de la ville de Paris et de ses faubourgs, où se trouvent indiqués tous les changements opérés jusqu'à ce jour, divisé en 12 mairies municipales et par quartiers. Revu et corrigé par Amédée Martin. *Paris, Esnault*, 1815 ; plan de 0 m. 80 sur 0 m. 55, colorié, avec table des rues. — Nouveau plan de la Ville de Paris, divisé en 12 arrondissements, dressé par Richard et gravé par Bonnet. *Paris, Troude*, 1830 ; plan de 0 m. 80 × 0 m. 52. — Plan de la Ville de Paris, divisé en 12 arrondissements et 48 quartiers. *Paris, Goujon et Andriveau*, 1832 ; plan de 0 m. 98 × 0m. 55, *colorié*. — Plan routier de la Ville de Paris, divisé en 12 arrondissemens et 48 quartiers. *Blaisot*, 1833 ; plan de 0 m. 56 × 0 m. 40. — Nouveau plan de Paris fortifié. *Paris, P. Marie et A. Bernard*, 1849 ; plan de 0 m. 87 × 0 m. 59, *colorié*. — Plan panorama de Paris fortifié, avec illustrations, par Lallemand, géographe. *Paris*, 1855 ; plan de 0 m. 88 × 0 m. 62, *colorié*. — Plan géométral de la Ville de Paris, dressé par X. Girard, géographe des Postes, gravé par Thuillier. *Paris, Andriveau-Goujon*, 1856 ; plan de 1 m. 23 sur 0 m. 92, *colorié*.

1365. **Plans de Paris** du XIXe siècle, après 1860, 12 plans.

Plan comparatif des anciens et des nouveaux arrondissements de Paris. *Paris, Andriveau-Goujon*, 1859 ; plan de 124 × 80, imp. en couleurs, entoilé, cart. toile grenat. — Plan géométral de Paris et de ses agrandissements, à l'échelle d'un millimètre pour 10 mètres. *Paris, Andriveau Goujon*, 1860 ; plan de 144 × 95, imp. en couleurs, entoilé, cart. toile brune. — Plan de Paris, supérieur et complet en 20 arrondissements. *Paris, Bernardin Béchet*, 1866 ; plan de 88 × 62, colorié, replié. — Les Vingt arrondissements de Paris, par L. Thuillier. *Paris, Hachette*, 1878 ; in-8 de 39 pp., illustré de 22 plans, broché. — Le même, éd. de 1889 ; in-12 de 59 pp. et 23 cartes en couleurs, cart. — Paris-Rapide, guide instantané des omnibus, tramways, monuments, etc. *Paris, Tardieu*, 1881 ; in-24, 2 cartes, cart. de l'éditeur. — Nouveau Plan de Paris divisé en 20 arrondissements, avec le plan de l'Exposition de 1889, dessiné et gravé par L. C. Gigon. *Paris, L. Joly* (1888) ; plan de 36 × 27, imprimé en couleurs, replié sous cart. de l'éditeur. — Plan Bijou de Paris par Agnus aîné. *Paris*, 1889 ; plan de 44 × 35, imprimé en couleurs, accompagné d'un Dictionnaire des rues, sous cart. de l'éditeur. — Etc.

1366. **Nouveau plan de Paris** illustré, contenant une revue chronologique sur Paris, une notice historique des principaux monuments de la capitale, un guide indicateur des acheteurs donnant aux étrangers les noms, professions et adresses des principaux commerçants de Paris, par M. Leynadier. *Paris, H. Morel*, 1855 ; in-8, cart. de l'éditeur, non rogné.

Illustré de 12 plans repliés gravés par Saunier d'après Ernest Lebrun.

1367. **Atlas général** de la ville, des faubourgs et des monuments de Paris, par Th. Jacoubet, architecte, gravé par V. Bonnet. Dédié et présenté à M. le comte de Chabrol de Volvic. Ecrit par Hacq, graveur... *Paris*, 1836, 54 plans à l'échelle du 2000e, entoilés, dans un portefeuille dos bas. fauve.

1368. **Atlas administratif et municipal** des vingt arrondissements de la Ville de Paris. Publié d'après les ordres de M. le baron Haussmann, continué par les soins de MM. Fauve, Beck, Taxil. *Paris*, 1868-1905, 10 albums in-fol., plans rubriqués, demi-rel. chag. vert et noir.

Années 1868, 1870, 1876, 1878, 1885, 1888, 1895 (2 ex.), 1900, 1905.

---

2. *Enceintes et Fortifications*

1369. **Portes** de l'Enceinte de Paris sous Charles V (1380), d'après le plan publié par la ville, par Auguste-Alexandre Guillaumot. *Paris, imp. Capiomont et Renaut*, 1879 ; gr. in-4, cart. bradel demi-perc. verte, non rog.

Atlas de 20 planches gravées sur acier par Guillaumot père.

1370. **La Tour de Nesle.** 1 brochure in-8 et 1 vol. in-16, cart.

Histoire de la Tour de Nesle, par B. Lunel. 1839. — Mystères et catastrophes sanglantes de la tour et du château de Nesle au XIVe siècle. 1842 ; vign. sur bois.

1371. **Articles et conditions** accordées par le Roy en son conseil, pour le parachèvement de la closture et adjonction à la Ville de Paris des Faux-bourgs sainct Honoré, Mont-Martre, et la Ville-Neusve. *Paris, Pierre Des-Hayes*, 1634 ; in-4 de 28 pp., dérel.

1372. **Vente des matériaux** provenant de la Démolition de la Porte de la Conférence. *Paris, imp. Le Mercier*, 1730 ; placard in-4 de 2 pp.

Pièce non signalée par Berty (*Topogr.*, I, 322).

1373. **Mémoire pour la Ville de Paris** au sujet des anciens remparts entre les Portes Saint-Victor et Saint-Bernard. *Paris, Lottin l'aîné*, 1769 ; in-4 de 144 pp., dérel.

Il y est justifié, au nom du prévôt des marchands et des échevins, contre l'inspecteur général du domaine du roi, que la propriété de ces remparts appartient à la ville de Paris.

1374. **Anciennes enceintes de Paris.** 6 brochures in-12 et in-8.

Réclamation d'un citoyen contre la nouvelle enceinte de Paris élevée par les Fermiers généraux (par DULAURE). 1787. — De l'importance dont Paris est à la France, mémoire inédit du maréchal de VAUBAN. 1821. — Notice sur les anciennes enceintes de Paris, par RAMOND DU POUJET. 1826. — De l'enceinte du faubourg septentrional de Paris... (par Fernand BOURNON). 1886. — Etc.

1375. **Vues des Barrières de Paris.** *S. l. n. d.* (*vers* 1790) ; 10 figures *en couleurs*, in-8 en largeur, non signées, réunies sous un cadre or uni mesurant 1 m. 10 de hauteur sur 0 m. 51 de largeur.

Ces estampes, portant en haut à droite, un n° d'ordre (n°s 1 à 7, 9, 11 et 12) représentent les barrières de Bercy, Charenton, Reuilly, Picpus, de Saint-Mandé, du Trône, de Montreuil, des Rats, des Trois Couronnes et de Belleville (5 de ces pièces sont coupées au trait carré).

1376. **La Ceinture de Paris**, ou recueil des barrières qui entourent cette capitale, par J.-L.-G.-B. PALAISEAU. (*Paris*), 1819-1820, in-fol., cart., non rog.

48 planches finement dessinées et gravées au trait représentant les barrières de Bercy, Charenton, Reuilly, Picpus, St-Mandé, Vincennes, Montreuil, Charonne, des Rats, d'Aulnay, des Amandiers, de Ménilmontant-des 3 Couronnes, de Belleville, de la Chopinette, des Vertus.... de Mousseaux, du Roule..., des Bassins, de Ste-Marie..., des Paillassons, de la Cunette, de l'Oursine, etc., etc.

1377. **Etablissement des Fortifications de Paris** (1841-1846). 5 vol., 19 brochures et 1 plan entoilé.

Considérations sur la Défense nationale et sur le rôle que Paris doit jouer dans cette défense. 1833. — Paris fortifié, seule et incontestable garantie de l'indépendance de la France, par le général baron de RICHEMONT. 1836. — De la défense du territoire : Fortifications de Paris. 1840. — Du projet des fortifications de Paris, par A. DELHOMME. 1840. — Opinion du lieutenant-général d'artillerie vicomte TIRLET sur les fortifications de Paris. 1840. — De la Défense de Paris, par le général RÉMOND. 1840. — Sur la fortification de Paris, par le général PELET. 1841. — Paris-France [par le comte de BEAUMONT-ROCHEMURE]. 1841. — Rapport fait au nom de la commission chargée de l'examen du projet de loi tendant à ouvrir un crédit de 140 millions pour les fortifications de la ville de Paris, par M. THIERS. 1841. — Sur les fortifications de Paris, par M. ARAGO. 1841. —

De la Défense de Paris, par le lieutenant-général baron Thiébaut. 1841. — Paris, ses châteaux forts, son enceinte continue, et les gens qui en ont peur, par M. Simonot. 1844. — Plan avec le système des fortifications. 1847. — Etc.

1378. **Les Barrières de Paris.** 2 vol. in-12, brochés, couv. imp.

L'Eclaireur des Barrières..., par Auguste R***. 1841. — Le Guide du promeneur aux Barrières..., par B.-R. 1855 ; vign. sur bois.

1379. **Histoire anecdotique des Barrières de Paris**, par Alfred Delvau, avec 10 eaux-fortes par Emile Thérond. *Paris, Dentu*, 1865 ; in-12, cart. bradel mar. rouge, tête dor., non rog., couv. cons.

Edition originale. — Bel exemplaire auquel on a joint une intéressante lettre autographe d'Alfred Delvau à l'éditeur Dentu, relative à cet ouvrage, et 2 lettres autographes à l'aquafortiste Thérond.

1380. **Etudes archéologiques sur les anciens plans de Paris** des XVIe, XVIIe et XVIIIe siècles, par A. Bonnardot, Parisien. *Paris, Deflorenne*, 1851. — Dissertations archéologiques sur les anciennes enceintes de Paris, suivies de recherches sur les portes fortifiées qui dépendaient de ces enceintes. Par A. Bonnardot, Parisien. *Paris, Dumoulin*, 1852 ; 2 ouv. en 1 fort vol. in-4, demi-rel. mar. La Vallière avec coins, tête dor., non rog.

Bel exemplaire de ces importants ouvrages, tirés chacun à 200 exemplaires, et illustrés de 13 planches lithographiées.

1381. **Documents relatifs à l'extension des limites de** Paris. *Paris, Mourgues*, 1859 ; in-4, cart. bradel perc. brune, non rog.

Publication de la Préfecture de la Seine, avec un grand plan replié, imprimé en couleurs, « *indiquant les modifications de circonscriptions territoriales nécessitées par l'extension des limites de Paris* ».

1382. **Fortifications** de Paris pendant et depuis la guerre de 1870-1871 ; 3 vol. in-8, cart., non rog., et 8 brochures in-12 et in-8.

Les nouveaux forts de Paris... 1874. — Le camp retranché de Paris, par Quillet Saint-Ange. 1882 — Paris et ses fortifications, par Eug. Ténot. 1880. — Brochures par Georges Picot, Yves Guyot, L. Vandevelde, etc.

1383. **Accroissements de Paris.** 2 vol. et 4 brochures in-4, in-8 et in-12.

Mémoire sur les différens accroissemens de la ville de Paris depuis César jusqu'à présent, par Robert DE VAUGONDY. *Paris*, 1760. — Plan de Paris avec détails de ses nouveaux embellissements. *Ibid.*, *Demoraine et Debray*, 1813. — Coup d'œil général sur les accroissements de Paris. *S. l.* (*vers* 1824). — Notice sur les accroissements et embellissemens successifs de Paris, par J.-N. BIDAULT. *Ibid.*, (1846). — Extension des limites de Paris d'après la loi du 16 juin 1859. *Ibid.*, *Durand*. — Histoire des agrandissements de Paris, par Auguste DESCAURIET. *Ibid.*, *Sartorius*, 1860.

---

3. *Rues et Voies publiques*

a) Généralités. Histoires et Dictionnaires Monographies de certaines voies

1384. **Les Rues de Paris.** Paris ancien et moderne, origines, histoire, monuments, costumes, mœurs, chroniques et traditions. Ouvrage rédigé par l'élite de la littérature contemporaine sous la direction de Louis LURINE. *Paris*, *Kugelmann*, 1844 ; 2 vol. gr. in-8, perc. violette, fers spéciaux sur le dos et les plats, tr. dor. (*Cart. de l'éditeur*).

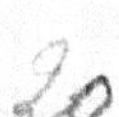

Ouvrage orné de 2 frontispices par Célesin Nanteuil et Edouard de Beaumont et de 300 gravures sur bois dans le texte.

On y joint : Les Rues de Paris, ou Paris chez soi. Paris ancien et nouveau, historique, monumental et pittoresque, orné de 200 gravures sur bois, par Pierre ZACCONE. *Paris*, *Boizard*, (1860) ; gr. in-8, cart. bradel demi-perc. verte, non rog., couv. cons.

1385. **Les Rues du vieux Paris.** Galerie populaire et pittoresque, par Victor FOURNEL. *Paris*, *Firmin-Didot*, 1879 ; fort vol. in-8, demi-rel. mar. rouge avec coins, dos orné, tête dor., non rog., couv. cons.

Premier tirage de cet ouvrage illustré de 165 gravures sur bois.

1386. **Enigmes des Rues de Paris**, par Edouard FOURNIER. *Paris*, *Dentu*, 1860. — Chroniques et légendes des Rues de Paris, par le même. *Ibid.*, 1864. — L'Esprit dans l'Histoire, 3e édition, par le même. *Ibid.*, 1867. — L'Esprit des autres, 5e édition, par le même. *Ibid.*, 1879. — Ens. 4 vol. pet. in-12, cart. bradel demi-mar. bleu, tête dor., non rog.

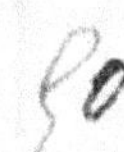

1387. **Géographie parisienne, en forme de dictionnaire,**

contenant l'explication de Paris, ou de son plan, mis en carte géographique du Royaume de France, pour servir d'introduction à la géographie générale. Méthode nouvelle et facile pour apprendre d'une manière pratique et locale toutes les principales parties du Royaume et de Paris ensemble, et les unes par les autres. Par M. TEISSERENC, prêtre, bachelier en théologie. *Paris, Vve Robinot*, 1754 ; in-12 de xx-356 pp. et 2 ff. pour le privilège, veau fauve, dos orné, tr. rouges. (*Rel. de l'époque*).

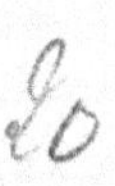

Première édition de cet ouvrage singulier, où l'auteur a voulu faire de la topographie de Paris un abrégé de la géographie de la France. Le centre de la ville, placé à l'église Saint Leu, rue Saint-Denis, représenterait la capitale du royaume ; des lignes parties de là, et tirées à l'est, à l'ouest, au nord et au midi, feraient autant de rues qui porteraient le nom d'une des grandes villes de France : Rouen, par exemple, « *donnerait son nom à une rue qui soit au nord-ouest de Saint-Leu, parce que cette ville est au nord-ouest de Paris. Au commencement et à la fin de chaque rue, une inscription marquerait quatre choses : le quartier de Paris, la province correspondante, la ville qui donnerait son nom à la rue, le nombre de lieues entre cette ville et Paris. Le bourgeois de Paris, sans sortir de la ville, pourra connaître ainsi toutes les villes et toutes les provinces de France* ».

1388. **Les Rues et les environs de Paris**, par ordre alphabétique. [Par Jean-Baptiste RENOU DE CHAUVIGNÉ]. *Paris, Valleyre père*, 1757 ; 2 tom. en 1 vol. pet. in-8 de XVI-474 pp. et 1 f. pour le privilège, veau éc., dos orné, tr. rouges. (*Rel. de l'époque*).

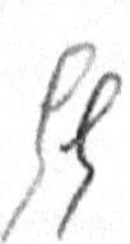

Ouvrage estimé, orné d'un plan gravé des 20 quartiers. — Renou de Chauvigné, géographe du roi, est plus connu sous le nom de JAILLOT, parce qu'il avait épousé une des petites-filles de Charles-Hubert Jaillot. (Rel. abîmée ; petites mouill.).

1389. **Les Rues et les environs de Paris**, par ordre alphabétique. [Par Jean-Baptiste RENOU DE CHAUVIGNÉ]. *Paris, Langlois*, 1777 ; 3 parties en 2 vol. in-12 de 637 et 2 pp. de table et 477 pp. et 2 ff. pour le privilège, veau marb., dos orné, tr. rouges. (*Rel. de l'époque*).

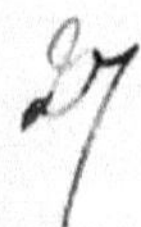

Réédition de l'ouvrage précédent, revue et augmentée, et ornée d'une carte et d'un plan gravés.

1390. **Le Géographe parisien**, ou le conducteur chronologique et historique des rues de Paris (par LE SAGE). *Paris, Valleyre*, 1769 ; 2 vol. in-8, veau rac., dos orné, tr. marb. (*Rel. anc.*).

Intéressant ouvrage orné de 20 plans de quartiers, et d'un plan général colorié.

1391. **Table alphabétique**, en forme d'itinéraire, des rues de la ville de Paris, par Charles Picquet, géographe. *Paris*, 1805 ; in-8, veau porph., dos orné, fil. et bord. dor. sur les plats, dent int., tr. dor. (*Rel. de l'époque*).

On y joint : Almanach indicatif des rues de Paris, avec un plan colorié de la commune de Paris divisée en 48 sections. An III ; demi-rel. mar. vert. — Indicateur des rues de Paris. An IX ; br. — Itinéraire parisien, ou tableau géographique de Paris, par Alletz. 1803 ; veau anc. — Ens. 4 vol.

1392. **Dictionnaire historique et topographique** de Paris, guide indispensable du promeneur dans cette capitale, par J.-A. L... *Paris*, *Leleux*, 1838 ; in-8, demi-rel. chag. bleu, fil. à froid, non rog. (*Rel. de l'époque*).

Intéressant ouvrage, orné de vues et de plans, attribué à Le Trenne, membre de l'Académie des Inscriptions et Belles Lettres.

1393. **Dictionnaire administratif et historique** des rues et monuments de Paris, par Félix Lazare et Louis Lazare. Deuxième édition. *Paris*, 1855 ; fort vol. in-4, cart. bradel demi-vélin vert, couv. ill. cons.

1394. **La Légende des Rues**, histoire de mon temps, politique, critique et littéraire par J. Lazare. *Lacroix*, *Verboeckhoven et Cie*, 1869-1872 ; 3 vol. in-12, cart. bradel demi-perc. verte, non rog., couv. cons.

1395. **Les Rues de Paris**. Biographies, portraits, récits et légendes, par Bathild Bouniol. *Paris*, *Bray et Retaux*, 1872 ; 3 vol. in-8, cart. bradel demi-perc. bleue, non rog., couv. cons.

1396. **Les anciennes maisons de Paris**. Histoire de Paris rue par rue, maison par maison. Cinquième édition. Par Lefeuve. *Paris*, *Reinwald*, 1875 ; 5 vol. in-12, cart. de l'éditeur perc. verte, fers spéciaux, tr. jasp.

1397. **Ville de Paris**. — **Recueil des lettres patentes**, ordonnances royales, décrets et arrêtés préfectoraux concernant les voies publiques, dressé sous la direction de M. Alphand par MM. A. Deville et Hochereau. *Paris*, *Imp. nouvelle*, 1886 ; fort vol. gr. in-8 de 553 pp., demi-rel. mar. bleu, tête dor., non rog., couv. cons.

1398. **Les Rues de Paris.** Histoire des rues, ruelles, carrefours, passages, impasses, quais, ponts et monuments de Paris, par F. Bloch et A. Mercklein, avec la collaboration d'un groupe de littérateurs et d'écrivains. *Paris, Nadaud*, 1889 ; gr. in-4, cart. bradel demi-vélin blanc, non rog., couv. cons. (*Petitot*).

Tome 1er, seul paru, de ce bel ouvrage illustré de nombreux dessins inédits dans le texte et hors texte. Il est consacré aux cinq premiers arrondissements.

1399. **Promenades dans toutes les rues de Paris**, par arrondissements, par le Marquis de Rochegude. Origine des rues, maisons historiques ou curieuses, anciens et nouveaux hôtels, enseignes. *Paris, Hachette*, 1910 ; 20 vol. in-12, cart. de l'éditeur, dans un étui.

1400. **Rues de Paris.** 1 vol. et 3 brochures in-8, couv. imp.

Les rues et églises de Paris, vers 1500 ; Une fête à la Bastille en 1508 ; Le supplice du maréchal de Biron à la Bastille en 1602. D'après les éditions princeps. Par Alf. Bonnardot, Parisien. 1876 ; in-8, 141 pp., broché, couv. imp. — Un des exemplaires sur papier de Hollande. — Cascades dans les rues de Paris, pot-pourri topographique, par une des plus grandes *Bêtes* de Paris, 1812. — Les Rues de Paris mises en vers à la fin du 13e siècle, par Guillot, publiées d'après un manuscrit du 14e siècle. 1866. — Les Rues et les églises de la ville de Paris, avec la despense qui se fait pour chascun jour. 1867.

1401. **Le Dit des Rues de Paris** (1300), par Guillot (de Paris), avec préface, notes et glossaire par Edgar Mareuse. *Paris, Librairie générale*, 1875 ; in-12, 91 pp., cart. bradel demi-mar. grenat à long grain, tête dor., non rog., couv. cons.

Tiré à 360 exemplaires num. — Un des 6 sur papier de Chine.

1402. **Les noms des rues de Paris** sous la Révolution, par Paul Lacombe, Parisien. *Nantes, imp. Forest et Grimaud*, 1886 ; in-8 de 39 pp., cart. bradel demi-mar. rouge à long grain, non rog., couv. cons.

Un des 100 exemplaires sur papier vergé, non mis dans le commerce. — L'auteur a fait relier avec le volume les nombreuses lettres et cartes qu'il reçut des érudits contemporains : Léopold Delisle, Arthur de Boislisle, Victor Fournel, Paul Viollet, Jean-Bernard, etc.

1403. *Le même ouvrage.*

Un des 100 ex. non mis dans le commerce, auquel on a joint les épreuves de l'ouvrage.

1404. **Plan pour la régénération des mœurs** en France, présenté, en forme de pétition, à la Convention nationale, par F. CHAMOULAUD. *Paris*, 1793 ; in-8 de 8 pp., broché.

Curieuse pièce, où l'auteur propose, « *pour familiariser le peuple avec la vertu* », de remplacer partout les noms anciens des rues par les noms des diverses vertus. La Convention approuva « *le civisme et le patriotisme de l'auteur, et lui accorda les honneurs de la séance* ». — On y joint 4 *lettres autographes* de Chamoulaud, dont une où il préconise la formation d'une « *Société-mère philanthropique du Beau sexe* ».

1405. **Rues de Paris**. 4 vol. ou plaq. in-12 et in-4, dont 2 rel.

Convention Nationale. Système de dénominations topographiques pour les places, rues, quais, etc., de toutes les communes de la République, par le citoyen GRÉGOIRE. 1794. — Rapport sur la nomenclature des rues et le numérotage des maisons de Paris, par Ch. MERRUAU. 1864. — Les noms historiques et géographiques des rues de Paris, par Marc DE ROSSIENY. 1870. — Etc.

1406. **De la Nomenclature des Rues de Paris**, par Jules COUSIN. *Paris*, 1899 ; in-8 de 24 pp., broché, couv. imp.

Exemplaire sur papier vergé de cet ouvrage posthume de Jules Cousin, publié par Paul Lacombe. — On y joint le *manuscrit original* et des épreuves avec corrections.

1407. **Table alphabétique** de toutes les rues, culs-de-sac, passages, ponts, places publiques, etc. de la ville et faux-bourgs de Paris, indiquées par leurs noms, tant anciens que modernes. *Paris*, *De Bure aîné*, 1752. — La Chronique des rues, par Edmond BEAUREPAIRE. *Ibid.*, *Sevin et Rey*, 1900. — Ens. 2 vol. in-12, cart. bradel.

1408. **Rues de Paris.** 5 vol. in-8 et 12, dont 4 reliés.

Indicateur des rues de Paris, par P.-C. DOURDAN. An IX. — Nouvel indicateur général de la ville de Paris, accompagné de 49 cartes et de 2 vues, par A. M. PERROT. 1832. — Tableau de Paris, ou indicateur général des monumens, curiosités... 1834 ; gravures. — Vocabulaire, ou nouvel indicateur des rues de Paris, par GONNEAU. 1839. — Physiologie des rues de Paris, par le bibliophile JACOB. 1842.

1409. **Dictionnaire topographique**, **étymologique** et historique des rues de Paris par J. de LA TYNNA. *Paris*, 1812 ; in-12, demi-rel. veau fauve.

1410. *Le même ouvrage*, même édition, sur grand papier vélin, in-8, cart. de l'époque.

1411. *Le même ouvrage*, 2e édition. *Paris*, 1816 ; in-16, veau fauve, dos orné, tr. marb. (*Rel. de l'époque*).

1412. **Dictionnaire administratif et historique** des rues de Paris et de ses monuments, par Félix Lazare et Louis Lazare. *Paris*, 1844 ; gr. in-8 de 702 pp., demi-rel. veau fauve, dos orné. (*Rel. de l'époque*).

1413. **Nomenclature des voies**, classées par arrondissement (publiée par la Ville de Paris). *Imp. Chaix*, 1874 ; fort vol. in-4, cart. de l'éditeur.

1414. — *Le même ouvrage*, 2e édition, sous le titre nouveau : Nomenclature des voies publiques et privées, avec la date des actes officiels les concernant. *Ibid.*, 1881 ; fort vol. in-4, cart. bradel demi-mar. brun, tête rouge, non rog.

Dans cette nouvelle édition de la Nomenclature officielle des voies parisiennes, et aussi dans les éditions suivantes, le classement par arrondissement est remplacé par un classement alphabétique général.

1415. — *Le même ouvrage*, 3e édition. *Ibid.*, 1885 ; fort vol. in-4, cart. bradel demi-mar. vert, tête rouge, non rog.

1416. — *Le même ouvrage*, 4e édition. *Ibid.*, 1891 ; fort vol. in-4, demi-rel. mar. rouge, tête dor., non rog., couv. cons.

1417. — *Le même ouvrage*, édition de 1898. *Ibid.*, 1898 ; fort vol. in-4, demi-rel. mar. brun, non rog., couv. cons.

1418. — *Le même ouvrage*, 5e édition. *Ibid.*, 1911 ; fort vol. in-4, demi-rel. mar. brun, non rog.

1419. **Nouveau Dictionnaire historique** de Paris, par Gustave Pessard. *Paris, Rey*, 1904 ; 1 vol. — La Voie publique et son décor, colonnes, tours, portes, obélisques, fontaines, statues, etc., par Fernand Bournon. Ouvrage illustré de 64 planches hors texte. *Paris, Laurens*, 1909 ; 1 vol. — Ens. 2 vol. gr. in-8, brochés, couv. imp.

1420. **Indicateurs des rues de Paris**. 10 vol. ou plaq. in-12 et in-18, brochés et cart.

Répertoire itinéraire et analytique de Paris. *Paris, Le Normant*, 1812 ;

plan. — Dictionnaire indicateur de toutes les rues de Paris. *Ibid.*, *Panckoucke*, 1818. — Itinéraire étymologique de Paris, par N. MAIRE. *Ibid.*, *Carilan-Gœury*, 1827 ; 1 plan (sur 3). — Le Facteur parisien, indicateur synoptique. *Ibid.*, *imp. Baudouin*, 1843. — Nomenclature des rues, boulevards... par F. et L. LAZARE. *Ibid.*, 1860. — Etc.

1421. **Indicateurs des rues de Paris**, de 1853 à 1905. 21 vol. ou brochures in-12 et in-16, dont 8 reliés ou cart.

1422. **Paris Occidental, XIIe siècle-XIXe siècle**. Ses rues, leur passé, leurs passants. La rue Saint-Honoré, par Lucien HOCHE. *Paris*, *Leclerc*, 1912 ; 3 vol. in-4 carré, brochés, couv. imp.

Important ouvrage, tiré à 130 exemplaires, dont 50 mis dans le commerce, orné de 35 illustrations hors texte d'après des documents de différentes époques.

1423. **La Rue du Cherche-Midi** et ses habitants, depuis ses origines jusqu'à nos jours, par Paul FROMAGEOT. *Paris*, *Firmin-Didot*, 1915. — La Rue de Buci, ses maisons et ses habitants, par le même. *Ibid.*, 1904. — Ens. 2 vol. gr. in-8, brochés, couv. imp.

Ouvrages illustrés de nombreuses planches hors texte, le premier tiré à 300 exemplaires, le second à 100 exemplaires seulement.

1424. **Rue Vivienne**. Lithographie repliée, sous cartonnage avec titre doré, mesurant, développée, 1 m. 43 de longueur sur 7 centimètres de hauteur, et représentant la rue Vivienne sous Louis-Philippe, entre 1832 et 1840. La première partie montre le côté de la rue qui regarde l'est ; l'autre moitié, le côté qui regarde l'ouest. Toutes les maisons existant alors y sont représentées, avec la vie ordinaire de la rue.

1425. **Monographies de voies parisiennes**. 6 brochures in-8 et 1 plaq. in-16 cart.

La Rue Hautefeuille, son histoire et ses habitants (1252-1901), par Henri BAILLIÈRE. 1901. — La Rue Michel le Comte, par PITON. 1913. — Le Cloître Saint-Merri, par Georges HARTMANN. 1911. — Le Faubourg Saint-Honoré sous Louis XV, par A. BABEAU. 1907. — L'Avenue de l'Impératrice, aujourd'hui l'Avenue du Bois-de-Boulogne, par BOUISSIN. 1889. — Le Passage Delorme, par Emmanuel DE MONTCORIN. 1906. — Mémoire sur l'origine du nom des rue et porte d'Enfer. 1780.

b) Places. Ponts et Iles. Promenades et Jardins publics

1426. **Arc de triomphe du Carrousel**; 1 brochure et 4 pièces.

Recueil de gravures représentant les bas reliefs qui ornent l'arc de triomphe de la place du Carrousel ; 1809, in-8 oblong, 6 grav. hors texte. — Nouvelle description de l'Arc de Triomphe de la place du Carrousel ; 1809. — *Lettre autographe* du vicomte de La Rochefoucauld au comte de Pastoret, datée du 25 mars 1827, relative aux chevaux de l'Arc du Carrousel. — Description de l'Arc de Triomphe du Carrousel (1831).

1427. **Place de la Concorde.** 8 brochures in-8, in-12 et in-4.

Mémoire servant à l'intelligence des grandes productions qu'on attend, ou projet d'une nouvelle place de magnificence pour Paris, par un vrai patriote. *Londres*, 1749. — Lettre au sujet de la place destinée à la statue du Roi, et des agrandissements de Paris, (vers 1755). — Explication de la lettre au sujet de la place destinée à la statue du Roi (vers 1756). — Mémoire relatif aux embellissemens de la place Louis XVI, par M. Destouches ; 1830 ; 4 planches. — Description de la place de la Concorde, par M. Ziegler ; 1838. Etc.

1427 *bis*. **Obélisque de Louqsor**. 5 brochures in-8.

Sur l'emplacement de l'obélisque de Louqsor, par Viator (E. F. Jomart) ; 1833. — Sur l'obélisque de Louqsor.. par Adiel ; 1833. — Description des obélisques de Louqsor figurés sur les places de la Concorde et des Invalides, par Alexandre Delaborde, 1833. — Lettre [de François Savolini] à M. Champollion-Figeac sur les hiéroglyphes de l'Obélisque de Louqsor, 1834. — Etc.

1428. **La Colonne de la Grande Armée d'Austerlitz**, ou de la Victoire, monument triomphal érigé en bronze, sur la place Vendôme, de Paris, par Ambroise Tardieu. *Paris, Tardieu*, 1822 ; in-4, cart. de l'époque, non rog.

Description de la Colonne, accompagnée de 36 belles planches hors texte, gravées par l'auteur, représentant « *la vue générale, les médailles, piédestaux, bas-reliefs et statue dont se compose ce monument.*

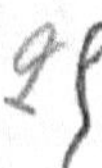

1429. **Place et Colonne Vendôme.** 6 plaq. in-12, in-8 et gr. in-8, dont 1 cart.

A la colonne de la place Vendôme, deuxième édition, par Victor Hugo ; 1827. — Description de la colonne, monument triomphal élevé à la gloire de la grande armée ; 1836. — Le dernier jour de la colonne, horrible révélation par Antoine Monnier ; 1873. — Notice historique sur la place Vendôme et sur l'hôtel du gouverneur militaire de Paris, par G. Dolot ; 1887 ; in-8, planches. — L'Hôtel de l'administration départementale de la Seine, de 1791 à 1803, par Marius Barroux ; 1905. — Etc.

1430. **Historique de la Place Vendôme** (1685-1898). *Paris*, 1899 ; in-4, cart. de l'éditeur.

Bel album, avec notice de Louis Enault, et de nombreuses reproductions de gravures anciennes dans le texte et à pleine page.

1431. **Place des Victoires.** 4 brochures in-12 et in-8.

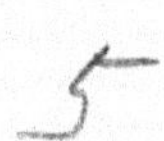

Description du monument érigé à la gloire du Roy par M. le mareschal duc de La Feuillade, avec les inscriptions de tout l'ouvrage. *Paris, Mabre-Cramoisy*, 1686 ; in-4 de 33 pp. — Ein vortrefflicher Medaillon auf den König Ludovicum XIV, und die ihm gesezte Ehrenseule auf den Platz des Victoires zu Paris ; 1741 ; in-8 de 8 pp., 2 grav. — Adresse des représentans des beaux-arts à l'Assemblée nationale, dans la séance du 28 juin 1790 ; in-8 de 3 pp. — Notice sur la nouvelle statue équestre de Louis XIV, fondue d'après le modèle de M. Bosio, avec une gravure, par Blanchard de Boismarsas. *Paris, Mondor*, 1822 ; in-8 de 23 pp.

1432. **Place des Vosges.** 1 vol. et 3 brochures in-8 ou in-12.

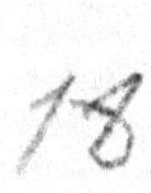

La Place Royale, par Louis Lambeau ; 1906 ; in-8, de 365 pp., 4 planches. — Notice sur l'ancienne statue équestre élevée à Louis XIII au milieu de la place Royale en 1639 et détruite en août 1792, par Anatole de Montaiglon ; 1851. — Notice sur la place des Vosges par Henry Boulay ; 1848. — Etc.

1433. **Les Légendes de la place Maubert**, par Augustin Challamel. *Paris, Lemerre*, 1877. — Les Revenants de la place de Grève, par le même. *Ibid.*, 1879. — Ens. 2 vol. in-12, cart. bradel demi-mar. rouge à grain long, non rog., couv. cons. (*Knecht*).

Curieux ouvrages, ornés de 4 eaux-fortes par Péquégnot et Salmon.

1434. **Champ de Mars.** 3 brochures in-12.

Discours prononcé par M. J. Chénier, de l'Institut national, à la cérémonie funèbre célébrée au Champ de Mars le 20 prairial an VII, en l'honneur de nos ministres plénipotentiaires assassinés par l'Autriche ; an VII. — Le Champ de Mars depuis son origine jusqu'à l'Exposition universelle de 1867, par Théodore Faucheur ; 1867. — Exposition universelle de 1878. Histoire anecdotique du Champ de Mars par Désiré Lacroix ; 1878.

1435. **Arc de triomphe de l'Etoile.** 11 brochures in-12 et in-8, dont 1 cart.

Description du monument triomphal des fastes de l'Empire français (par J. G. Legrand, 1807). — Notice historique sur l'arc de triomphe de l'Etoile par J. Thierry et G. Coulon ; 1836. — Esquisses en vers de l'Arc de Triomphe de l'Etoile, par Maurbrun ; 1837. — La place de l'Etoile et l'Arc de Triomphe par Gaston Duchesne ; 1908. — Les projets de couronnement de l'Arc de triomphe de l'Etoile par Emile Le Senne ; 1911. — Etc.

1436. **Place de la République.** Concours pour la décoration de la place et l'érection de la statue de la République ; 6 brochures in-4, couv. imp.

On y joint : Les statues de Paris, par Paul MARMOTTAN ; 1887 ; in-8, demi-toile. — Mémoire sur le projet d'élever une statue sur la place de la Sorbonne à Ulrich Gering ; 1879. — Mutilation de l'esplanade des Invalides pour l'établissement d'une gare par A.-T. MARTIN et Ch. NORMAND, 1894.

1437. **Place de la Bastille.** 5 brochures in-12 et in-8.

Le Gloria in excelsis du peuple, augmenté d'une lettre à l'auteur du projet de souscription pour ériger un monument à Louis XVI (*où l'auteur de cette brochure propose de dresser une statue de Louis XVI sur l'emplacement de la Bastille*) ; 1789. — Décret de la Convention nationale du 25 avril 1793, qui ordonne de briser les monumens contenus dans le coffre de bois de fer déposé et enfermé dans une des pierres fondamentales de la colonne de la Liberté, élevée sur les ruines de la Bastille, pour leur en substituer de nouveaux ; 1793. — Formation d'une place sur le terrain de la Bastille ; an XII ; 2 planches. — Projet d'achèvement en bronze de l'éléphant de la place de la Bastille ; 1833. — Inauguration de la colonne de juillet 1830. Programme de la cérémonie funèbre du 28 juillet 1840 et description du char funéraire ; 1840 ; 2 planches.

1438. **Les Promenades de Paris.** Histoire. Description des embellissements. Dépenses de création et d'entretien des bois de Boulogne et de Vincennes. Champs-Elysées. Parcs-Squares. Boulevards. Places plantées. Etude sur l'art des jardins et Arboretum. Par A. ALPHAND. *Paris, Rothschild*, 1867-1873, 2 vol. gr. in-fol., dont un de planches, demi-rel. mar. rouge avec coins, dos orné, non rog.

Bel ouvrage, orné de 590 grandes planches, hors texte, dont 487 gravures sur bois, 80 sur acier et 23 chromolithographies.

1439. **Promenades de Paris.** 5 volumes.

Paris au XVIIIe siècle. Les Promenades à la mode publiées par MAURICE TOURNEUX. *Paris, Librairie des Bibliophiles*, 1888 ; in 12, eau-forte par Ad. Lalauze, demi rel. mar. bleu, tête dor., non rog., couv. cons. *Envoi d'auteur.* — La Promenade à Paris au XVIIe siècle, avec 16 planches hors texte, par MARCEL POETE. *Ibid.*. *Colin*, 1913, broché, couv. imp. *Envoi d'auteur.* — The Parks, Promenades and Gardens of Paris, by W. ROBINSON. *London*, 1869, fort vol. in-8, illustré de 42 planches hors texte et 376 fig. dans le texte, *cart. de l'éditeur.* — On the Boulevards, or Memorable Men and Things drawn on the spot, 1853-1866, by W. BLANCHARD JERROLD. *Ibid.*, 1867 ; 2 vol. in-8, cart. brun de l'éditeur.

1440. **La Folie du jour, ou la promenade des Boulevards** [par MICHEL MARESCOT]. *S. l.*, (1754) ; in-4 de 7 pp., cart. bradel demi-perc. verte, non rog. (*Rel. mod.*).

Edition originale de cette curieuse plaquette.

1441. — *Le même ouvrage. S. l.*, 1754 ; in-4 de 7 et 7 pp., cart. bradel demi-perc. verte, non rog. (*Rel. mod.*).

Edition un peu différente de la précédente, quoique de la même date. Elle est suivie d'une seconde partie, portant le même titre que la première.

1442. **Fanchon, ou la vielleuse du boulevard du Temple**, par L. P. [Louis Ponet]. *Paris, an* XI (1803), in-18 de 144 pp., cart. bradel perc. bleue, dos orné, non rog. (*Rel. mod.*).

Première édition, rare, de ce piquant récit.

On y joint 3 brochures : Histoire des boulevards des Italiens, Montmartre, Poissonnière, Bonne Nouvelle et Saint-Denis, par Lefeuve ; 1863. — Mémorial du Boulevard Saint-Martin, par le même ; 1863. — Le Boulevard du Crime, par Mario Proth ; 1872.

1443. **Panorama intérieur de Paris**. *Paris, chez Aubert et Cie, vers* 1840 ; in-4 obl. étroit, cart. de l'éditeur.

Grande vue panoramique des boulevards, (côté des numéros pairs), de la Bastille à la Madeleine ; elle représente les maisons, les monuments, etc., avec nombreux piétons, voitures, omnibus, etc. ; elle est lithographiée en 2 tons et mesure, dépliée, 5 m. 80 de longueur sur 0 m. 145 de largeur. — Curieuse et rare pièce.

1444. **Les Boulevards de Paris**, par X. Aubryet. *Paris*, 1878 ; gr. in-8 de 118 pp., demi-rel. mar. rouge avec coins, tête dor., non rog., couv. cons.

Ouvrage orné de 20 eaux-fortes, hors texte, par A.-P. Martial.

1445. — *Le même ouvrage*, première livraison seule, cartonnée. Elle est consacrée à la *Place de la Madeleine*, et ornée de 4 eaux-fortes ; la quatrième « *Aux Trois Quartiers* » est différente de celle de l'ouvrage précédent.

1446. **Les Boulevards**, l'avenue de l'Opéra et la rue de la Paix illustrés. (*Paris*, 1887) ; in-8 oblong, cart. perc. bleue, dos orné, titre dor. sur les plats. (*Cart. de l'éditeur*).

Curieuse vue des boulevards, en chromolithographie, composée de 12 bandes repliées, mesurant chacune 1 mètre de longueur sur 10 centimètres de hauteur.

1447. **Les Champs-Elysées**. 4 volumes dont 3 rel. ou cart. et 3 brochures.

Les Champs-Elysées. Etude topographique, historique et anecdotique, illustrée de 14 plans et 24 estampes, par Paul d'Ariste et Maurice Arrivetz ; 1913 ; gr. in-8. — Décret de la Convention nationale portant qu'il sera érigé dans les Champs-Elysées un faisceau en pierre ; 1793. — Le Bouquet, ou tout s'améliore, par Joseph-Aimable Grégoire ; 1833 ; — Mémoire sur l'embellissement des Champs-Elysées, par E. Bères, Bronsart et H. Horeau, 1836. — Voyage aux Champs-Elysées, par E. Eggis ; 1855. — Revue anecdotique des Champs-Elysées, par A. Regnault. — Etc.

1448. **Lavedan** (Henri). De Paris au bois de Boulogne. — Edition originale. Eaux-fortes en couleurs de Minartz. *Paris, imprimé pour Jean Borderel*, 1908 ; pet. in-4, broché, couv. imp., étui.

Edition illustrée de 23 eaux-fortes originales, en couleurs, de Minartz. Tirage unique à 75 exemplaires num. seulement, sur papier vélin de cuve. — Envoi autographe de M. Jean Borderel à M. Paul Lacombe.

1449. **Bois de Boulogne.** 1 vol., 2 brochures et 1 manuscrit.

L'Historien villageois ou la promenade au Bois de Boulogne [par Deschamps de Sainte Suzanne]. *S. l.*, 1744 ; in-12, 24 pp. — Soirées du Bois de Boulogne, ou Nouvelles françoises et angloises, par M. le comte de C** [Caylus]. *Londres*, 1782, 2 parties en 1 vol. in-12, veau anc. — Le Bois de Boulogne, poëme, suivi de notes historiques et critiques, par Dusausoir. *Paris, Roullet*, 1801 ; in-8, 47 pp. — Exposé des travaux exécutés au Bois de Boulogne, pour la restauration de ce parc, de 1815 à 1825, par M. D'André ; *manuscrit* gr. in-4 de 50 pp.

1450. **Bois de Boulogne.** 4 vol. et 5 brochures.

Le Bois de Boulogne, histoire, types, mœurs, par Edouard Gourdon ; 1854 ; in-12, rel. — Notice pittoresque et historique sur le Bois de Boulogne, par G.-D. [Dieudonné] ; 1855 ; in-12, rel. — Le Bois de Boulogne poëme, par Barthélemy ; 1857 ; plaq. br. — Un bouquet littéraire ou huit jours dans l'île du bois de Boulogne, par Ch. Barbe, comte de La Garde ; 1857 ; rel. — Note sur le Bois de Boulogne par M. Barras, chef de bureau du Domaine ; 1900 ; in-4, br. — Etc.

1451. **Bois de Boulogne (Jardin d'Acclimatation).** 2 vol. in-12 reliés et 1 brochure in-8.

Guide du promeneur au Jardin zoologique d'acclimatation, 1861. — Une visite au jardin d'Acclimatation du Bois de Boulogne, par Timothée Trimm (Leo Lespès) ; 1874 ; front. — Au Jardin d'acclimatation, poésie nouvelle de Jules Bailly ; 1877.

1452. **Bois de Boulogne (Abbaye de Longchamp).** Longchamps, poëme. *S. l.*, 1788 ; in-8 de 22 pp., broché. — Promenade à Longchamp, 1805. Seconde édition. Par M. de Labouïsse-Rochefort. *Paris, Desauges*, 1831 ; in-8 de 96 pp., broché, couv. imp.

1453. **Le Jardin de Monceau** avant la Révolution, par Emile DACIER. *Paris*, 1911 ; gr. in-4, cart. bradel perc. verte, non rog., couv. cons. (*Petitot*).

Publication de la *Société d'iconographie parisienne*. Extrait à 20 exemplaires, avec 9 reproductions hors texte de gravures anciennes.

1454. **Les Squares et Jardins de Paris** : Les Buttes-Chaumont. Les Champs-Elysées. La Tour du Temple. Le Parc de Monceaux. Le Bois de Boulogne, etc., par Mme Germaine BOUÉ. *Paris*, 1864-1867 ; 7 brochures in-8, fig., couv. imp.

1455. **Jardins de Paris**. 5 brochures in-8 et gr. in-8, couv. imp.

Notice historique sur la pépinière du Roi au Roule, par le chevalier AUBERT du PETIT THOUARS ; 1825. — Essais historiques sur les jardins, par Paul LE WINT ; 1855. — Mémoire sur les plantations de Paris par Alexandre JOUANET, 1855. — A propos des arbres du Luxembourg, poésie par Mme Auguste PENQUER (*avec envoi d'auteur à George Sand*) ; 1866. — Projet de quatre nouveaux parcs pour Paris par Gabriel BONVALOT ET Charles BEAUQUIER ; 1907. — Etc.

1456. **Jardins de Paris**. 1 volume relié et 4 brochures.

Les Fleurs et les jardins de Paris, par Charles YRIARTE ; 1893. — Mémoire sur les plantations de Paris, par Alexandre JOUANET ; 1855. — Bagatelle et ses jardins ; 1910. — Etc.

1457. **Histoire générale des Ponts de Paris,** par Charles DUPLOMB. *S. l.*, 1911-1913 ; 2 vol. in-8, brochés, couv. imp.

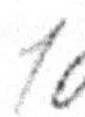

Première histoire complète des ponts de Paris, ornée de reproductions de gravures anciennes.

On y joint : Notice historique sur les ponts de Paris, par FÉLINE-ROMANY ; 1865. — La Réunion des trois isles, projet présenté à la municipalité de Paris par P. GIRAUD, 1791.

1458. **Notice** pour servir à l'éloge de M. Perronet, premier ingénieur des Ponts et Chaussées de France. *Paris, Bernard*, 1805 ; in-4 de 128 pp., cart. bradel pap. marb. (*Rel. mod.*).

Ouvrage orné de 2 planches gravées, dont une jolie vue en médaillon du pont de la Concorde, construit par Perronet.

On y joint : Devis des ouvrages à faire pour la constrection du pont de Louis XVI..., par M. PERRONET. *Paris, Lottin l'aîné*, 1787 ; in-4 de 121 pp., broché.

1459. **Pont au Change.** Lamentable récit du pitoyable embrasement du Pont aux Oyseaux, et du Pont au Change de

Paris, arrivé la nuict du 23 d'octobre de l'année présente 1621, avec la perte d'une infinité de personnes et de thrésors inestimables. Le tout représenté au naïf, avec le récit de tout ce qui s'y est passé. *Lyon, Jullieron et Largot*, 1621. — Arrest de la Cour de Parlement, donné en conséquence du feu advenu à Paris, qui a embrazé et consommé le Pont aux Changeurs et Pont Marchant, par lequel est pourveu à la nécessité des marchands qui ont perdu leurs biens audit incendie, et qu'à l'avenir pareil inconvénient n'arrive. *Paris, Morel et Metayer*, 1621. — Ens. 2 plaq. pet. in-8, cart. bradel. (*Rel. mod.*).

La première pièce est très rare ; elle ne se trouve pas à la Bibliothèque Nationale. — L'arrêt du Parlement porte que les sinistrés « *se pourront retirer en la maison de Saint Louis pour y être logez et nourris le temps et espace de six mois* ». Des recherches seront faites « *pendant l'espace d'un an jusques au fond de l'eau* » pour y retrouver les biens et marchandises submergés ; les « *basteliers, voicturiers par eau, et tous autres* » devront porter les objets trouvés à l'Hôtel de ville, et en rapporter certificat, « *à peine de la hard.* »

1760. **Le Pont-Neuf** frondé. *A Paris*, 1652 ; in-8 de 7 pp., broché.

Mazarinade curieuse et rare. Il s'agit de l'émeute qui eut lieu à l'arrivée du prince de Condé, après le combat de Bléneau.

On y joint : La Bagarre du Pont-Neuf ou les Cerises renversées, poème héroï-comico-satyrico-burlesque en trois chants ; 1801. — Le Pont-Neuf, poème héroïque et badin en douze chants [par Levavasseur et Ad. Tarbé] ; 1823. — Documents inédits sur la construction du Pont-Neuf par R. de Lasteyrie ; 1882. — Ens. 4 brochures in-8.

1461. **Pont-Neuf.** 3 brochures in-8 et in-4.

Au Roy. (Projet de décoration du terre-plein du Pont-Neuf), [par le sieur Dufin, aide des cérémonies]. *S. l.* (1663) ; gr. in-4 de 7 pp. — Décret de la Convention Nationale, du 27 jour de brumaire, an second de la République Française, qui consacre par un monument le triomphe du peuple français sur la tyrannie et la superstition. *Paris*, 1793 ; in-8 de 4 pp. — Thermes de Napoléon projetés sur le terre plein du Pont-Neuf, par A. J. B. G. Gisors. *Ibid., Baudouin* (1804) ; in-8 de 25 pp.

1462. **Histoire générale du Pont-Neuf**, en six volumes in-folio, proposée par souscription. *Londres*, 1750 ; in-8 de 36 pp., demi-rel. mar. ocre, dos orné de chiffres couronnés, non rog. (*Rel. mod.*).

« *Badinage ingénieux et bien écrit, par J.-B. Dupuy-Demportes* (Barbier, *Anonymes*, II, 811) ».

Exemplaire orné d'un *curieux dessin original du 18e siècle*, à la plume et à la sanguine, représentant des petits marchands du Pont-Neuf.

1463. **Voyage autour du Pont-Neuf**, par Joseph ROSNY. *Paris, Lemarchand*, 1802 ; pet. in-12, cart. bradel demi-perc. verte, non rog. — Voyage autour du Pont-Neuf, suivi d'une promenade sur le Quai aux fleurs [par Aug. IMBERT]. Deuxième édition, revue et corrigée. *Ibid.*, *Imbert*, 1825 ; in-12, cart. bradel demi-mar. à long grain, tête dor., non rog., couv. cons. — Ens. 2 vol.

Ouvrages ornés chacun d'un frontispice gravé.

1464. **Mémoires historiques** relatifs à la fonte et à l'élévation de la statue équestre de Henri IV sur le terre-plein du Pont-Neuf à Paris, par Ch.-J. LAFOLIE. *Paris, Le Normant*, 1819 ; cart. bradel pap. peigne, non rog. (*Rel. mod.*).

Ouvrage orné de 3 gravures à l'eau-forte repliées, dont 2 par L. Pauquet, représentant l'ancienne et la nouvelle statue.

On y joint : 3 pièces manuscrites autographes, datées de 1818, dont une lettre de Quatremère de Quincy ; et 2 brochures : La Résurrection de Henri IV sur le Pont-Neuf ; (1818). — Des statues équestres, et particulièrement de Henri IV ; 1814.

1465. **Projet d'une galerie vitrée** à établir des deux côtés du Pont Neuf, par C.-L.-F. PANCKOUCKE. (*Paris*, 1820) ; in-fol. oblong, cart. bradel pap. fant. genre anc. (*Cart. mod.*).

Manuscrit original soumis au ministre de l'intérieur, orné de 4 *grands dessins*, à l'encre de Chine et au lavis, représentant l'élévation et la coupe des constructions projetées. L'auteur, lui même libraire, est le fils du savant libraire Charles Joseph Panckoucke. — On a relié avec le volume la réponse autographe du ministre.

1466. **Histoire du Pont-Neuf** par Edouard FOURNIER. *Paris, Dentu*, 1862 ; pet. in-12 de 622 pp., demi-rel. mar. vert avec coins, dos orné, tête dor., non rog., couv. cons. (*Alló*).

Exemplaire tiré sur papier vert.

1467. **Dialogue entre le Roy de Bronze** et la Samaritaine sur les affaires du temps présent. *Paris, Arnould Cotinet*, 1649. — Second Dialogue... *Ibid.*, *id.* — Troisième Dialogue.. *Ibid.*, *id.* — Ens. 3 pièces pet. in-4, dérel.

Edition originale de ces trois curieuses mazarinades.

1468. **Almanach de la Samaritaine**, avec ses prédictions pour l'année 1787. A MM. les Parisiens. *Paris*, 1787.— *Le* *même ouvrage*, pour l'année 1788. *Ibid.*, 1788. — Ens. 2 vol. in-16, cart. bradel pap. marb. (*Rel. mod.*).

Les deux années parues de cet Almanach, qui fut publié lorsqu'on fit disparaître l'horloge de la Samaritaine. « *Ne pouvant plus ni marquer les heures ni les sonner* », dit la préface, « *j'ai voulu faire un Almanach. Il y a tant de connexité entre une Horloge et un Almanach qu'on ne me reprochera pas d'avoir changé de profession.* » — La seconde année contient un frontispice gravé représentant l'Horloge de la Samaritaine.
On y joint : Réclamation de la Samaritaine contre un almanach donné sous son nom. *Paris*, 1er juillet 1787. — Dernier mot de la jeune Samaritaine à la vieille. *Ibid.*, 1788 ; 2 opuscules en 1 vol. in-18, veau anc. — Ens. 3 vol.

1469. **Le Voisin de la Samaritaine**, étrennes du Pont-Neuf avec un extrait de tous les papiers manuscrits, affiches qui se sont perdus, distribués ou collés sur le Pont-Neuf, pendant le cours de l'année dernière. *Paris, à la descente du Pont-Neuf*, 1788. — La Samaritaine, avec ses prédictions pour l'année 1787. — Ens. 2 vol. in-16, cart., non rog. (*Rel. mod.*).

1470. **Les Adieux de la Samaritaine** aux bons Parisiens, contenant quelques détails sur ce qu'elle a vu et entendu pendant deux cents ans qu'elle a demeuré dans son château du Pont-Neuf, par M. Pissot. *Paris*, *Aubry* (1803) ; in-24 de 36 pp. — Destruction du palais de la Samaritaine et son apothéose, mélodrame hydraulique, mythologique, séraphique et lyrique en 1 acte et en vers libres, par M. Cadot. *Paris*, *s. d.* ; in-12, 24 p. — Ens. 2 vol. in-12, brochés.

1471. **Statues du Pont Louis XVI**, avec le plan et la coupe de ce monument. Notices historiques par Alfred F... *Paris*, *Frémy*, 1828 ; in-8, broché.

Ouvrage orné de 12 gravures au trait, hors texte, par J.-N. M. Frémy.
On y joint : Les Hommes blancs et les dames blanches, ou notices historiques sur les personnages dont les statues décorent le pont Louis XVI et sur les femmes célèbres qui ont porté le nom de Blanche. *Paris*, *Farcy*, 1828 ; in-24, cart. bradel demi-perc. rouge, non rog., couv. cons.

1472. **Ponts de Paris**. 7 brochures in-18, in-8 et gr. in-8.

L'Inventaire du pont Saint-Michel, pièce en 1 acte, par M. C*** ; 1777. — Pont de l'Ecole militaire, construit sur la Seine, à Paris, en face du Champ de Mars ; 1814. — De l'entreprise du pont des Invalides, par Nadier ; 1827. — Mémoire sur le Pont-Viaduc du Point-du-Jour, par M. Bassompierre-Sewrin et M. de Villiers du Terrage ; 1870. — Construction du Pont Royal (1685-1688) par Mme G. Despierres ; 1895. — Etc.

1473. **Chutes de Ponts** ; 3 pièces in-8, la première cart. demi-toile, les 2 autres brochées.

La Cheute du Pont Marie en l'Isle Nostre-Dame à Paris. *S. l. n. d.* (1658). — Discours véritable et déplorable de la cheute des Ponts au change et S. Michel par le ravage des eaux et impétuosité des glaçons. *Lyon, Gautherin*, 1616 (*Réédition fac similé de Motteroz*, 1876). — Recherches historiques sur la chute et la reconstruction du pont Notre-Dame à Paris (1499-1512) par LE ROUX DE LINCY. *Paris*, 1845.

1474. **Péage sur les ponts de Paris**. 4 brochures in-8 et in-4.

Rapport fait au Tribunat par Isnard sur la construction de trois ponts sur la Seine ; 1801. — Du mouvement de la circulation dans Paris et du péage sur les ponts, par A. VIGUIER ; 1839. — Exposé historique et judiciaire de la question du péage sur les trois ponts ; 1844. — Affaire des Trois ponts : plaidoirie de Me PAILLET pour la Compagnie des Trois-Ponts sur la Seine ; (vers 1848).

1475. **Quais**. 1 pièce et 3 brochures in-8.

Reçu d'une somme de cent livres, versée par la présidente Turgot, propriétaire d'une maison du quai de Gesvres, pour la réparation des voûtes dudit quai, en date du 13 mai 1782 ; 1 page in-4, avec mentions manuscrites. — Le Quai Malaquais. L'ilot de la Butte, par Léo MOUTON, 1915. — Le Quai Malaquais. Le Numéro 1, par le même ; 1920. — Pose de la première pierre de l'entrepôt des douanes, au Gros Caillou ; 1833.

1476. **Ile Louviers**. 7 brochures in-8.

Rapports au Conseil des Anciens, ou au Conseil des Cinq-Cents, relatifs à l'île Louviers, faits par les députés RICHARD, HUGUET, RALLIER, THIÉBAULT, ROUSSEAU, SEDILLEZ et CRETET. *Paris, an V*.

1477. **Ile des Cygnes**. 6 brochures in-8.

Rapports au Conseil des Anciens ou au Conseil des Cinq-Cents, relatifs à l'île des Cygnes, faits par les députés Pierre GUYOMAR, GOMAIRE, COUSIN, A.-F. PERÉ, RALLIER. An 6 an 8 ; 5 pièces. — Mémoire sur les moulins à blé, mus par des machines à feu, et établis à Paris dans l'ancienne isle des Cignes ; 1790.

---

c) Voirie. Pavage. Eclairage. Assainissement, etc.

1478. **Notice historique** sur le pavé de Paris, depuis Philippe-Auguste jusqu'à nos jours, par S. DUPAIN. *Paris, Mourgues*, 1881 ; in-8 de 337 pp., avec un index analytique, cart. bradel demi-perc. rouge, non rog., couv. cons.

On y joint : Le Mac-Adam, épître à MM. les membres du Conseil municipal de la ville de Paris, par Alexis GRANGER ; 1855. — Des Voies publiques...

par Ch. Gourlier ; 1853. — Dictionnaire historique et pratique de la voirie... par F. Liger ; 1867. — Les Voies publiques à Paris, par Homberg. 1870. — Ens. 1 volume et 4 brochures in-8.

1479. **Bail** de l'entretènement des chaussées de pavé des chemins de Paris à Meaux, et de Paris à Pontoise, fait à Pierre Colin, maistre paveur à Paris, pour neuf années, moyennant 4.820 liv. et 2.220 liv. par chacun an, du 26 janvier 1690. *Paris, Vve Claude Thiboust*, 1691 ; pet. in-8 de 43 pp. et 26 pp., vélin blanc. (*Rel. de l'époque*).

Exemplaire interfolié de papier vergé ancien. — Ex-libris lithographié de la *COMTESSE DES COURTILS*.

1480. **Rapport** fait le 7 janvier 1791 à l'Assemblée générale de la Section du Palais-Royal, par Doray de Longrais, sur les pétitions des arts et professions du Bâtiment et des Maitres Paveurs de la Ville, fauxbourgs et banlieue de Paris. (*Paris*, 1791) ; in-8 de 16 pp.

On y joint : Publication et Devis des ouvrages pour l'entreprise du Pavé de Paris pendant le bail de l'année 1730. *Paris, Imprimerie royale*, 1729 ; 11 pp. in-4. — Quittance d'un entrepreneur de pavage en date du 14 octobre 1778. — Certificat de travaux de pavage du 30 juillet 1791. — Mémoire de pavage, du 30 avril 1819. — Etc. — Ens. 2 brochures et 5 pièces in-8 et in-4.

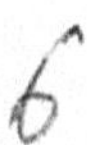

1481. **Lanternes de Paris**. Lettres patentes, Déclarations du Roi, Arrêts du Conseil d'Etat, donnés de 1722 à 1778, relatives aux lanternes, et concernant leur entretien et les impositions y affectées. *Paris*, 1722-1778 ; ens. 14 pièces in-4.

1482. **Essai historique**, **critique**, **philologique**, politique, moral, littéraire et galant sur les lanternes, par une Société de Gens de lettres [J.-F. Dreux du Radier, Ant. Le Camus, l'abbé Jean Le Beuf et Jamet le jeune]. *A Dôle, chez Lucnophile et Cie*, 1755 ; in-12 de 156 pp., demi-rel. mar. brun avec coins, dos armorié, tête dor., éb.

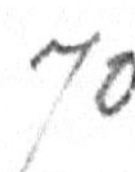

On a relié à la suite les 3 pièces manuscrites suivantes, qui semblent n'avoir jamais été imprimées : *Lanterniana, ou Recueil d'additions, pensées, remarques, etc., pour l'essai sur les lanternes, recueilli par Jamet* ; 10 ff. — *Les Nouvelles Lanternes, poème par M. de Valois d'Œville* ; 8 ff. — *Lanterniana, ou additions recueillies par l'abbé de Saint-Léger* ; 18 ff. — Exemplaire aux armes de M. Gitton Du Plessis.

On y joint : Histoire du Royaume des Lanternes, par Naïf. *S. d.* ; frontispice et vignettes sur bois.

1483. **Lanternes de Paris.** 1 brochure et 7 pièces.

Mémoire pour Achille Coupson, horloger, défendeur, contre M. le Procureur du Roi, demandeur, en présence des bourgeois et habitants de la rue Croix des Petits-Champs, intervenants; 1749. — 7 pièces, dont 3 sur vélin : Quittances de la taxe pour l'entretien des lanternes, etc.

1484. **Lanternes de Paris.** 2 brochures in-8.

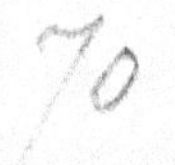

Les vieilles lanternes, conte nouveau ou allégorie faite pour ramener les uns et consoler les autres : avec une clef pour rire et des notes pour pleurer. *A Pneumatopolis, chez Lucrain*, 5871 [1785]; 100 pp. — Plainte des filoux et écumeurs de bourses à Nosseigneurs les Réverbères. *A Londres*, 1769 ; 16 pp., vignette gravée sur le titre représentant une lanterne. (Mouillures).

1485. **Eclairage public**, par l'huile, le gaz et l'électricité 9 brochures ou pièces.

Observations sur l'illumination de Paris; 1789 ; 12 pp. — Quittance de l' « entrepreneur-général de l'Illumination de Paris » en date du 1er avril 1813. — Préfecture de police. Tableau d'éclairage des rues de Paris pour l'année 1819. 31 pp. — Nombreuses notes manuscrites d'Edouard Fournier relatives aux lanternes et à l'éclairage de Paris. — Etc.

1486. **Balayage et nettoiement des rues.** 1 pièce et 5 brochures.

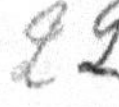

Quittance d'entrepreneurs de balayage, en date du 31 décembre 1822. — Vues sur la propreté des Rues de Paris [par Jacques-Hippolyte Ronesse], *S. l.*, 1782 ; in-8, 102 pp. — Moyens de rendre parfaitement propres les rues de Paris, par M. Tournon. *Paris, Lesclapart*, 1789 ; in-8 de 78 pp. avec une planche gravée, repliée. — Essai sur la propreté de Paris, par un citoyen français [Pierre Chauvet]. *Ibid.*, 1797 ; in-8 de 40 pp. — Notice sur le nettoiement des rues de Paris, par F. Julliot. *Ibid.*, 1830 ; in-8 de 25 pp. — Etc.

1487. **Mémoire de quelques objets** qui intéressent plus particulièrement la Salubrité de la Ville, par M. Dehorne. *Paris, Desaint*, 1788 ; in-4 de 16 pp.

Des Cimetières. — Des Boucheries. Tueries. Tanneries et Ateliers dans lesquels on fond le suif et on prépare l'amidon. — Etc.

1488. **Vidanges.** 3 Mémoires-quittances pour vidanges de fosses — la première, du 21 juin 1786, pour la fosse d'une maison appartenant à l'avocat Vialt — les deux autres, des 4 décembre 1789 et 26 mai 1790, pour les fosses de maisons appartenant à la Présidente Turgot.

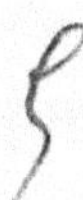

1489. **Vidanges, Assainissement** ; 3 volumes dont 1 cart. et 14 brochures in-12, in-8 et in-4.

Tarif des vidanges de la ville de Paris ; 1829. — Les Dessous de Paris. 1883. — Ville de Paris. Recueil de pièces relatives à l'assainissement ; 1883. — Les Vidanges de Paris et l'agriculture ; 1885. — Le Tout-à-l'égout et l'assainissement de la Seine par l'utilisation agricole des eaux d'égout de Paris, par Louis Gauthier, 1888. — Etc.

1490. **Assainissement de la Seine.** Enquête, 2 vol. — Documents administratifs, 1 vol. — Documents anglais, 1 vol. *Paris, Gauthier-Villars*, 1876-1877 ; ens. 4 vol. gr. in-8, brochés, couv. imp.

On y joint : Rapport sur l'altération des eaux de la Seine par les égouts, par Félix Boudet. *Paris, Bouquin*, 1874 ; brochure in-4 carré.

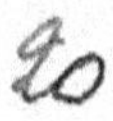

1491. **Egouts de Paris.** 3 vol. ou brochures pet. in-8, dont 1 cart.

Essai sur les cloaques ou égouts de la Ville de Paris, envisagés sous le rapport de l'hygiène publique et de la topographie médicale de cette ville, par A.-J.-B. P. Parent-Duchatelet ; 1824. — Egouts et bornes fontaines, par H. C. Emmery ; 1834 ; 3 pl. repl. — Statistique des égouts de la Ville de Paris en 1836, par le même ; 1837 ; 2 pl. repl.

1492. **Egouts de Paris** ; 7 brochures in-8 et gr. in-8.

Nouveaux égouts proposés à la ville de Paris, par Hector Horeau ; 1831. — Note sur les essais d'utilisation et d'épuration des eaux d'égout de Paris, par Mille et Durand-Claye ; 1869. — Les Egouts de Paris et leur déversement dans la forêt de Saint-Germain, par Léon Journault ; 1883. — Première application à Paris en 1883 de l'Assainissement suivant le système Waring, par Ernest Pontzen ; 1884. — Les Egouts de Paris, étude d'hygiène urbaine, par A. Gastinel ; 1894. — Etc.

1493. **Carte statistique des égouts** de la ville de Paris. Entrées d'eau ; grilles et bouches... exécutée sous les ordres de M. Emmery, gravée sur la demande du Conseil Municipal (par Dormier, Lale, etc.). Complétée jusqu'au 31 décembre 1857. *S. l.*, 1860. — Service municipal. Plan statistique (des eaux) dressé par M. Emmery, continué par ses successeurs, étendu jusqu'aux fortifications par ordre du baron Haussmann, 1858. *S. l.*, 1860, gr. plan divisé en 4 parties. — Ens. 5 cartes, montées sur toile et réunies dans un étui.

1494. **Plan** d'ensemble de l'atlas administratif des égouts de la Ville de Paris (1880). Extrait de la carte du département de la Seine au 1 : 25.000e. In-fol., demi-rel. chag. vert.

17 planches doubles, rubriquées.

---

d) Curiosités de la voie publique. Cris de Paris

1495. **Histoire véritable** de Fanchon la vielleuse, extraite de mémoires inédits... (par J.-B. Dubois et C.-J.-F. Girard de Propiac). *Paris, s. d.* (*vers* 1800) ; in-18 de 108 pp., cart., non rog.

Avec une figure gravée, non signée, représentant Fanchon jouant de la vielle.

1496. **Personnages célèbres dans les rues de Paris** depuis une haute antiquité jusqu'à nos jours, par J.-B. Gouriet. *Paris, Lerouge*, 1811 ; 2 vol. in-8, cart. bradel demi-perc. rouge, non rogné. (*Rel. mod.*).

Ouvrage curieux et rare consacré aux bateleurs, jongleurs et charlatans parisiens.

1497. **Curiosités de la voie publique.** 8 volumes ou brochures in-12 et in-8, dont 3 cart.

Physionomies parisiennes. Les Industriels du Macadam, par Elie Frébault. Dessins par A. Humbert. 1868. — Chansons : Les Industries de la rue par les membres du Caveau. 1869. — Les Refrains de la rue, de 1830 à 1870, recueillis et annotés par Gourdon de Genouillac. 1879. — Les Célébrités de la rue, par Charles Yriarte. Orné de 40 types gravés. Nouvelle édition augmentée de sept types nouveaux. 1868. — Les Amuseurs de la rue, avec seize compositions, par Edouard Debat-Ponsan. 1875. — Etc.

1498. **Types de Paris**, par Duplessi-Bertaux. 7 figures in-18, en largeur, en un cahier.

Dispute populaire. — L'Escamoteur. — Le Tireur de cartes. — M . de la Flûte. — L'Epileptique. — Le Jeu de volant. — Le Chansonnier. — Epreuves anciennes à petites marges.

1499. **Paris grotesque. Les Célébrités de la rue**, par Charles Yriarte (1815 à 1863). *Paris, Dupray de la Mahérie*, 1864 ; in-8, demi-rel. veau fauve, dos orné, tête dor., non rog., couv. cons.

Ouvrage orné d'un frontispice et de nombreuses gravures sur bois, hors texte, par L'Hernault, Lix, de Montault et Yriarte.

1500. **La Guerre aux types** ou photographies parisiennes, par une Société de bandits. (*Paris*), *La Loupe*, *s. d.* (1878) ; in-32, cart. bradel mar. rouge à grain long, dos orné, couv. cons.

Recueil de spirituelles études sur les types parisiens : *le gommeux, le claqueur, le marchand de lorgnettes, le r'chand d'habits, le camelot*, etc., par Perrin de l'Eldorado, F. Savard, L. d'Hura et H. A. de Conty. — Chaque étude st illustrée d'une gravure sur bois.

1501. **Cris de Paris au seizième siècle**, par Adam Pilinski. Avec une notice historique par Jules Cousin. *Paris*, *Labitte*, 1885 ; pet. in-4, cart. bradel perc. blanche, titre dor. sur le plat, non rog. (*Cart. de l'éditeur*).

Ouvrage orné de 18 planches *coloriées*, reproduites en fac-similé d'après l'exemplaire unique de la Bibliothèque de l'Arsenal. — Tiré à 80 exemplaires seulement, sur papier imitant l'ancien.

1502. — *Le même ouvrage*, sans le titre et sans la notice de Cousin ; demi-rel. mar. rouge, non rog.

1503. **Les Cris de Paris**. *A Paris*, *pour la vesve Jean Bonfons*, 1545 (édition gothique réimprimée par Durand pour Baillieu en 1872) ; in-12, cart. bradel demi-mar. vert, tête dor., non rog., couv. cons.

On y joint : Les Cris de Paris. (*Vers* 1820) ; 4 pp. — Cris de Paris. (*Vers* 1830) ; 34 pp. — Les Cris de Paris, types et physionomies d'autrefois, par Victor Fournel. 1887 ; in-8, cart. bradel. — Ce qu'on voit dans les rues de Paris, par le même. 1858 ; in-12, demi-mar. avec coins. — Ens. 3 volumes et 2 plaquettes.

1504. **Les Rues de Paris**, avec les cris que l'on entend journellement dans les rues de la ville, et la chanson desdits cris. *Troyes*, *Garnier le jeune*, 1724 ; in-24 de 79 pp., toile ocre. (*Rel. mod.*).

Edition de colportage, très rare.

1505. **Suite des Cris des marchands ambulants** de Paris, par J.-D. Bertaux. *S. l. n. d.* (*vers* 1810) ; 12 fig. pet. in-12, dont le titre.

A ces 12 figures sont jointes 13 autres vignettes du même genre, également par Duplessi Bertaux, dans le même format, mais en largeur ; ces 25 estampes forment 2 pièces sous verre, mesurant chacune 1 m. de hauteur sur 0 m. 20 de largeur.

1506. **Les Voix de Paris**. Essai d'une histoire littéraire et musicale des cris populaires de la capitale depuis le moyen âge jusqu'à nos jours, par Georges Kastner. *Paris, Renouard*, 1857 ; in-4 de 136 et 171 pp., perc. rouge, dos orné, armoiries de Paris sur le plat, tr. jasp. (*Cart. de l'éditeur*).

La seconde partie de l'ouvrage est intitulée : *Les Cris de Paris, grande symphonie humoristique vocale et instrumentale en trois parties : Paris le matin, Paris le jour, Paris le soir*, paroles d'Edouard Thierry, musique de Georges Kastner, et comprend 171 pages de musique notée.

---

4. *Monuments publics*

a) Généralités. Inscriptions

1507. **De Artificiali Perspectiva**. Viator : secundo. Pinceaux, burins, acuilles, lices. Pierres, bois, métaulx, artifices. *Impressum Tulli, anno* 1509. *Solerti opera Pietri Jacobi presbyteri, incole pagi Sancti Nicolai* ; in-fol. goth. de 32 ff., demi-rel. vélin blanc, non rog.

Reproduction en fac similé, par le procédé Pilinski, du célèbre ouvrage de Jean Pélerin, dit Viator (le voyageur), originaire de l'Anjou, venu à Tours vers 1500, et qui fut chanoine de la cathédrale de cette ville. — L'ouvrage est remarquable par les belles gravures dont il est orné. Publié en Lorraine, en 1509, il est essentiellement français. Tous les monuments qu'il reproduit appartiennent à la France, et en grande partie à Paris, notamment la grande salle du Palais, la salle du Parlement, Notre-Dame, la Sainte Chapelle.

Tiré à 116 exemplaires. — Un des 4 sur peau de vélin.

On y joint : Notice historique et bibliographique sur Jean Pélerin, dit le Viateur, chanoine de Toul, et sur son livre *De Artificiali Perspectiva*, par Anatole de Montaiglon. *Paris, Tross*, 1861 ; in-8, pap. vélin, broché.

1508. **Topographia Galliæ**, dat is eene algemeene en byfondere naukeurige Lant en Plaets beschrivinge vant machtige Koninckrijck Vranckrijck. *Amsterdam*, 1660 ; pet. in-fol., demi-rel. veau fauve, dos orné. (*Rel. mod.*).

Tome premier de la *Topographia Galliæ*, de Math. de Zeiller, illustrée par Gaspard Mérian et consacrée à Paris et à ses environs. Il est orné de 71 planches gravées, dont 1 titre frontispice, 2 vues perspectives, 2 plans et 66 vues. — Parfait état.

1509. **Santeul** (Jean de). Joannis Bapt. Santolii selecta carmina. *Parisiis, apud Dionysium Thierry*, 1670 ; 1 vol. de 2 ff. lim., 100 pp. — Regis pro sua erga urbis mercatores amplioris ordinis munificentia encomium. *Parisiis, typis Petri le Petit*, 1674 ; 1 vol. de 84 pp., 4 ff. et 4 pp. — Ens. 2 ouv. en 1 vol. in-8, mar. rouge, fil. sur les plats, dent. int., tr. dor. (*Rel. de l'époque*).

Recueils ornés de 2 figures repliées gravées et d'une planche d'armoiries. Un certain nombre de pièces de Santeul sont consacrées à des édifices parisiens. — On a ajouté un beau portrait de Santeul gravé par D. Sornique d'après Dumée.

1510. **Mémoires sur les objets les plus importants** de l'Architecture, par M. PATTE, architecte de S. A. S. Mgr le Prince Palatin Duc régnant des Deux-Ponts. *Paris, Rozet*, 1769 ; in-4 de 4 ff. n. ch. et 375 pp., veau fauve, dos orné, fil. sur les plats, tr. rouges. (*Rel. de l'époque*).

Premier tirage de ce remarquable ouvrage, orné de 27 planches gravées, repliées, représentant, entre autres édifices parisiens, la Colonnade du Louvre, le Panthéon, la Madeleine, l'église Saint-Sulpice, dans leur ensemble et leurs détails. (Cohen, 786).

1511. **Almanach pittoresque**, historique et alphabétique, des riches monumens que renferme la Ville de Paris, pour l'année 1779 ,à l'usage des artistes et amateurs des beaux-arts. *Paris*, 1779 ; pet. in-12, mar. rouge, dos orné, fil. sur les plats avec fleurons aux angles, dent. int., tr. dor. — Almanach pittoresque, historique et alphabétique... pour l'année 1780. Tome second. *Paris*, 1780 ; pet. in-12, cart. bradel pap. marb., non rog.

Les deux seuls volumes parus de cet Almanach, qui est la suite de l'*Almanach des Beaux Arts*, mais une suite entièrement refondue « *par la quantité des matières instructives et de monuments nouveaux qui embellissent la ville de Paris* ».

1512. **Antiquités nationales**, ou recueil de monumens pour servir à l'Histoire générale et particulière de l'Empire françois, tels que tombeaux, inscriptions, statues, vitraux, fresques, etc. ; tirés des abbayes, monastères, châteaux et autres lieux devenus domaines nationaux, par Aubin-Louis MILLIN *Paris, Drouhin*, 1790-*an* VII ; 5 vol. in-4, demi-rel. bas., non rog. (*Rel. de l'époque*).

Premier tirage de cet intéressant ouvrage, « *qui nous retrace un assez grand nombre d'édifices que le vandalisme révolutionnaire a fait disparaître* (Brunet, III, 1723) ». Il renferme 250 planches hors texte gravées par Aubry, Blanchard, Demaison, Michel, Simon, Biosse, Chapuis, Masquelier, Ransonnette, etc. — Exemplaire non rogné. (Les pl. 2 du chap. 13 et 1 du chap. 37 manquent).

1513. — *Le même ouvrage*, publié sous le titre de : Abrégé des Antiquités nationales, ou Recueil de monuments pour servir à l'Histoire de France. Ouvrage orné de deux cent cinquante planches. *Paris*, *Barba*, 1837 ; 4 vol. in-4, cart. bradel perc. grise, non rog., couv. cons. (*Petitot*).

1514. **Journal des monuments de Paris**, envoyé à l'Empereur de Russie dans les années 1809, 1810, 1811, 1814 et 1815. Avec le Complément. Par P.-L.-F. Fontaine. *Paris*, *Firmin Didot* (*et Rahir*), 1892-1912 ; 2 part. en 1 vol. in-fol., demi-rel. vélin vert, non rog.

1 portrait et 120 planches réparties dans les deux tomes. Tiré à 50 exemplaires seulement.

1515. **Dictionnaire historique et descriptif** des monumens religieux, civils et militaires de la ville de Paris, où l'on trouve l'indication des objets d'art qu'ils renferment, avec des remarques sur les embellissemens faits ou projetés ; par B. de Roquefort. *Paris*, *Ferra*, 1836 ; in-8 de XXXII-559 pp., cart. bradel pap. bleuté, non rog. (*Rel. mod.*).

Ouvrage estimé, orné d'un plan et de 10 figures hors texte.

1516. **Le Vieux Paris**. Reproduction des monumens qui n'existent plus dans la capitale, d'après les dessins de F.-A. Pernot, lithographiés par Nouveaux et Asselineau (avec un texte explicatif). *Paris*, *Jeanne et Dero-Becker*, 1838-1839; pet. in-fol., demi-rel. bas. grenat, éb. (*Rel. de l'époque*).

Premier tirage. — Ouvrage renfermant 80 grandes lithographies à pleine page ou tirées par 2 sur la même feuille, en noir, dessinées par F.-A. Pernot d'après des documents des XVe et XVIe siècles. Ces dessins, qui sont autant de fidèles reconstitutions du Paris disparu, ont été acquis par la Bibliothèque de la ville de Paris.

1517. **Monuments de Paris**. 5 volumes et 8 photographies.

Arrêtés du Comité de Salut public relatifs aux monuments publics, aux arts et aux lettres. (*Paris, an II*) ; in-4, demi-rel. — Ville de Paris. Liste des principaux monuments de Paris, avec l'historique de leur construction, par Maurice du Seigneur. *Paris*, 1888 ; in-4 obl., demi-rel. — Les monuments de Paris, par H. Bazin. *Paris*, 1904 ; br. — Les monuments de Paris, par A. de Champeaux. *Paris*, 1887 ; in-8, demi-rel. — Etc.

1518. **Monuments de Paris.** 10 volumes ou brochures in-8, in-12 et in-32, rel., cart. et brochés.

Petit Dictionnaire historique et descriptif des monuments religieux, civils et militaires de la Ville de Paris, par C. .D [Cousin d'Avalon]. *Paris*, 1827. — Paris Silhouettes, par Clémence Robert. *Paris*, 1840 ; fig. sur acier et vign. sur bois. — Observations sur les principaux monuments et établissements publics de Paris. Souvenirs d'un solitaire [Leleux]. *Paris*, 1863. — Dictionnaire historique et descriptif des monumens religieux, civils et militaires de la Ville de Paris, par M. de Roquefort. *Paris*, 1826. — Rapport du comité d'emplacement sur la destination des édifices publics de Paris. Imprimé par ordre de l'Assemblée nationale. *Paris*, 1791. — Etc.

1519. **Les Monuments de Paris.** Histoire de l'Architecture civile, politique et religieuse sous le règne du roi Louis-Philippe, par Félix Pigeory. *Paris, Hermitte*, 1847 ; gr. in-8, demi-rel. mar. noir, tête dor., éb.

Première édition, ornée de 16 gravures sur acier, hors texte, par Rouargue frères, et d'un frontispice en chromolithographie.

1520. **Inventaire général des Œuvres d'art** appartenant à la Ville de Paris, dressé par le service des Beaux-Arts. *Paris, Chaix*, 1878-1889 ; 9 vol. gr. in-8, perc. noire, fers spéciaux sur le dos et les plats. (*Cart. de l'éditeur*).

Edifices civils, 2 vol. — *Edifices religieux*, 4 vol. — *Edifices divers*, 1 vol. *Arrondissement de Saint-Denis*, 1 vol. — *Arrondissement de Sceaux*, 1 vol.

1521. **Inventaire général des richesses d'art** de la France. Archives du Musée des Monuments français. *Paris, Plon*, 1876-1902 ; 9 vol. gr. in-8, demi-rel. mar. rouge à long grain, sur le dos sans nerfs orné, non rog., couv. cons.

Archives du Musée des Monuments français, 3 vol. — *Paris : Monuments civils*, 3 vol. — *Paris : Monuments religieux*, 3 vol.

1522. **Bulletin de la Société des Amis des monuments parisiens**, constituée dans le but de veiller sur les monuments d'art et sur la physionomie monumentale de Paris (Architecture, Peinture, Sculpture, Curiosités et Souvenirs historiques). *Paris*, 1885-1900 ; 12 vol. in-8, nombr. illustr. dans le texte et hors texte, cart. bradel demi-perc. bleue, non rog., couv. cons.

1523. **Recueil des épitaphes** des familles illustres et célèbres des églises de Paris par ordre alphabétique, depuis 1200 jusqu'en 1660. 2 forts vol. in-fol., veau fauve, dos orné de pièces héraldiques, dent. int., tr. rouges. (*Rel. du XVIIIe siècle*).

Important manuscrit original du XVIIIe siècle, composé de 2 volumes d'environ 1000 pages chacun, d'une écriture très lisible.
Exemplaire aux armes de *CHARLES DE ROHAN, PRINCE DE SOUBISE*, pour qui le manuscrit a été exécuté.
Provient de la collection Phillipps, de Londres.

1524. **De Monumentis publicis latine inscribendis** oratio, a Joanne Lucas. *Parisiis, apud Simonem Benard*, 1677 ; pet. in-8, veau brun, dos orné, tr. jasp. (*Rel. de l'époque*).

Intéressant ouvrage sur les inscriptions latines, par Jean Lucas, de la Compagnie de Jésus, avec de nombreuses allusions aux monuments parisiens.

1525. **Inscriptions des monuments de Paris.** 1 volume, 3 brochures et gravures.

Discours sur les monuments antiques, sur ceux de la ville de Paris, et sur une inscription trouvée au bois de Vincennes, par le R. P. Dom Bernard de Montfaucon. *S. l.*, 1740. — Un mot de plus sur l'épigraphie du jour : les inscriptions latines de Richelieu à la Sorbonne par J. Lapaume. *Grenoble*, 1867. — Dossier de reproductions gravées de médailles de Ménestrier, figurant les monuments de Paris ; 1715. — Procès verbaux manuscrits des séances de la Commission des Inscriptions parisiennes nouvelles [par Paul Lacombe]. 1885-1893. — Etc.

1526. **Inscriptions françaises et latines**, proposées pour les principaux monumens de Paris et des départemens, par Dubos aine. — [Nouvelles] Inscriptions françaises et latines proposées pour les principaux monumens de Paris et des départemens, par le même. *Paris, Debray*, 1808 ; 2 vol. in-8, brochés.

1527. **Inscriptions des monuments parisiens.** 1 volume et 1 brochure pet. in-4.

Ville de Paris. Comité des inscriptions parisiennes. Etat alphabétique des inscriptions placées depuis l'institution du Comité. *Paris*, 1883 ; in 4, en ff. dans un carton. — Inscriptions françaises et latines proposées pour divers monumens de Paris et de l'Empire français, par Pierre Ant.-Rom. Dubos. *Paris, Sajou*, 1810 ; broché.

1528. **Comité des Inscriptions parisiennes** (1886-1902). **Réunion de notes autographes de M. Paul Lacombe, de lettres et documents divers.**

b) Le Louvre et les Tuileries

1529. **Le Louvre.** 5 vol. plaq. in-8 et in-12, rel. ou brochés.

Le Palaly du Louvre, faict par le fourrier de l'armée spirituelle. Dédié aux pères du hault esprit, qui pourront comprendre les métamor refonduz de ce temps. *S. l. n. d.* (1614), 8 pp. — Lettre à un ami sur les travaux du Louvre et sur le tombeau du maréchal de Saxe. *Paris*, 1756 ; 14 pp. — Lettre à Mme de*** sur le spectacle du Louvre. *Paris*, 1758 ; 36 pp. — Comptes des dépenses faites par Charles V dans le château du Louvre, des années 1364 à 1368, publiés par Le Roux de Lincy. *Paris*, 1852. — La Bibliothèque du Louvre, par Marius Vachon. *Paris*, 1879.

1530. **L'Ombre du grand Colbert**, le Louvre et la Ville de Paris, dialogue [par Lafont de Saint-Yenne]. *A La Haye*, 1749 ; in-12 de 165 pp., veau porph., dos orné, tr. rouges. (*Rel. de l'époque*).

Première édition. — On a relié à la suite : Lettres sur quelques écrits de ce temps [par E.-C. Fréron et l'abbé Jos. de La Porte]. *Genève*, 1749 ; 72 pp.

1531. — *Le même ouvrage*, suivi de réflexions sur quelques causes de l'état présent de la peinture en France, avec quelques lettres de l'auteur à ce sujet. Nouvelle édition corrigée et augmentée. *S. l.*, 1752 ; in-12 de LXX-367 pp., mar. brun, dos orné, fil. sur les plats, tr. dor. (*Masson-Debonnelle*).

Orné d'un frontispice d'Eisen, représentant la Colonnade du Louvre encore dissimulée par les restes des hôtels de Bourbon et de Longueville.

1532. — *Le même ouvrage*, sous le titre : Le Génie du Louvre aux Champs Elisées. Dialogue entre le Louvre, la Ville de Paris, l'Ombre de Colbert et Perrault, avec deux lettres de l'auteur sur le même sujet. *S. l.*, 1756 ; in-12 de XVI-146 pp., demi-rel. chag. vert, tr. peigne. (*Rel. mod.*).

1533. **Le Louvre.** 6 vol. ou plaq. in-4, in-8 et in-12, rel. ou brochés.

Essai historique sur le Louvre [par J. Olivier]. *Paris*, 1758 ; avec 6 planches gravées par Marvye. — Notice historique sur la statue équestre élevée dans la cour du Louvre. *S. l.* (1840). — Description des sculptures qui ornent le fronton de la colonnade du Louvre. *Paris*, 1808. — Mémoires sur le Louvre. Troisième édition. *S. l.*, 1751. — Arrêt du Conseil d'Estat du Roy, concernant la confection du Louvre. *Paris*, 1760. — Historique du Louvre, par Tintillier des Landes, architecte. *S. l. n. d.* Manuscrit de 34 ff.

1534. **Le Louvre**. 1 liasse de 60 ff. in-4.

Rapport manuscrit de DUFOURNY sur l'achèvement du Louvre, écrit vers 1795, accompagné de nombreux documents manuscrits réunis pour une histoire artistique de ce palais.

1535. **Paris** et ses monuments, mesurés, dessinés et gravés, par BALTARD, avec des descriptions historiques par le cit. AMAURY-DUVAL. Ouvrage dédié à Napoléon Bonaparte. *Paris, de l'impr. de Crapelet*, 1803 ; in-folio.

I. *Le Louvre*. Texte orné de vignettes et 34 superbes planches gravées par Baltard.

1536. **Le Louvre**. 5 volumes ou plaq. in-8 et in-12, rel., cart. ou brochés.

Le Louvre : les derniers travaux de M. Duban, par C. MARSUZI DE AGUIRRE. *Paris*, 1852. — Notice historique et descriptive sur la galerie d'Apollon, par Ph. DE CHENNEVIÈRES. *Paris*, 1851. — Le Louvre depuis son origine jusqu'à Louis-Napoléon par Charles DE BEUVE. *Paris*, 1852. — Le Louvre et le Nouveau Louvre, par L. VITET. *Paris*, 1882. Description du modèle, représentant l'achèvement du Louvre, par M. VISCONTI, architecte de l'empereur. *S. l., n. d.*, plan colorié.

1537. **Paris et le Nouveau Louvre**, ode par Théodore de BANVILLE. *Paris, Poulet-Malassis et De Broise, Juin* 1857 ; in-12 de 29 pp., pap. vergé, demi-rel. mar. brun, non rog.

Edition originale.

1538. **Le Louvre**, monument et musée, depuis leurs origines jusqu'à nos jours, par A. LEMAITRE. *Paris*, 1877 ; in-4, cart. bradel perc. verte, non rog., couv. cons.

On y joint : Le Louvre, par A. VITET. 1853. — Brèves considérations relatives à un projet de Propylées pour le Louvre [par PRINCE DE PONTS-LA-CHATAIGNERAYE]. 1853. — Observations sur la colonnade du Louvre (par Ant. RONDELET). 1856. — Ens. 3 vol. et 1 brochure.

1539. **Babeau** (Albert). Le Louvre et son histoire. — Ouvrage illustré de 140 gravures sur bois et photogravures, d'après des dessins, des plans et des estampes de l'époque. *Paris, Firmin-Didot et Cie*, 1895 ; pet. in-4, broché, couv. imp.

Envoi d'auteur à M. Paul Lacombe.

1540. **Mémoires** sur la réunion du Palais Impérial des Tuileries et du Louvre et plans de diverses dispositions pour l'achèvement de la place du Carrousel, par Baltard, architecte. *Paris*, *P. Didot*, 1811 ; in-fol., cart. bradel demi-perc. grise.

6 planches hors texte, doubles (sur 7). — Le texte est orné de 6 belles vignettes, à l'aquatinte, et de 2 plans.

1541. **Description historique et graphique** du Louvre et des Tuileries, par le comte de Clarac, conservateur des Antiques du Louvre. *Paris*, *Imprimerie impériale*, 1853 ; in-8 de XVI-456 pp. cotées 237-693, pap. vergé, demi-rel. mar. rouge avec coins, dos orné, tête dor., non rog. (*Capé*).

Ouvrage illustré de 24 planches gravées.

1542. **Le Napoléonium.** Monographie du Louvre et des Tuileries réunis, avec une notice historique et archéologique. *Paris*, *Grim*, 1856, pet. in-folio, demi-rel. mar. vert avec coins, dos orné, tête dor.

62 planches en tirage à part dont 2 photographies, les autres gravées au trait. — Exemplaire contenant 5 planches doubles par Hérisset, Aveline, etc., ajoutées.

1543. **Le Louvre et les Tuileries.** 3 volumes et 8 brochures ou pièces.

Réunion du palais du Louvre et des Tuileries. *S. l. n. d.*, in-fol., 3 p., avec un plan gravé du Louvre et des Tuileries, demi-rel. — Plan général d'un projet de réunion du Louvre au Palais des Tuileries : recueil de 5 planches gravées par Montferrand. *S. l. n. d.*, in-fol., 7 ff. demi-rel. — Le Louvre et les Tuileries par Edmond Beaurepaire. *Paris*, 1901, in-12 broché. — Rapport de la Classe de littérature et beaux-arts de l'Institut national au Conseil des Cinq Cents, au sujet de la réunion du Louvre aux Tuileries. *Paris, an V* ; in-8, 20 p., cart. — Deux Décrets de la Convention Nationale de 1792 et 1793, relatifs au Louvre et aux Tuileries. — Explication du Plan de réunion du Louvre aux Tuileries, par le marquis de Forbin d'Oppède. *Paris*, 1806 ; in-8, 4 pp., br. — Le Louvre et les Tuileries, par Ch. Bauchal. *Paris*, 1882 ; in-12, br. *Exemplaire corrigé et augmenté à la main par l'auteur.* Etc.

1544. **Le Château des Tuileries**, ou Récit de ce qui s'est passé dans l'intérieur de ce Palais, depuis sa construction jusqu'au 18 brumaire de l'an VIII.... avec des anecdotes curieuses sur les secrets de l'Etat, sur la famille royale, les personnes de la cour, les ministres, les parlemens, et sur l'enlèvement des effets de la couronne, la dilapidation du mobilier, la police secrète de l'empire ; enfin, sur la situation de Paris pendant la Révolution. Par P. J. A. R. D. E. [Pierre-Joseph-Alexis ROUSSEL, d'Epinal]. *Paris, Lerouge*, 1802 ; 2 vol. in-8, demi-rel. veau fauve, dos orné. (*Rel. de l'époque*).

Ouvrage contenant de curieux détails sur la période révolutionnaire il est orné de 2 frontispices gravés, dont l'un représente les enfants de France, accompagnés de Marie-Antoinette et de Mme Elisabeth, traversant la cour des Tuileries, et dont l'autre figure une initiation maçonnique.

On a joint : Le Palais des Tuileries en 1848, par l'abbé A. DENYS. *Paris*, 1869, pet. in-8, cart., non rog.

1545. **Evénements politiques ayant eu pour théâtre les Tuileries.** 6 pièces pet. in-8, dérel.

Le Sabreur des Tuileries dans l'embarras. Nouvelle authentique et intéressante. *Paris*, 1789 ; 16 pp. — Générosité de M. de S. Priest envers le Sabreur des Tuileries. *Paris*, 1789 ; 8 pp. — Décret de l'Assemblée Nationale du 25 juin 1791, prescrivant que le Roi, la Reine et le Dauphin seront, dès leur retour aux Tuileries, mis sous la surveillance de gardes obéissant au commandant général de la Garde nationale parisienne, 4 pp. — Lettre d'un député de l'Assemblée Nationale au département des Bouches-du-Rhône [BLANC GILLI], au sujet de l'attentat et des désordres commis au château des Thuileries, le 20 juin. *Paris*, 1792 ; 16 pp. — Récit général et circonstancié des événemens du vingt juin (*Paris*, 1792) ; 19 pp. — Etc.

1546. **Les Tuileries.** 12 vol. ou plaq. in-8, in-12 et in-18, cart. ou brochés.

Paris disparu. Les Tuileries, par Jehan WALTER. *Paris*, 1884. (Ex. sur pap. de Holl.). — Physiologie historique, politique et descriptive du château des Tuileries [par LAMOTHE-LANGON]. *Paris*, 1842. — Dossier de notes manuscrites d'Edouard FOURNIER, relatives aux Tuileries. — Le Fou des Tuileries, charmeur de palombes, par l'Auteur du Faubourg Saint-Germain [le marquis Eugène DE LONLAY]. *Paris*, 1867. — Les Tuileries et le Palais Royal, par le vicomte S. de L. [VILLEMAREST]. *Paris*, 1835. — Etc.

1547. **Jardin des Tuileries.** 3 vol. et 10 plaq. in-12 et in-8, brochés ou cart.

Les Entretiens du Jardin des Thuileries de Paris, par MERCIER. *Paris*, 1788. — Description des statues des Tuileries, par A. L. MILLIN. *Paris*, 1798. — La Promenade aux Tuileries ou description historique de ce palais et des statues du jardin. *Paris*, 1827. — Les Beautés du Jardin royal des Tuileries, poème lyrique par Pierre COLAU. *Paris*, 1814. — Promenade savante des Tuileries ou Notice historique et critique des Monumens du Jardin des Tuileries, par M. N. S. G. P*** [l'abbé Marie-Nic.-Silv. GUILLON-PASTEL]. *Paris, an VII*. — Précis historique et fabuleux sur les statues qui ornent le Jardin des Tuileries [par BLONDAU]. *Paris, an VII*. — Rapport sur l'embellissement du Palais et du Jardin national... présenté au Comité de Salut public, par HUBERT, architecte. *Paris, an II*. — Etc.

1548. **Arc de Triomphe des Tuileries**, érigé en 1806

d'après les dessins et sous la direction de MM. C. Percier et P.-F.-L. Fontaine; dessiné, gravé et publié par NORMAND fils, avec un texte explicatif par M. BRÈS ; dédié à M. le comte de Clarac. *Paris, Normand fils*, 1828, in-fol. oblong, demi-rel. veau vert, dos orné. (*Rel. de l'époque*).

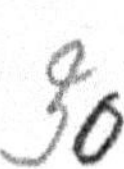

Cet ouvrage composé de 27 planches finement gravées au trait, comprend dans tous ses détails l'état primitif de ce monument et les modifications qu'il a éprouvées depuis la Restauration. On a rassemblé à la suite 24 projets tant anciens que modernes, de réunion du Louvre aux Tuileries par MM. Percier et Fontaine, Bellanger, Petit-Radel, C. Normand, etc., formant la 27ᵉ planche.

1549. **Le Théâtre des Tuileries.** 4 pièces in-12 et in-8, dérel.

Description abrégée de l'église de Saint-Pierre de Rome, et de la représentation de l'intérieur de cette église, donnée à Paris dans la Salle des Machines des Thuilleries aux mois de mars et d'avril de l'année 1738, par le sieur Servandoni, architecte et peintre de l'Académie Roïale de peinture [par P.-J. MARIETTE]. *Paris* 1738 ; avec un plan gravé. — Description du spectacle de Pandore, inventé et exécuté par le chevalier SERVANDONI (1739). — Les Travaux d'Ulisse, représentation donnée sur le Théâtre des Thuilleries, le dix-neuvième mars 1741 par le sieur SERVANDONI. *Paris*, 1741. — Lettre au sujet du spectacle des avantures d'Ulisse, ouvert au Palais des Thuilleries, dans la salle des machines, au mois de mars 1741. *Paris*, 1741. — Le Triomphe de l'amour conjugal. Spectacle orné de machines, animé d'acteurs pantomimes et accompagné d'une musique qui en exprime les différentes actions. Exécuté pour la première fois sur le grand Théâtre du Palais des Thuilleries le dimanche 16 mars 1755. *Paris*, 1755

---

c) Le Palais-Royal

1550. **Palais-Royal.** 8 brochures in-12 et in-8.

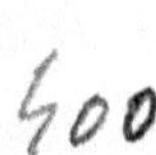

Les Soirées du Palais-Royal, ou les veillées d'une jolie femme ; contenant quatre lettres à une amie, avec la conversation des chaises du Palais Royal. [Par DESBOULMIERS]. *Sous l'arbre de Cracovie*, 1762 ; in-12. — Le Gonflement de la rate, ou les Entretiens du jour ; dialogue au Palais-Royal, entre Mlle Trote-menu, marchande à la toilette, et M. Dix-huit, tailleur. *Paris*, 1774 ; in-8. — Petit Journal du Palais Royal, ou affiches, annonces et avis divers. (4 numéros). *Paris*, 1789 ; in-8. — Observations sur la destruction de la promenade du Jardin du Palais-Royal. Lettre d'un Anglois établi à Paris, à Milord P*** à Londres. *Amsterdam*, 1781 ; in-12, front., gravé. — Lettre à M*** sur le Cirque, qui se construit au milieu du Jardin du Palais-Royal, par M. J.-A. (DULAURE). *Paris*, 1787 ; in-8. — Plans relatifs au Palais-Royal et discussion des questions qu'ils ont fait naître au procès entre S. A. S. Mgr le Duc d'Orléans et le sieur Julien. *Paris*, 1818 ; in-8, 6 plans repliés, gravés et *coloriés*. — Etc.

1551. **Tableau du nouveau Palais-Royal.** *A Londres, et se* *trouve à Paris, chez Maradan*, 1788 ; 2 vol. in-12, cart. bradel demi-mar. vert, tête dor., éb. (*Rel. mod.*).

Très intéressante description du palais et des mœurs de ses habitants, ornée de 2 jolies figures gravées, repliées, représentant l'une une *Vue de l'Ancien Palais Royal*, l'autre une *Vue du Nouveau Palais Royal*. — Rare.

1552. **Annuaire, ou tableau du palais du Tribunat**, contenant l'historique des divers changements qu'il a éprouvés depuis deux siècles ; la description détaillée de ses bâtimens, jardin et dépendances ; les noms et adresses des marchands, artistes et artisans, avec la nomenclature des objets de leur commerce, etc. ; terminé par la table alphabétique des personnes qui l'exercent, avec renvoi à leurs numéros et pages. Par J.-F. Normant. *Paris, Favre, an* x ; in-18, cart. bradel pap. bleuté. (*Rel. mod.*).

Curieux almanach orné d'un frontispice gravé, replié, représentant le *Jardin du Palais du Tribunat* (c'est-à-dire de l'ancien Palais-Royal). Il renferme, outre la liste de tous les marchands et artisans établis dans le Palais-Royal (aussi bien ceux des galeries de pierre que ceux des galeries dites de bois et de la galerie vitrée) l'historique et la description du théâtre de Mlle Montansier.

1553. **Le Palais-Royal**, ou histoire de M. Du Perron, conte précédé et suivi d'un choix de pièces en prose et en vers. *Paris, Lefuel, s. d.* (vers 1820) ; in-18, demi-rel. mar. rouge, tête dor., non rog. (*Knecht*).

Ouvrage orné d'un frontispice libre gravé par Larcher d'après Heim. Le conte qui donne son titre au volume est du comte de Ségur ; les autres auteurs sont Casimir Delavigne, H. de La Touche, Delphine Gay, A. Soumet, Viennet, Mme Tastu, etc.

1554. **Guide dans le choix des étrennes**. Almanach du Palais-Royal pour 1824, orné de notices sur les artistes demeurant au Palais-Royal et dans ses environs, d'une revue succincte des spectacles, établissemens de toutes espèces, d'anecdotes historiques, poésies diverses, etc., etc., par Albert Bendix. *Paris, Delaunay*, 1824 ; in-18, 288 pp., cart. de l'époque, non rog.

Ouvrage orné de 2 jolies figures repliées, gravées par Couché fils, représentant l'une la place du Palais Royal, l'autre le jardin. — Les 43 chapitres sont consacrés chacun à une des industries exercées au Palais-Royal : marchandes de modes, parfumeurs, joailliers, confiseurs, restaurateurs, limonadiers, libraires, etc., et contiennent des détails curieux pour l'histoire des modes et des mœurs. — Exemplaire bien complet de son calendrier pour

1824, et de sa nomenclature hors texte des travaux calligraphiques de l' « écrivain-rédacteur » auquel est consacré le chapitre XIX.

1555. **Le Palais-Royal**, 1829 [par P.-L.-F. Fontaine]. *Paris, imp. de Gaultier-Laguionie*, 1829 ; in-8, 168 pp., demi-rel. toile fant. (*Rel. mod.*).

On a joint à cet ouvrage son complément, « *qu'on ne rencontre presque jamais réuni au texte* (note manuscrite de Paul Lacombe) » : un album de 6 plans sur double page, gravés par Hibon. *S. l. n. d.* ; in 4, demi-rel., veau fauve de l'époque.

1556. **Histoire du Palais-Royal** [par J. Vatout]. *Paris*, [*imp. Gaultier-Laguionie*], 1830 ; in-8, mar. bleu à long grain, dos sans nerfs orné en long, comp. de fil. et orn. dor. encad. les plats, bord. int. dor., tr. dor. (*Simier, r. du Roi*).

Edition originale.

1557. — *Le même ouvrage. Ibid., id.*, 1830 ; in-8 tiré pet. in-fol., sur grand pap. vergé teinté, cart. demi-perc. bleue, non rog.

1558. **Le Palais-Royal**, domaine de la Couronne. Seconde édition. *Paris*, 1837 ; in-4, demi-rel. chag. rouge de l'époque.

Ouvrage orné de 60 planches hors texte gravées au trait, représentant la décoration extérieure et intérieure du palais. (Rousseurs).

1559. **Palais-Royal.** 1 vol. in-12 cart., et 5 brochures ou pièces in-8 et in-12.

Notice historique sur le Palais National et description des salles de l'exposition et des appartements intérieurs. *Paris*, 1850. — Le Palais Royal [par Fontaine]. *Paris*, 1829. — Mémoire pour les héritiers Lepescheux (au sujet de l'adjudication de onze arcades du Palais-Royal). *Paris*, 1824. — Les Chroniques du Palais-Royal, par Saint-Marc et le marquis de Bourbonne. *Paris*, 1881. — Etc.

1560. **Les Chroniques du Palais-Royal.** Origine, splendeur et décadence. Les ducs et les duchesses. La Régence. Théâtres, cafés, restaurants, tripots. Les galeries de bois, etc., etc. Par B. Saint-Marc et le marquis de Bourbonne. *Paris, Th. Belin*, (1881) ; in-8, front. à l'eau-f., pap. vergé, demi-rel. mar. rouge avec coins, dos orné, fil., tête dor., non rog. (*Ducharne*).

On y joint : La Vie au Palais-Royal, par Augé de Lassus. *Paris*, 1904 ;

in-8, pap. vergé, 3 pl. hors texte, br., couv. imp. — Le Fou du Palais-Royal, par CANTAGREL. (Publication de l'École sociétaire). *Paris*, 1841 ; in-8, cart. bradel demi-perc. verte. — Ens. 3 vol.

1561. **Le Palais-Royal** d'après des documents inédits (1629-1900), par Victor CHAMPIER et G.-Roger SANDOZ. *Paris*, 1900 ; 2 vol. in-4, brochés, couv. imp.

Publication de la *Société de propagation des Livres d'art*, ornée de planches hors texte : eaux fortes, héliotypies, fac-similés d'aquarelles, et de nombreuses illustrations dans le texte.

1562. **Le Palais-Royal pendant la Révolution**. 7 pièces in-8, brochées.

Aspasie à tous les comités du Palais Royal. *S. l. n. d.* (1789) ; 15 pp. — La Mouche écrasée, ou l'aventure du Palais-Royal du jeudi 8 juillet. *S. l. n. d.* (1789) ; 3 pp. — La Fin burlesque des faiseurs de motions du Palais-Royal, avec l'emblème de la Liberté, et une énigme en vers, par l'auteur des Commandemens de la Patrie. *Paris, s. d.* (Septembre 1789) ; 8 pp. — Dialogue entre un noble et sa femme qui fut fessée au Palais-Royal, pour avoir osé conspuer le portrait de M. Necker. *S. l. n. d.* (1789) ; 7 pp. — Motion aquatique [par RONESSE]. *S. l. n. d.* (Septembre 1789) ; 7 pp. — Etc.

1563. **Les Entretiens du Palais-Royal de Paris**, par M. MERCIER. *Paris, Buisson*, 1786 ; in-8 de 204 pp., cart. bradel demi-mar. brun, tête dor., non rog. (*Rel. mod.*).

Spirituelle critique des mœurs du temps.

1564. **L'Optique du jour**, ou le Foyer de Montansier. Par Joseph R***y (ROSNY). *A Paris, chez Marchand, an* VII ; in-18, demi-rel. veau brun. (*Rel. de l'époque*).

Curieux ouvrage, orné d'un frontispice replié gravé par Bovinet d'après Binet, représentant le Foyer de Montansier, aujourd'hui Théâtre du Palais-Royal, qui était alors le rendez-vous de la société galante de Paris. Les divers types qu'on y voit, font chacun le sujet d'un chapitre du volume : *La courtisane*. — *La fille publique*. — *L'agioteur*. — *L'intrigant*. — *Le rentier*. — *Le nouveau parvenu*. — *Le militaire*. Etc.

1565. **Les Rencontres au foyer Montensier**. *A Paris, chez Marchand*, 1802 ; in-18 de 130 pp., cart. bradel perc. blanche, non rog. (*Rel. mod.*).

Petit roman galant, orné d'un frontispice gravé par Berthet.

1566. **La Revue de l'an huit**, ou les originaux du Palais-Egalité. *A Paris, chez Barba*, (1801) ; in-18, 175 pp., cart. mod.

Amusant petit volume, contenant la *physiologie* de chacun des types qui se rencontraient dans le Palais-Royal ; il est orné d'un frontispice gravé, *colorié*, représentant le chanteur Garat.

1567. **Le Gros lot**, ou une journée de Jocrisse au Palais-Egalité, par Hector CHAUSSIER. *A Paris, chez Roux, an* IX, in-18, 140 pp., cart. bradel demi-perc. marron.

Récit facétieux, orné d'un frontispice gravé, *colorié*, représentant un muscadin.

1568. **Les Rencontres au Palais-Royal**, tableaux de société, par A.-S. VICTOR. *Paris, Tiger, s. d.* (*vers* 1810) ; pet. in-12, 107 pp., cart. bradel demi-mar. rouge, tête dor., éb. (*Rel. mod.*).

Petit roman libre, orné d'un frontispice gravé représentant une scène du jardin du Palais-Royal.

1569. **Les Soirées du Palais-Royal**, recueil d'aventures galantes et délicates, publié par un Invalide du Palais Royal [CUISIN]. *Paris, Plancher*, 1815 ; pet. in-12, cart. de l'époque, non rog.

Roman très libre, orné de 2 figures gravées. (Les gravures de cet exemplaire sont salies et doublées).

1570. — *Le même ouvrage*, réimprimé sous le titre : Soirées joyeuses et galantes du Palais-Royal et de ses environs, ou tableau des aventures amoureuses, délicates et funestes, qui s'y renouvellent chaque jour, publié par M. de SAINT-LAURENT, témoin oculaire et habitant ce délicieux séjour. *Paris, Terry*, 1833 ; pet. in-12, demi-rel. mar. rouge, dos orné, tr. peigne, éb. (*Rel. mod.*).

Les 2 figures gravées, pareilles à celle de la première édition, sont *coloriées*.

1571. — *Le même ouvrage*, réimprimé sous le titre : Scènes de jour et de nuit au Palais-Royal ou tableau par soirées des délices et des périls de ce séjour enchanté. Dédié à la jeunesse de Paris et des départements. *A Paris, chez les marchands de nouveautés*, août 1830 ; in-18, broché, couv. imp.

Edition ornée d'une figure gravée, *coloriée*, différente de celles des autres éditions.

1572. **Les Nymphes du Palais-Royal** ; leurs mœurs, leurs

expressions d'argot, leur élévation, retraite et décadence, par P. Cuisin. Troisième édition. *Paris, Roux*, 1815 ; in-18, 142 pp., demi-rel. mar. rouge avec coins, dos orné, tête dor., non rog. (*Rel. mod.*).

Edition parue la même année que l'édition originale ; elle a été publiée sans figure.

1573. — *Le même ouvrage*. Cinquième édition. *Paris, Roux*, 1816 ; cart., non rog.

Edition ornée d'une figure repliée, gravée et *coloriée*, représentant la porte d'entrée du nº 113, avec, sur le seuil, des filles de la maison arrêtant les promeneurs.

1574. **Le Palais-Royal**, ou les filles en bonne fortune ; coup d'œil rapide sur le Palais-Royal en général, sur les maisons de jeu, les filles publiques, les tabagies, les marchandes de modes, les ombres chinoises, les traiteurs, les cafés, les cabinets de lecture, les bons mots de ces demoiselles, etc. Ouvrage plus moral qu'on ne pense. Seconde édition. *Paris, L'Ecrivain*, 1815 ; in-18, cart. bradel pap. vert. (*Rel. mod.*).

Ouvrage orné d'un frontispice replié, gravé, *colorié*, représentant les galeries du Palais-Royal : des filles y conversent avec des officiers russes et anglais. Il est attribué à Deterville.

1575. **Vie anecdotique de [Chodruc-] Duclos**, dit l'homme à longue barbe. *Paris*, 1829 ; in-18 de 102 pp., cart. mod.

Orné d'une planche lithographiée, repliée, représentant Chodruc-Duclos à quatre époques différentes de sa vie.

1576. **Histoire de l'homme déguenillé** et à longue barbe [Chodruc-Duclos] qui se promène dans le Palais-Royal. Ses aventures, ses amours, ses combats, et sa captivité à Vincennes, Bicêtre, etc., ainsi que ses derniers procès. Par E. D... *Paris, Chassaignon*, 1830 ; in-18 de 104 pp., front. gr. sur bois, cart. mod.

1577. **Histoire véritable et complète de Chodruc-Duclos**, surnommé l'homme aux haillons et à la longue barbe du Palais-Royal, contenant sa vie, ses aventures, ses amours, sa carrière militaire, des détails sur les diverses détentions qu'il a subies dans les prisons d'Etat de Vincennes et de

Bicêtre..., suivie d'une complainte sur ce Diogène moderne. *Paris, s. d.*, in-18, 126 pp., cart. bradel pap. japonais gaufré. (*Rel. mod.*).

Orné de 3 figures lithographiées, doublées.

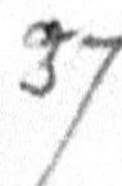

1578. — *Le même ouvrage*, avec le même titre, suivi de : Par J.-B. Ambs-Dalès. Quatrième édition, revue et corrigée. *Paris*, 1830 ; in-18, 126 pp., même cart.

Orné de 4 figures lithographiées, tirées sur 2 feuilles repliées. — Le texte est exactement le même que celui de l'édition précédente.

---

d) Le Luxembourg. Les Invalides. Edifices divers.

1579. **Lettres patentes du Roi, en forme d'édit**, par lesquelles Sa Majesté donne à Monsieur le Palais du Luxembourg, à titre et par augmentation d'apanage, données à Versailles au mois de décembre 1778, registrées en Parlement le 5 février 1779. *Paris. P.-G. Simon*, 1779 ; in-4 de 8 pp., broché.

1580. — *La même pièce*, à laquelle on a joint : Lettres patentes du Roi, portant concession à Monsieur, à titre d'inféodation, des terrains et emplacemens dépendans du Palais du Luxembourg, lesquels le Roi s'était réservés, par Edit du mois de décembre dernier, pour en jouir par Monsieur à titre de fief. Données à Versailles le 25 mars 1779. *Paris, P.-G. Simon*, 1779 ; in-4 de 4 pp., broché.

1581. **Palais du Luxembourg**. 4 brochures in-12 et in-18.

Procès-verbal et notes explicatives d'un événement qui a eu lieu au Palais du Luxembourg, le 23 février 1791, par M. Labbé. *Paris*, 1814. — Les Quatre jardins royaux de Paris, ou distractions de l'aveugle du Luxembourg. [Par Mazade d'Avèze]. Deuxième édition. *Paris*, 1819. — Souvenirs du Luxembourg, par Th. Bourgeois. *Paris*, 1857. — Le Palais du Luxembourg, par J. Lingay. *Paris*, 1863.

1582. **Notice sur le Palais de la Chambre des Pairs**, anciennement appelé Palais de Luxembourg ou d'Orléans, par

M. G. de La V... (Grimaud de La Vincelle). *Paris*, *Nepveu*, 1820 ; in-18, cart., non rog. (*Rel. mod.*).

Notice complétant un ouvrage précédant du même auteur : *Antiquités gauloises et romaines, recueillies dans les jardins du Sénat*, etc., publié alors que « *les travaux de restauration et d'embellissement du Palais de la Chambre des Pairs n'étaient point encore achevés.* » (Voir le N° 1053). Elle est ornée de 4 grandes planches repliées et d'un frontispice gravés.

1583. **Le Palais du Luxembourg** fondé par Marie de Médicis, considérablement agrandi sous le règne de Louis-Philippe Ier. Origine et description de cet édifice ; principaux événements dont il a été le théâtre depuis sa fondation, 1615, jusqu'en 1845. Par Alphonse de Gisors. *Paris*, *Plon*, 1847 ; gr. in-8, cart. de l'éditeur.

Ouvrage orné de 18 planches gravées au trait par Massard, Huguenet et Hibon.

On y joint : Le Luxembourg (1300-1882). Récits et confidences sur un vieux palais, par Louis Favre. *Paris*, 1882, in-8, cart., non rog.

1584. **Le Palais du Luxembourg**. Ses transformations, son agrandissement, ses architectes, sa décoration, ses décorateurs, par A. Hustin. *Paris*, *Mouillot*, 1904 ; in-4, cart. bradel demi-perc. bleue. (*Petitot*).

Ouvrage orné de 52 belles illustrations ou plans, dans le texte ou à pleine page.

On y joint : Au Palais du Luxembourg. Quelques témoins des âges antiques, par Eug. Toulouse. *Paris*, *Imprimerie de l'art*, 1905 ; in-4, même cart.

1585. **Le Luxembourg ouvert**. Texte de Gustave Geffroy. Dessin de J.-F. Raffaëlli. (*Paris*), *édité par l'Estampe originale*, 17, *rue de Rome s. d.* ; plaq. in-4, pl., cart. bradel demi-perc. brune, couv. ill.

Un des 100 exemplaires imprimés sur grand papier, contenant le dessin de Raffaëlli tiré sur Japon.

1586. **Jardin du Luxembourg**. 6 brochures in-8.

Le Luxembourg, boutade, suivie de notes historiques par l'Aveugle improvisateur. *Paris*, 1818. — La Création du jardin du Luxembourg, par Marie de Médicis, par L.-A. Hustin. *Paris*, 1916. — Sauvons le Luxembourg, par Adolphe Joanne. *Paris*, 1866. — A propos du Luxembourg, par A. Dantès. *Paris*, 1866. — Le Procès du Luxembourg, avec un plan général, par J. Olive. *Paris*, 1866.

1587. **In Regiam Invalidorum Domum**, ode. *S. l. n. d.* (*vers* 1670) ; in-4 de 3 pp.

Cette ode latine sur l'Hôtel royal des Invalides est suivie de son « *imitation* » en vers français, signée Bosquillon. Le poète y célèbre le grand roi et « *ses braves soldats* » :

Louis va vous placer dans ce Palais pompeux,
Où malgré ses malheurs chacun se trouve heureux.
L'univers tout entier a-t-il quelques monarques
Qui sçachent comme luy par d'éclatantes marques
Honorer leurs guerriers couverts de nobles coups ?

Pièce très rare.

1588. **Description générale** de l'Hostel royal des Invalides, établi par Louis le Grand dans la plaine de Grenelle près Paris (par Le Jeune de Boullencourt). Avec les plans, profils et élévations de ses faces, coupes et appartemens. *A Paris, chez l'auteur*, 1683 ; in-fol., texte et pl. montées sur onglets, veau gran., dos orné. (*Rel. de l'époque*).

51 pages de texte, donnant l'historique de la fondation des Invalides, la description des bâtiments, l'administration et le règlement de l'hôtel, etc., accompagné de 1 frontispice, 1 fleuron de titre, 3 en-têtes, 3 lettres ornées et 1 cul-de-lampe par R. Bonnard et de 18 grandes planches, la plupart de format double ou triple, par Jean et D. Marot et Le Pautre.

1589. — *Le même ouvrage*, même édition ; in-fol., veau brun. — Exemplaire dans lequel les feuillets de texte, moins larges que les planches, ont été remargés au même format du côté de la gouttière.

1590. **Description historique de l'hôtel royal des Invalides**, par M. l'Abbé Pérau. Avec les plans, coupes, élévations géométrales de cet édifice, et les peintures et sculptures de l'église... *Paris, Guill. Desprez*, 1756 ; in-fol., veau marb., dos fleurdelisé, fil. avec grande fleur de lis aux angles, sur les plats, dent. int., tr. rouges. (*Rel. de l'époque*).

Premier tirage. — Bel ouvrage illustré de 1 fleuron de titre, 3 grand vignettes et 2 lettres ornées, gravés par Cochin et Pasquier, et de 108 grandes figures, dont 1 frontispice dessiné par Cazes et 107 sujets, parmi lesquels 29 vues, élévations, plans, etc., de l'édifice, dessinées par Chevotet, Fierville et Forestiez, gravées par Foin, Aveline, Lucas, Hérisset et autres et 78 reproductions des peintures et sculptures gravées par C.-N. Cochin.
Exemplaire en grand papier.

1591. **Hôtel des Invalides.** 3 vol. in-8, dont 1 relié.

Description de l'Hôtel royal des Invalides, ornée de trois gravures. Deuxième édition. *Paris*, 1823, br. ; (une gravure manque). — De l'Institution.

et de l'Hôtel des Invalides. *Paris*, 1854 ; br. — Les Invalides. Grandes éphémérides de l'Hôtel Impérial des Invalides depuis sa fondation jusqu'à nos jours, par le colonel GÉRARD. *Paris*, 1862, fig

1592. **Hôtel des Invalides.** 1 vol. in-12, relié, et 7 plaq. in-12 et in-8, brochées.

Visite à l'Hôtel des Invalides [par A. DU CASSE]. *Paris*, 1863. — Hôtel des Invalides, par J. LINGAY. *Paris*, 1863 — Histoire de l'Hôtel royal des Invalides [par Jean-Joseph GRANET]. — Description de la nouvelle église de l'Hôtel royal des Invalides, par FÉLIBIEN. *Paris*, 1840 (extrait). — L'Hôtel des Invalides, par le général NIOX. *Paris*, 1909. — Etc.

1593. **Etat historique et critique des petits abus**, des grandes pensions et des jolies erreurs de MM. les administrateurs de l'hôtel des Invalides. Petit supplément au *Livre rouge*, par Ant. TOURNON. *Paris*, *Desenne*, 1790 ; in-8 de 39 pp., cart., non rog. (*Rel. mod.*).

1594. **Hôtel des Invalides.** 7 plaquettes ou pièces in-8, brochées.

Opinion de M. l'abbé MAURY, député de Picardie, sur l'hôtel des Invalides. *Paris*, 1791 ; 75 pp. — Observations sur les maux particuliers qui résulteroient de la suppression de l'Hôtel des Invalides. *S. l. n. d.* (vers 1792) ; 8 pp. — Rapport fait par LAVEAUX au Conseil des Anciens sur la résolution relative à l'Hôtel national des militaires invalides. *Paris, an VI* ; 10 pp. — Description de l'Eglise royale des Invalides, par FÉLIBIEN DES AVAUX. *Paris*, 1707 ; 10 pp. (extrait). — Projet de décret sur la conservation et la réformation de l'Hôtel des Invalides. *Paris* (1791) ; 15 pp. — Réponse ou Eclaircissemens à joindre au Projet de décret... *Paris* 1791 ; 4 pp. (*Ces deux dernières pièces ne sont pas citées par Tourneux*). — Fragmens historiques ou médicaux sur l'Hôtel des Invalides, par F. AUTIN. *Paris*, 1851 ; 87 pp.

1595. **Le Palais-Bourbon au XVIIIe siècle** : La fin du Pré-aux-Clercs ; la duchesse de Bourbon et Louis XV ; le marquis de Lassay ; Construction et aménagement du Palais-Bourbon.... (1765-1789). Ouvrage orné de 11 planches hors texte. Par Henry COUTANT. *Paris*, *Daragon*, 1905 ; in-8 de 137 pp., pap. vergé, broché, couv. imp.

On y joint : L'Elysée-Bourbon [par Jules Janin]. *Paris*, 1832 ; in-18 br. — Le Palais de la Présidence : l'Elysée national (ci-devant Bourbon) son histoire, ses souvenirs. *Paris*, 1849 ; in-12, br. — Le Palais-Bourbon et la Chambre des Députés. *Paris*, 1901 ; in-12, br. — Etc. — Ens. 5 volumes ou brochures.

1596. **Le Palais Mazarin** et les grandes habitations de ville et de campagne au dix-septième siècle. (Quatrième lettre sur l'organisation des Bibliothèques dans Paris). Par le comte DE LABORDE. *Paris, Franck*, 1846 ; gr. in-8 de 408 pp., cart. de l'éditeur, couv. imp. collée sur les plats, non rog.

Exemplaire contenant les *Notes* (comportant 286 pages à 2 colonnes) qui, écrit l'auteur, « *n'ont été tirées qu'à cent cinquante exemplaires, parce qu'elles n'intéressent qu'un petit nombre d'érudits qui sauront prendre dans des anecdotes un peu scabreuses et des chansons par trop libres ce qu'il y a d'utile comme document historique et comme peinture de mœurs.* » (Cf. Vicaire, IV, 765-766). — Orné de 8 planches lithographiées hors texte, et de nombreuses gravures sur bois dans le texte.

1597. **Le Palais Mazarin** et les habitations de ville et de campagne au dix-septième siècle, par le comte DE LABORDE. *Paris, Franck*, 1845 ; gr. in-8 de 124 pp., demi-rel. mar. rouge, tête dor., éb. (*Rel. mod.*).

Quatrième lettre sur l'organisation des Bibliothèques dans Paris, ornée de 8 planches hors texte (dont un fac-similé, qui manque à cet exemplaire).

1598. **Plan, coupe et élévation du Palais de l'Institut** impérial de France, suivant sa nouvelle restauration. Détails de l'installation de cet Etablissement impérial des Sciences, Lettres et Arts, dans le Palais qu'il occupe depuis sa sortie du Louvre ; par A.-L.-T. VAUDOYER. *Paris, Soyer*, 1811 ; plaq. in-8, brochée, couv. imp.

Orné de 3 planches gravées et coloriées, par C. Normand.

1599. **Les Thermes et l'Hôtel de Cluny**. 1 vol. in-12, cart., et 5 plaq. pet. in-8, brochées.

Notice historique des ruines antiques qui se trouvent à l'Hôtel de Cluny, rue des Mathurins-Saint-Jacques N° 14. *S. l. n. d.* (vers 1820) ; 3 pp. — Chambre des pairs. Séance du 15 juillet 1843. Rapport fait à la Chambre par le baron de BARANTE, relatif à l'acquisition de l'hôtel Cluny et de la collection de feu M. Dusommerard ; 13 pp. — Projet d'un Musée historique formé par la réunion du Palais des Thermes et de l'Hôtel de Cluny, exposé aux Salles du Louvre, par M. Albert LENOIR, architecte. *Paris*, 1833 ; 12 pp. — Le Musée des Thermes et de l'Hôtel de Cluny. Documents sur la création du Musée d'antiquités nationales, par Albert LENOIR. *Paris*, 1882 ; 80 pp. — Recherches sur les propriétaires et les habitants du Palais des Thermes et de l'Hôtel de Cluny, dans l'intervalle des années 1218 à 1600, par LEROUX DE LINCY. *Paris*, 1846 ; 50 pp., (tirage à part). — L'Hôtel de Cluny au moyen âge, par Mme DE SAINT-SURIN. *Paris*, 1835 ; in-12, pap. vergé.

1600. **Notices sur l'Hôtel de Cluny** et sur le Palais des Thermes, avec des notes sur la culture des arts, principalement dans les XVe et XVIe siècles [par Du Sommerard]. *Paris, Ducollet*, 1834 ; in-8, 278 pp., demi-rel. chagr. rouge.

Exemplaire de l'édition originale portant un certain nombre de notes manuscrites d'Edouard Fournier.

On y joint le fragment de l'ouvrage de Du Sommerard : *Les Arts au moyen âge*, qui comprend l'histoire et la description du Palais des Thermes, sous le titre : *Le Palais roman de Paris. Paris*, 1838 ; in-8, 135 pp.

1601. **Le Palais des Thermes et l'Hôtel de Cluny**. 1 vol. in-12, cart., et 8 plaq. in-12 et in-18, brochées.

Le Palais des Thermes et l'Hôtel de Cluny ; 1836. — Essai sur le Palais des Thermes à Paris, par Auguste Pelet, *s. d.* ; plan. — Notice historique sur le Palais des Thermes et l'Hôtel de Cluny ; 1844, fig. — Notice historique sur les Thermes et l'Hôtel de Cluny. 1841. — Les Statues de Saint-Jacques. L'Hôpital au Musée de Cluny, par Bordier, *s. d.* — Etc.

1602. **Musée des Thermes et de l'Hôtel de Cluny**. Catalogue et description des objets d'art de l'Antiquité, du Moyen âge et de la Renaissance, exposés au Musée, par E. Du Sommerard. *Paris, Hôtel de Cluny*, 1881 ; in-8 de XXXIII-690 pp., cart. bradel demi-perc. bleue, non rog., couv. cons.

1603. **Le Tonnelier du Palais des Thermes**, par Emile Dacier. *Paris*, 1911 ; plaq. in-4, pap. vél. d'Arches, cart. bradel demi-perc. verte.

Publication de la *Société d'Iconographie parisienne*. — Extrait à 20 exemplaires, orné de 4 belles reproductions de gravures et dessins anciens.

1604. **Edifices publics divers**. 7 brochures ou pièces in-8, dont 1 cart.

Le Palais du Conseil d'Etat et de la Cour des Comptes, par Marius Vachon. 1879, pap. de Holl. — Les Temples à dôme de cette capitale, par A. Alexandre. 1821. — L'Ecole militaire de Paris, par Georges Farcy. 1890. — Paris militaire au XVIIIe siècle. Les Casernes, par Valère Fanet. 1904. — Description générale de la Porte Saint-Denis et de la Porte Saint-Martin. 1810, 2 fig. — Etc.

1605. **Edifices publics divers**. 2 vol. cart. et 5 brochures ou pièces in-8 et in-4.

L'Hôtel royal de Saint-Pol à Paris, par Fernand Bournon. 1880 (tirage à part à 50 exempl.). — Le Palais de la Légion d'honneur, ancien Hôtel de Salm, par H. Thirion. 1883. — L'Hôtel des Monnaies de Paris, par F. Mazerolles. 1896. — Le Palais Soubise, par Jules Guiffrey, *s. d.*, pl.

5. *Hôtels et maisons privées*

1606. **Les Hôtels historiques de Paris**. Histoire, architecture, par Charles Bonnefons. *Paris*, *Lecou*, 1852 ; gr. in-8, vélin blanc à rec., dos orné, fil. rouges sur les plats, tête rouge, éb., couv. cons. (*Gayler-Hirou*).

Orné de nombreuses gravures sur bois dans le texte et hors texte par Célestin Nanteuil, Daubigny, Bertall, Rouargue, Beaucé, etc.

On y joint : L'Architecture et les habitations privées en France depuis la Renaissance jusqu'en 1830, par G. Davioud. *S. l.*, 1881 ; in-8, cart. bradel demi-perc. bleue, non rog., couv. cons.

1607. **L'Hôtel de Beauvais**, rue Saint-Antoine, esquisse historique, par Jules Cousin. *Paris*, 1865 ; in-8 de 108 pp., cart. bradel demi-mar. brun, tête dor., non rog., couv. cons.

Edition très rare, ornée d'une eau-forte par Martial, de 3 planches gravées et d'un fac-similé. — « *Ce tirage à part à 150 exemplaires, augmenté de l'appendice, des gravures et des deux pièces hors texte, s'est trouvé réduit à quatre-vingts exemplaires seulement, par suite d'un accident survenu au ballot expédié de Bruxelles.* (Note manuscrite autographe de Jules Cousin sur le feuillet de garde).

1608. **Ancien Hôtel de Rohan** ou de Strasbourg, affecté à l'Imprimerie Nationale, par le décret du 6 mars 1908. Descriptions, plans et détails. *Paris*, *Imprimerie Nationale*, 1883 ; in-fol., cart. bradel toile brune.

Album de 33 planches in-folio, dont 26 imprimées en caractères Grandjean, ornées de cadres dessinés par Charles-Nicolas Cochin et Jean Berain et gravés sur cuivre par Louis Simonneau, 6 gravées par Blondel reproduisant les anciens plans de l'Hôtel, et 1 en phototypie. — On a joint 2 belles photographies de l'Hôtel.

1609. **Hôtel de Choiseul**. Une pièce imprimée et deux pièces manuscrites, dont une de 4 pages sur parchemin, en date de 1779, relative à un emprunt de 60.000 livres fait par le duc et la duchesse de Choiseul à Pierre Dubuisson, chevalier de Beauteville ; 4 pp. — Les deux autres concernent les terrains de l'ancien hôtel de Choiseul (1754-1796).

1610. **Les Anciens monuments de Paris**. Monuments civils : Les Hôtels, par le comte de Laborde. *Paris*, *Plon*, 1846 ;

gr. in-8 de 31 pp., pap. vergé, broché, couv. imp. (Vicaire, IV, 766).

1611. **Hôtels et maisons célèbres**. 12 brochures in-8 et in-4.

Description historique et topographique de l'hôtel de Soissons, par Bonamy. 1756. — Décret de la Convention, du 12 juillet 1793, qui met à la disposition du Ministre de la guerre le ci-devant Hôtel de Bretonvilliers à Paris pour y établir une manufacture d'armes à feu. 1793. — Mémoire sur le lieu... de l'assassinat de Louis, duc d'Orléans, frère de Charles VI, par Bonamy. 1754. — Notice sur l'état ancien et nouveau de la galerie de l'Hôtel de Toulouse [par Léon Chazal]. 1901. — Hôtel d'Artois à Paris, par le comte Achmet d'Héricourt. 1863. — La Maison de la Reine Blanche du faubourg Saint-Marcel, par Jules Guiffrey. 1904. — Etc.

1612. **Hôtels et maisons célèbres**. 6 pièces in-8 ou in-12, brochées.

Description historique et topographique de l'Hôtel de Soissons, par Bonamy. 1756 ; 2 plans. — Notice sur l'Hôtel Coligny. 1851. — Maison de Nicolas Flamel, par Aug. Bernard. 1852. — Hôtel Laffitte aux Champs-Elysées. 1834. — Mémoire sur l'Hôtel historique de la Trimouille, par Troche. 1842. — Etc.

1613. **Hôtels et maisons célèbres**. 4 vol. in-12 et in-8, dont 2 cart.

La Maison du Temple, par Henri de Curzon. 1888. — Les anciens Hôtels de Paris, par le comte d'Aucourt. 1880. — L'Hôtel de la reine Marguerite, première femme de Henri IV, par Charles Duplomb. 1881. — Inventaires de l'hôtel de Rambouillet... par Charles Sauzé. 1894.

1614. **Hôtels et maisons célèbres**. 4 vol. in-8 et in-12, reliés ou cart.

Les maisons historiques de Paris, par Alfred Copin. *Paris*, 1888 ; *avec 3 lettres autographes de l'auteur*. — Les anciens Hôtels de Paris. Nouvelle édition, avec un plan lithographié, par le comte d'Aucourt. *Paris*, 1890. — Le Marquis de Lassay et l'Hôtel Lassay, aujourd'hui Hôtel de la Présidence, par Paulin Paris. *Paris*, 1848 ; *exemplaire ayant appartenu à Edouard Fournier, et annoté par lui*. — Memorable Paris Houses, by Wilmot Harrisson. *London*, 1983.

1615. **Hôtels et maisons célèbres**. 11 brochures in-8.

L'Hôtel de Bourgogne, par Ernest Petit. 1910. — Documents des XIIIe et XIVe siècles relatifs à l'Hôtel de Bourgogne (ancien Hôtel d'Artois), par J.-M. Richard. 1890. — L'Hôtel de Bourgogne et la tour de Jean sans Peur, par Perrault-Dabot. 1902. — Un compte des réparations effectuées à l'Hôtel du comte de Flandre à Paris (1374-1376), par G. Huisman. 1910. — Notice sur la tour et l'hôtel de Sainte-Mesme, précédemment nommé l'Hôtel du Pet-au-Diable (1322-1843), par A. Bruel. 1887. — Notice sur l'Hôtel de la Vrillière et de Toulouse, occupé depuis 1810 par la Banque de France, par Georges-Eugène Bertin. 1901. — Ancien Hôtel du Maine et de Biron, en dernier lieu établissement des Dames du Sacré-Cœur, par J. VACQUIER. 1909. — Anciennes maisons rue du Renard, par Georges HARTMANN. 1907. — L'Hôtel Colbert de Villacerf, par Léon van GELUWE. 1907. — L'Hôtel de La Vieuville, par Lucien LAMBEAU. 1902. — Etc.

1616. **Hôtels et maisons célèbres.** 10 brochures in-8.

L'Hôtel et les collections du Connétable de Montmorency, par Léon MIROT. 1920. — Le Palais Pompéïen de l'avenue Montaigne, ancienne résidence du prince Napoléon, par Théophile GAUTIER, Arsène HOUSSAYE, Charles COLIGNY. 1866. — Un vieil Hôtel du Marais, par Adolphe JULLIEN. 1891. — Les Résidences parisiennes des Longueville-Neuchâtel. 1904, [par M. C. LARDY]. — Recherches sur les Hôtels de l'archevêché de Sens, par Maurice PROU. 1882. — La Maison gothique de Montmartre, par J.-C. WIGGISHOFF. 1908. — Etc.

1617. **Hôtels et maisons célèbres.** 6 brochures in-8.

La Maison de Robespierre, par Ernest HAMEL. 1895. — La Maison de Robespierre. Réponse à M. E. Hamel, par Victorien SARDOU. 1895. — Etudes de topographie historique : La maison mortuaire de Turgot ; La Maison de Robespierre, par Ernest COYECQUE. 1899. — L'Hôtel de « Madame Sans Gêne », par le même. 1905. — La Mansarde de Bonaparte au quai Conti, par Auguste VITU. 1885. — La Maison des Pocquelins et la Maison de Regnard, aux piliers des Halles (1633-1884), par le même. 1885

1618. **Hôtels et maisons célèbres.** 4 vol. ou brochures in-4 et in-12, dont 2 cart.

L'ancien hôtel de la marquise de Païva, par Arsène HOUSSAYE. *S. l. n. d.* ; *avec envoi autographe de Henry Houssaye.* — L'Hôtel Païva, par Victor CHAMPIER. *S. l. n. d.* — Un Hôtel célèbre sous le second empire, l'Hôtel Païva, ses merveilles, précédé de l'Ancien Hôtel de la marquise de Païva, par A. HOUSSAYE. *S. l. n. d.* — Kaiserliche Deutsche Botschaft in Paris, chemals Hôtel du prince Eugène Beauharnais, von STEVER. *Berlin*, 1903. — L'Hôtel Lambert, par Robert HENARD et FAUCHIER-MAGNAN. *Paris*, 1903.

1619. **Anciens Hôtels de Paris.** Nouvelles recherches historiques, topographiques et artistiques : l'hôtel Le Pelletier de Saint-Fargeau, l'hôtel de Jassaud, l'hôtel de Canillac, l'hôtel de Hollande, l'hôtel de Saint-Chaumond, etc., par Charles SELLIER. *Paris, Champion*, 1910 ; gr. in-8 de 435 pp., index, broché, couv. imp.

10

1620. **Hôtels et maisons célèbres.** 7 brochures in-8.

Monographies de Charles SELLIER : La Tourelle de la rue Vieille-du-Temple. 1887. — L'Hôtel de Thorigny. 1895. — L'Hôtel de Saint-Fargeau. 1895. — Le chapiteau d'Antoine Ragnier et ses maisons de la rue des Blancs-Manteaux. 1897. — La maison de Loys de Villiers au quartier Barbette. 1899. — L'Hôtel de Chevreuse ou de Luynes. 1900. — L'Hôtel d'Aumont. 1903.

1621. **Bibliothèque du Vieux Paris.** *Paris, Daragon*, 1902-1911 ; 3 vol. in-8, fig., brochés.

Les Petites Maisons galantes de Paris au XVIIIe siècle, par Gaston CAPON. — L'Hôtel de Transylvanie, par Léo MOUTON. — Madame de Paiva, par Emile LE SENNE.

1622. **L'Architecture françoise des bastimens particuliers**, composée par M. Louis SAVOT, médecin du Roy et de la Faculté de Médecine en l'Université de Paris. Où il est traitté non seulement des mesures et proportions que doit avoir un bastiment, tant en son tour et pourpris qu'en chacune de ses parties ; mais aussi de plusieurs autres choses concernant ce suject, utiles et advantageuses, non seulement pour les Bourgeois et Seigneurs qui font bastir, mais aussi pour beaucoup d'autres sortes de personnes, comme il se verra à la table des chapitres. *Paris, Sébastien Cramoisy*, 1624 ; in-8 de 12 ff. lim. et 338 pp., vélin blanc. (*Rel. de l'époque*).

Edition originale de cet ouvrage estimé d'un savant médecin, qui délaissa la médecine pour l'étude de l'architecture et des médailles. (Brunet, n° 9766).

1623. **Plans, coupes, élévations** des plus belles maisons et des hôtels construits à Paris et dans les environs. Publiés par J.-Ch. KRAFFT, architecte, et N. RANSONNETTE, graveur. *A Paris, chez les deux associés..., s. d.* (1801) ; in-fol., demi-rel. vélin vert. (*Petitot*).

Premier tirage de ce recueil recherché, très précieux pour l'histoire de l'architecture privée à Paris. Il renferme 1 frontispice et 120 grandes planches, gravées au trait, représentant généralement le plan, la coupe et l'élévation des principaux hôtels particuliers de Paris ; ces planches sont accompagnées d'un texte en français, en anglais et en allemand.

1624. **Recueil d'architecture civile**, contenant les plans, coupes et élévations des châteaux, maisons de campagne et habitations rurales, jardins anglais, temples, chaumières..... situés aux environs de Paris... avec les décorations intérieures, et le détail de ce qui concerne l'embellissement des jardins.... Par J.-Ch. KRAFFT, architecte et dessinateur. *A Paris, de l'imp. de Crapelet, chez Bance*, 1812 ; in-fol., demi-rel. vélin vert, non rog. (*Petitot*).

1 frontispice dessiné par Belanger, gravé au trait par Boutroy, et 120 grandes planches, également au trait, dessinées par Krafft.

1625. **Choix des plus jolies maisons** de Paris et de ses environs, édifices et monuments publics. Nouvelle édition, revue et mise en ordre....., par J.-Ch. Krafft et Thiollet, architectes. *Paris*, *Bance aîné*, 1849 ; in-fol., demi-rel. vélin vert, éb. (*Petitot*).

218 planches gravées au trait, dont beaucoup tirées par deux sur la même feuille ; les 60 dernières représentent des portes cochères et portes d'entrée des maisons particulières et édifices publics de Paris.

1626. **Choix de maisons**, édifices et monuments publics de Paris et de ses environs construits pendant les années 1820 à 1829, dessinés et mesurés par M. Thiollet. *Paris*, *Bance*, 1838 ; in-folio, cart., non rog.

Edition augmentée de 14 planches, donnant le plan de la nouvelle Athènes à Paris, les plans, coupes et élévations des maisons les plus remarquables de ce quartier, avec un texte historique et explicatif. — Ens. 110 pl.

1627. **Paris moderne ou choix de maisons** construites dans les nouveaux quartiers de la capitale et dans ses environs, levées, dessinées, gravées et publiées par Normand fils. *Paris*, *Carilian-Gœury*, 1837 ; 3 vol. gr. in-4, demi-rel. chag. brun, non rog. (*Rel. de l'époque*).

Recueil de 48[illegible] planches gravées au trait, dont 3 frontispices.

1628. **Parallèle des Maisons de Paris** construites depuis 1830 jusqu'à nos jours, dessiné et publié par Victor Calliat, architecte. *Paris*, *Bance*, 1850 ; in-4, demi-rel. veau fauve.

Recueil de 1 titre et 124 *dessins originaux à la plume et au lavis* ayant servi à l'illustration de l'ouvrage.

1629. **L'Art dans l'habitation moderne**, par Lucien Magne. *Paris*, *Firmin-Didot*, 1887. — L'Architecture française du siècle, par le même. *Ibid.*, 1889. — Ens. 2 vol. gr. in-8, le premier cart. bradel demi-perc. grise, le second broché.

Ouvrages ornés de nombreuses illustrations dans le texte et hors texte.

1630. **Les Villas de Paris**, par Gustave Coquiot. *Paris*, *Librairie de l'Art*, *s. d.* (1897) ; pet. in-4 de 31 pp., broché, couv. imp.

Curieuse étude, tirée seulement à 82 exemplaires num. — Un des 60 sur papier de Hollande.

1631. **Maisons privées.** Quatre pièces sur parchemin, dont une de 6 feuillets, relatives à des ventes de maisons et cessions de terrains, par devant notaires, en 1752, 1770, 1780 et 1787, aux Amandiers, à Popincourt et dans le Faubourg Saint-Antoine.

1632. **Maisons privées.** Liasse de mémoires de travaux exécutés dans diverses maisons à Paris, pour le marquis Caumont, duc de la Force, le président Béchet, etc., en 1722, 1763 et 1765 ; 30 pp. in-fol. *manuscrites.*

1633. **Les Anciennes maisons de Paris** sous Napoléon III, par M. Lefeuve. Monographies publiées par livraisons suivant l'ordre alphabétique des rues et suivies d'une table de concordance. *Paris, Achille Faure*, 1863-1865 ; 5 vol. pet. in-8 carré, demi-rel. chag. vert, dos orné, tête dor., éb.

Première édition. — Rare.

1634. — *Le même ouvrage.* Nouvelle édition. *Paris et Bruxelles*, 1870-1873 ; 42 livraisons pet. in-8 carré, brochées, couv. ill., en 3 étuis. — Exemplaire avec titres et tables.

1635. **Les anciennes maisons de Paris** sous Napoléon III, par l'historiographe Lefeuve. Edition internationale. *Paris*, 1873 ; 5 vol. in-8, demi-rel. chag. brun, dos orné, non rog.

Cinquième édition, qui n'est autre que celle de 1870-1873, avec un nouveau titre.

1636. **Les anciennes maisons de Paris** sous Napoleon III, par Lefeuve. — Table alphabétique des noms propres, par E. Meunier, membre de la Société de l'Histoire de Paris. *S. l.*, 1896 ; *manuscrit* in-4, cart. bradel demi-vélin vert.

Précieux répertoire manuscrit inédit de 281 pages, sur 2 colonnes, de tous les noms propres cités dans la dernière édition de Lefeuve.

---

6. *Embellissements de Paris*

1637. **Description du Monument érigé à la gloire du Roy** par M. le Mareschal Duc de La Feuillade, avec les inscriptions de tout l'ouvrage. *Paris, Sébastien Mabre-Cramoisy*, 1686 ; 33 pp. — La Statue de Louis le Grand placée dans le temple de l'honneur. Dessein du feu d'artifice dressé devant l'Hôtel de Ville de Paris pour la Statue du Roy, qui y doit estre posée. *Paris, Nicolas et Charles Caillou*, 1689 ; 29 pp. — Ens. 2 plaq. en 1 vol. in-12, cart. mod.

On a joint : Deambulatio poetica sive Lutetia recentibus ædificiorum substructionibus his annis magnâ ex parte renovata, ornata, amplificata. Carmen. [Par Franc.-Nicol. GUÉRIN]. *Parisiis*, 1768 ; 21 pp., br.

1638. **Transformation de Paris sous Louis XIV**, par Louis MOLAND. (*Paris*, 1869) ; *manuscrit* in-4 de 12 pp., en ff.

Manuscrit autographe de cette intéressante étude imprimée dans « *Le Moniteur universel* » en 1869. — On y joint une lettre autographe de l'auteur à M. Dalloz.

1639. **Le Citoyen désintéressé** ou diverses idées patriotiques, concernant quelques établissemens et embellissemens utiles, à la Ville de Paris. Deuxième édition. Par M. M. DUSSAUSOY. *Paris, Gueffier*, 1747-1748 ; 2 parties en 1 vol. in-8, veau marb., dos orné, tr. rouges. (*Rel. de l'époque*).

Orné de 2 frontispices de Gravelot et Parizeau, gravés par Le Roy et Ponce, d'une figure et de 3 plans également gravés.

1640. **Monumens érigés en France à la gloire de Louis XV**, précédés d'un Tableau du progrès des arts et des sciences sous ce règne, ainsi que d'une description des honneurs et des monumens de gloire accordés aux grands hommes, tant chez les anciens que chez les modernes, et suivis d'un choix des principaux projets qui ont été proposés pour placer la statue du Roi dans les différens quartiers de Paris, par M. PATTE, architecte de S. A. S. Mgr le Prince Palatin, Duc-régnant de Deux-Ponts. *Paris, Desaint*, 1765 ; in-fol., veau marb., dos orné, tr. rouges. (*Rel. de l'époque*).

Ouvrage orné de 1 fleuron sur le titre, 2 vignettes dessinées par Patte et 57 planches (dont plusieurs pliées) par Patte, Marvie, Constant, Guelin, Le Carpentier, Boffrand, Slodtz et Rousset, gravées par Aubri, Baquoy, Gabriel, Loyer, Noël Lemire et Marvie. (Cohen, 786).

1641. **Embellissements de Paris**. 8 pièces in-8, dont 1 rel.

Projet d'utilité et d'ornement pour la ville de Paris, proposé au public par M. de G** [GOYON DE LA PLOMBANIE]. *Paris*, 1775. — Le Baguenaudier. Troisième édition, augmentée de plusieurs pièces relatives aux embellissements de Paris. *S. l.*, 1786, br. — Supplément du Baguenaudier, suite de la troisième édition sur les embellissemens de Paris (par l'abbé DE LAUNAY). *S. l.*, 1787, br. — Etc.

1642. **Discours sur les monumens publics** de tous les âges et de tous les peuples connus, suivi d'une description du monument projeté à la gloire de Louis XVI et de la France, terminé par quelques observations sur les principaux monumens modernes de la ville de Paris, et plusieurs projets de décoration et d'utilité publique pour cette capitale, par M. l'abbé DE LUBERSAC. *Paris, Imprimerie royale*, 1775 ; pet. in-fol., veau éc., dos orné, fil., tr. marb. (*Rel. de l'époque*).

Première édition de cet ouvrage, orné d'un beau frontispice de Monet, gravé par Masquelier, représentant le Roi en grand costume, et de 2 planches repliées par Touzé, gravées à l'eau-forte par Masquelier, représentant le monument projeté. (Cohen, 661).

1643. **Projet des embellissemens** de la Ville et Fauxbourgs de Paris, par M. PONCET DE LA GRAVE, avocat au Parlement. *Paris, Duchesne*, 1756 ; 3 part. en 3 vol. in-12, veau marb., dos orné, bord. et armoiries sur les plats, dent. int., tr. marb. (*Rel. de l'époque*).

Exemplaire de dédicace, orné de 3 frontispices, qu'on ne trouve pas dans les exemplaires ordinaires, gravés par Fessard et Le Grand d'après Eisen et Le Lorrain, aux armes de *LOUIS-PHILIPPE, DUC D'ORLEANS*, petit-fils du Régent et père de Philippe-Egalité.

1644. — *Le même ouvrage*, même édition, sans les frontispices, contenant les 3 parties reliées en 1 vol. in-12, veau fauve, dos orné, fil. sur les plats, tr. rouges. (*Rel. de l'époque*).

1645. **Embellissements de Paris pendant la Révolution française**. 5 vol. ou brochures in-4 et in-8, dont 1 cart.

Rapport et projet du règlement général sur les concours pour tous monumens et ouvrages publics de la Ville de Paris, par M. LÉONARD ROBIN. *Paris*, 1791. — Projet proposé par le sieur POYET, architecte du roi et de la ville de Paris, pour employer quarante mille personnes, tant artistes qu'ouvriers, à la construction d'une place dédiée A La Nation. *Paris*, 1791. — Projets de places et édifices à ériger pour la gloire et l'utilité de la République, par le cit. POYET. *Paris, an V.* — Adresse et projet général dédié à la Nation, présenté à l'Assemblée Nationale et au Roi des Français, par PALLOI, architecte entrepreneur. *Paris*, 1792 ; 4 planches repliées, 1 fig., et 1 portrait gravé ajouté de Palloi. — Discours sur les monuments publics... par Armand Guy KERSAINT. *Paris*, 1792. 10 pl. repliées.

1646. **Embellissements de Paris sous Napoléon Ier**. 10 brochures in-8.

Moyens d'exécuter le projet d'embellissements pour Paris... par STANISLAS MITTIÉ. *Paris, an XIII.* — Paris embelli sous le règne de Napoléon Ier. Poème en son honneur, par F. VERZY. *Paris*. 1808 ; planche. — Les Embellissements de la capitale. Songe d'un Français en 1709, publié en 1809, par J.-B.-N. Ca** et fils [CANET]. *Paris*, 1809. — Les Embellissemens de Paris, par GASTINEL. *Paris*, 1811. — Les Embellissemens de Paris, par Marie-Victorin FABRE. *Paris*, 1811. — Etc.

1647. **Embellissements de Paris.** 4 brochures in-4 et in-12, dont 2 rel.

Prospectus du monument digne de la Nation française, à ériger par souscription en mémoire du couronnement de Sa Majesté l'Empereur et des Victoires nationales. *Paris*, 1805 ; — Projet d'un monument à élever à la gloire de Napoléon Ier, conformément aux vœux émis par le Sénat et le Tribunat, présenté par BERNARD POYET. *Paris*, 1806. — Les Travaux publics de Paris. *Paris*, 1806. — Sur la nécessité de mettre au concours le monument de Napoléon. *Paris*, 1840.

1648. **Embellissements de Paris sous Napoléon Ier.** 4 vol. in-8 et in-12, cart.

Observations sur les embellissemens de Paris et sur les monumens qui s'y construisent, par GOULET, architecte. *Paris*, 1808. — Projet d'embellissemens et de monumens publics pour Paris... par Stanislas MITTIÉ. *Paris*, 1804. — Almanach des embellissemens de Paris, ou exposé des travaux au moyen desquels la capitale surpassera les villes les plus célèbres, avec le détail des ouvrages exécutés... sous le règne de Napoléon Ier. *Paris*, 1808. —... Les Embellissements de Paris et autres poésies, par MILLEVOYE. *Paris*, 1811.

1649. **Projets d'embellissemens** de Paris et de travaux d'utilité publique concernant les ponts et chaussées, par le comte Alex. DE LABORDE. *Paris*, *Belin*, 1816, in-folio, cart. de l'époque.

Orné de 1 plan en couleurs et de 12 belles planches à l'aquatinte par Swarts, Martinet, A. Le Clère, Lebrun, etc. A la suite : Notice sur quelques travaux de M. Brongniart architecte. *Crapelet*, 1814, 18 pp.

On y joint : Plans du Palais de la Bourse et du cimetière Mont-Louis en six planches, par Al.-Th. BRONGNIART, précédé d'une notice sur ces plans et sur quelques autres travaux du même artiste. *Paris*, *Crapelet*, 1814, in-fol., planches, cart. bradel demi-vélin vert.

1650. **Embellissements de Paris sous la Restauration et Louis-Philippe.** 6 vol. ou brochures in-4 ou in-8, dont 3 cart.

Coup d'œil sur Paris, ou projet d'indemnité en faveur des émigrés, sans sacrifice pour l'Etat, offrant dans de nouveaux plans d'embellissement de la capitale des moyens d'exécution capables d'assurer plus de vingt millions de rente aux émigrés et aux autres victimes de la Révolution. *Paris*, 1824. — Paris, sous le point de vue pittoresque et monumental ou éléments d'un plan général d'ensemble de ses travaux d'art et d'utilité publique, par Hippolyte MEYNADIER. *Paris*, 1843. — Moyens d'améliorer le commerce et d'augmenter la valeur des propriétés de plusieurs faubourgs et quartiers de Paris, accompagnés de 6 autres brochures relatives à Paris. *Paris*, 1826 ; front. et plans. — Etc.

1651. **Embellissements de Paris.** 4 vol. in-8 et in-12, brochés et cart.

Paris propre ! par Ernest LEVALLOIS. *Paris*, 1910. — Paris nouveau et

Paris futur, par Victor FOURNEL. *Paris*, 1865. — Le Paris de Napoléon III, par le comte GAZAN DE LA PEYRIÈRE. *Paris*, 1870. — Paris nouveau jugé par un flâneur [par Gustave CLAUDIN]. *Paris*, 1868.

1652. **Suppressions d'anciennes voies et ouvertures de voies nouvelles.** 17 brochures in-4, in-8 et in-12, avec plans.

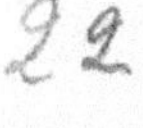

Consultation pour Mme Cerveau contre M. Roard et Cie, pour la suppression du Passage du Saumon. 1826. — Ouverture d'une section de boulevard destinée à relier le Boulevard Montmartre au Boulevard Haussmann, par A. LETOREY. 1891. — Conséquences du percement de l'Avenue de l'Opéra, par E. LOTTIN. 1877. — Rapport sur le tracé de la rue A. destinée à relier le versant nord de la Butte Montmartre et le quartier de Clignancourt au centre et à l'ouest de Paris. 1868. — Arcades de la rue de Rivoli, par J.-B. 1852. — Projet de percement de la Rue des Ecoles. 1850. — Etudes d'un nouveau système d'alignemens et de percemens de voies publiques faites en 1840 et 1841, par GRILLON, CALLOU et JACOUBET. 1848. — Etc.

1653. **Projet d'une voie impériale** à exécuter de la rue de Rivoli au boulevard des Italiens, pour dégager au nord le palais des Tuileries, indiquant le choix d'un emplacement pour l'Académie impériale de musique et comportant l'aplanissement de la butte Saint-Roch, par H. BARNOTET. *Paris, imp. Tinterlin*, (*vers* 1858) ; in-fol., cart. bradel demi-percal., couv. cons.

Cette brochure est accompagnée de 5 plans (dont 3 doubles, repliés), le tout monté sur onglets.

1654. **Mémoires du baron Haussmann.** *Paris, Victor Havard*, 1890-1893 ; 3 vol. in-8, portraits, brochés, couv. imp.

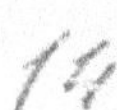

I. *Avant l'Hôtel-de-ville.* — II. *Préfecture de la Seine.* — III. *Grands travaux de Paris.*

1655. **Comptes fantastiques d'Haussmann.** Lettre adressée à MM. les membres de la Commission du Corps législatif chargés d'examiner le nouveau projet d'emprunt de la Ville de Paris. Deuxième édition. Par Jules FERRY. *Paris, Le Chevalier*, 1868 ; in-8, cart., non rog., couv. cons.

Exemplaire accompagné d'une *lettre autographe* de Jules Ferry, datée du 15 mai 1891.

On y joint 3 brochures in-8 : M. Haussmann et les Parisiens, par Félix MOUTTET. 1868. — Les Démolitions de Paris, par le Dr AKERLIO. 1861. — Etc.

1656. **Le Joyeulx dict de la commission** du Manuel des Lois du Bâtiment, [par Charles LUCAS, architecte]. *Paris*, 1877 ; pet. in-8 de 15 pp., broché, couv. imp.

Curieux opuscule, orné d'un frontispice gravé, tiré à 50 exemplaires seulement.

1657. **Recueil des clauses** connues sous le nom de *Réserves domaniales*, imposées aux acquéreurs de biens nationaux ou hospitaliers et de celles consenties par divers propriétaires, pour l'élargissement ou le percement des voies publiques dans la ville de Paris, depuis l'année 1791. Reconstitution commencée en 1878...., par A. Bernard. *Paris, Libr. Chaix*, 1883 ; in-fol., demi-rel. chag., plats toile.

Etat d'avancement au 31 décembre 1882, accompagné de 15 grands plans de format double, indiquant la situation des immeubles grevés.

1658. **Législation des constructions.** 5 brochures in-4 ou in-8.

Recueil de règlements concernant le service des alignements et des logements insalubres dans la ville de Paris, dressé... par M. G. Jourdan. *Paris*, 1887. — Recueil d'actes administratifs et de conventions relatifs aux servitudes spéciales d'architecture, publié par M. L. Taxil. *Paris*, 1905. — Préfecture du Département de la Seine. Instruction concernant les bâtiments menaçant ruine. *Paris*, 1862. — Edilité urbaine mise à la portée de tout le monde, par Hector Horeau, architecte. *Paris*, 1868. — Etc.

---

7. *Vues de Paris*

1659. **Paris veu de Montmartre**, fragment du plan de Gomboust (1647).

Planche sur cuivre du grand cartouche qui orne la première feuille du plan de Gomboust, accompagnée d'une épreuve en tirage moderne. Cette planche, qui semble être une reproduction, est de dimensions un peu plus grandes que celle donnée en 1858 par la Société des Bibliophiles françois. Le cuivre et l'épreuve sont réunis sous un cadre or uni.

1660. **Lutetiæ, vulgo Paris**, urbis Galliarum primariæ, non Europæ solius, sed orbis totius celleberrimæ prospectus. *A Paris, chez Nic. Berey, s. d.* (*vers* 1655).

Grande et superbe vue de Paris, prise de Ménilmontant ; elle a été gravée par Nic. Cochin sur 4 feuilles et mesure 2 m. 12 de longueur sur 40 cent. de hauteur. Cette estampe est complétée dans le haut par le titre donné ci-dessus, et dans le bas et sur les côtés par 18 petites estampes, représentant le Roi, le duc d'Anjou et 16 monuments ou vues particulières de Paris. Cette estampe qui, ainsi agrandie, mesure 60 cent. de hauteur sur 2 m. 40 de longueur, est sous un cadre or uni. (Un texte typographié, en latin et en français, disposé sur 18 colonnes, qui se trouvait au bas de l'estampe, en a été retranché par l'encadreur et est joint à cette pièce).

1661. **Parys** wie solche 1620 ansuschen gewessen. Très belle vue panoramique dessinée et gravée par Mathieu Mérian pour la Topographia Galliæ (vers 1660). Grande estampe en largeur (70 × 27) sous cadre noir à biseau or.

Belle épreuve ancienne.

1662. **Vcüe et perspective du Palais des Tuilleries** du costé de l'Entrée, avec le Plan du premier estage au-dessus du rez-de-chaussée, dessinée et gravée par Israël Silvestre, 1669. Grande estampe en largeur (1 m. × 45) sous cadre or uni.

Superbe pièce animée de nombreux personnages dessinés à la manière de Callot.
Très belle épreuve ancienne à grandes marges.

1663. **Veue de la Place des Victoires** où M. le Mareschal Duc de la Feuillade a dressé un monument public à la gloire de Louis le Grand, dessiné et gravé par N. Guérard (vers 1686), estampe en largeur (47 × 30).

Epreuve ancienne en 2 états : 1° avant le nom de l'artiste et le texte des inscriptions au bas (ce texte remplacé par 4 vignettes au trait représentant les bas-reliefs de la statue) ; 2° avec le nom de l'artiste et le texte ; les 4 vignettes sont placées par deux de chaque côté du texte. — Ces 2 pièces sont réunies sous cadre or uni.

1664. **Recueil des plans, profils et élévations** des (*sic*) plusieurs palais, chasteaux, églises, sépultures, grotes et hostels, bâtis dans Paris, et aux environs, avec beaucoup de magnificence, par les meilleurs architectes du royaume, desseignez, mesurés et gravez par Jean Marot, architecte parisien. *S. l. n. d.* (*vers* 1700), in-4, veau marb., dos orné, tr. jasp. (*Rel. anc.*).

Recueil connu sous le nom de *Petit Marot*.
Exemplaire composé de 134 planches et d'un titre gravés.

1665. **Marot** (Jean et Daniel). L'Architecture françoise, ou recueil des plans, élévations, coupes et profils des églises, palais, hôtels et maisons particulières de Paris et des châteaux et maisons de campagne ou de plaisance des environs et de plusieurs autres endroits de la France. *Paris, chez Jean Mariette*, 1727-1751 ; in-fol. veau brun, dos orné, tr. jasp. (*Rel. de l'époque usagée*).

Recueil connu sous le nom de *Grand Marot*. — Exemplaire renfermant 171 grandes planches, pour la plupart repliées, gravées par Jean marot et son fils, reproduisant les principaux palais, hôtels et églises de Paris : le Louvre, les Tuileries, le palais Mazarin, les hôtels de Chevreuse, de Mortemart, de Beauvais, de Lyonne, de Longueville, de Condé, de Conti, de Carnavalet, de La Vrillière, les églises de la Sorbonne, de Saint-Germain-des-Prés, de Saint-Gervais, de Saint-Jacques du Haut-Pas, etc. — Jean Marot, architecte et graveur, né à Paris en 1630, construisit les hôtels de Pussort et de Mortemart et la façade de l'église des Feuillantines, et travailla à la façade du Louvre. — Très rare. — Le titre manque comme à la plupart des exemplaires ; le nom de Marot se trouve au bas de presque toutes les planches.

1666. **Vue panoramique** de Paris, prise des Buttes-Chaumont, non signée. *A Paris, chez Jean, s. d.* (*vers* 1700) ; estampe in-fol. en largeur, sous passe-partout.

Epreuve ancienne, *coloriée*.

1667. **La Géométrie pratique**, divisée en quatre livres. Le premier enseigne les éléments de la géométrie pratique ; le second explique la trigonométrie ; le troisième montre la planimétrie ; le quatrième regarde la stéréométrie. Ouvrage enrichi de cinq cens planches gravées en taille-douce. Par Allain Manesson-Mallet, maistre de mathématique des pages de la Petite Ecurie de Sa Majeté... *Paris, Anisson*, 1712 ; 4 vol. in-8, veau brun, dos orné, tr. mouchetées. (*Rel. de l'époque*).

Premier tirage de cet important ouvrage orné de 493 planches gravées (et non de 500, comme il est dit par erreur au titre), représentant de nombreux châteaux historiques, principalement ceux des environs de Paris, tels que Versailles, Saint-Cloud, Fontainebleau, Chantilly, Marly, Meudon, etc. — (Cohen, 674).

1668. **Le marché des Innocents en** 1735. — **Le Pont-Neuf et la Samaritaine.** 2 miniatures sur ivoire, en largeur, par L. Moreau, mesurant 0 m. 15 de largeur sur 0 m. 10 de hauteur, dans des cadres en cuivre ciselé doré, surmontés d'un flot de rubans.

Charmantes pièces, d'une parfaite exécution.

1669. **Les Délices de Paris**, et de ses environs, ou recueil de vues perspectives des plus beaux monumens de Paris et des maisons de plaisance situées aux environs de cette ville... *Paris, Ch.-Ant. Jombert*, 1753 ; in-fol., veau marb., dos orné, tr. rouges. (*Rel. de l'époque*).

Recueil de 210 grandes vues, dont 14 à 2 sujets, tirées pour la plupart sur les planches de Jean Marot, Mariette, Pérelle et autres, qui étaient en la possession de Jombert ; les estampes nouvelles représentent des châteaux ou paysages des environs de Paris.

1670. **Veuës** de plusieurs petits endroits des fauxbourgs de Paris. *A Paris, chés Chéreau, rue St-Jacques...* (*vers* 1760) ; pet. in-8 obl., en ff.

Suite de 12 sujets, dont 1 titre dans un joli encadrement gravé par L. Clerc et 11 vues en largeur, gravées par Peter-Paul Benazech, dont le nom figure en abrégé au bas de chaque sujet, excepté sur le 6e où il se lit en entier. — Petites marges.

1671. **Etrennes françoises**, dédiées à la ville de Paris pour l'année jubiliaire du règne de Louis-le Bien-Aimé, par l'abbé de PETITY, prédicateur de la Reine. *Paris, P.-G. Simon*, 1766 ; gr. in-8, cart. non rog.

Premier tirage. — Edition dédiée au Prévôt des Marchands et Echevins de la ville de Paris, tirée à petit nombre, non mise dans le commerce. Elle est ornée de 2 planches d'armoiries, 1 grande estampe allégorique par Gravelot, 5 jolies figures dont 4 par Gabriel de Saint-Aubin et 1 par Gravelot, gravées par Chenu, Duclos et Littret, et 1 plan replié.

1672. **Etrennes françoises** sous le règne de Louis-le-Bien-Aimé, comprenant les monuments mémorables et récents érigés dans la capitale. Dédiées à la ville de Paris et augmentées d'un nouveau plan de cette ville. (Par l'abbé de PETITY). *Paris, Desnos*, 1768 ; gr. in-8, cart. bradel demi-perc., non rog.

Seconde édition, la première mise en vente, de cet ouvrage orné de 1 titre gravé, 2 planches d'armoiries, 1 grande estampe allégorique par Gravelot, 5 jolies figures dont 4 par Gabriel de Saint-Aubin et 1 par Gravelot, gravées par Chenu, Duclos et Littret, et 1 plan replié.

1673. **Petites étrennes aux artistes pour la présente année**, où sont représentés en médaillon les monumens remarquables érigés dans Paris depuis plusieurs siècles, notamment sous les règnes de Louis XIV, Louis XV et Louis XVI, actuellement régnant. *A Paris, chez Desnos*, (*vers* 1780) ; in-24 étroit, cart. de l'époque.

Almanach sans texte, formé d'une suite de 1 titre, 1 plan replié et 29 charmantes estampes, représentant des monuments de Paris, dont 16 dans des médaillons ovales, avec encadrement de fond et guirlandes de fleurs, 12 formant 4 planches repliées et 1 vue générale de Paris. (Grand-Carteret, n° 635). — Très rare.

1674. **Vues de Paris.** 4 pièces in-4 ou in-fol. en largeur.

35e *vue d'optique représentant le Grand Caffé d'Alexandre sur les Boulevards de Paris* (cassure dans une marge). — *Maison de plaisance à Gentilly près Paris* ; 2 pièces gravées, *coloriées*, la première signée Arrivet, publiées chez Daumont (vers 1780). — *Vue du château des Tuileries*, par Durau d'après Courvoisier, publiée par Basset (vers 1800). — *La tour de Nesle et le Pont-Neuf*, vus du quai Malaquais, par Callot. — Bonne épreuve en tirage moderne, sans marges.

1675. **Vue intérieure de l'Ecole royale de Chirurgie**, bâtie sur les dessins de M. Gondouin, architecte du roi. *Dessin original de* L.-V. THIÉRY, daté de 1785, au lavis d'encre de Chine. (14×10 1/2), sous cadre or uni.

1676. **Vue du Palais-Royal**, des galeries et du jardin, dessinée par le chevalier de Lespinas, gravée par les frères Varin, vers 1785 ; estampe en largeur (49×36), en noir, sous cadre or uni

Belle épreuve ancienne.

1677. **Médaillons des Monuments** les plus intéressants de Paris, gravés par Gaitte. *Paris, chez l'auteur, s. d.* (1788-1792) ; in-4 obl., demi-rel. veau marb. avec coins.

Collection de 24 planches, comprenant tantôt 4, tantôt 6 ou 8 vues de Paris en médaillon, formant un total de 136 sujets, dont 48 représentent les barrières de Paris. Elles sont gravées par Gaitte.

Le titre ci-dessus est celui sous lequel la publication a été annoncée dans l'*Almanach sous verre* et dans le *Journal de Paris*.

1678. **VUES PITTORESQUES des principaux Edifices de Paris**. *A Paris, chez les Campions frères et fils, s. d.* (*vers* 1790) ; très petit in-4 carré, veau brun, dos sans nerfs orné, bord. dor. encadrant les plats, tr. rouges. (*Rel. de l'époque*).

Suite de 1 titre-frontispice et 112 vues de Paris numérotées de 1 à 111, la dernière, sans numéro, de forme ronde, *gravées en couleurs* par Le Campion, Roger, Guyot, et autres, d'après les dessins de Sergent, Testard et Pernet. Les dernières figures représentent la prise de la Bastille ; la 112e planche, sans numéro, est avant toute lettre ; elle représente le Temple gardé militairement et est de la plus grande rareté.

1679. **Vues pittoresques des principaux édifices de Paris**, 20 figures en médaillon dessinées par Testard et Sergent, gravées en couleurs par Guyot, Le Campion et Roger (vers 1789), réunies sous deux cadres or uni mesurant chacun 1 m. 10 de hauteur sur 0 m. 40 de largeur.

Eglise de St-Jacques et St-Philippe-du-Roule. — Portail de St-Gervais. — Intérieur de Notre-Dame. — Extérieur de Notre-Dame. — Hospice de St-Jacques du Haut-Pas. — Palais Bourbon. — La Pompe à feu. — Le Théâtre Italien. — Waux Hall d'Eté. — Le même, vu du jardin. — Maison de M. de la Haye. — Maison de Mlle de Condé. — Hôtel du comte de Jarnac. — Maison de M. de Seinseval. — Maison de Mlle de St-Germain. — Hôtel du duc du Châtelet. — Maison de M. Le Chevalier. — Maison du comte de Pont St-Maurice (vue de face). — La même, vue par le côté.

Belles épreuves anciennes.

1680. **Vue du pont de Louis XVI. — Vue du Jardin du Palais-Royal**, avec le nouveau cirque ; 2 pièces *en couleurs*, en médaillon (diamètre: 0 m. 11), par Sergent, gravées par Le Campion, sous cadres or uni.

1681. **VUES PITTORESQUES des principaux édifices**

de Paris. *A Paris, chez Lamy, libraire, quai des Augustins,* 1792 ; très petit in-4, demi-rel. veau marb. mod.

Très rare recueil de 73 jolies vues des monuments publics et des plus beaux hôtels particuliers de Paris, précédées d'un titre frontispice, le même que celui du recueil décrit au n° 1678. Ces vues sont dessinées par Durand et *gravées en couleurs* par Janinet.

Exemplaire bien complet, contenant une double épreuve, avec légende différente, de la 12e figure.

1682. **Vues pittoresques des principaux édifices de Paris.** 20 figures en médaillon, dessinées par Durand, gravées en *couleurs* par Janinet (vers 1792), réunies sous deux cadres or uni mesurant chacun 1 m. 10 de hauteur sur 0 m. 40 de largeur.

Maison sur le boulevart de l'Opéra. — Hôtel de la marquise de Brunoy. — Hôtel de l'envoyé de Prusse. — Maison de M. Le Doux. — Maison de M. Rousseau. — Maison de M. Pajou. — Hôtel de Sully. — Maison de M. de Mondeville. — Hôtel Bergeret. — Pavillon de l'hôtel Bergeret. — Archives des chevaliers de St-Lazare. — Nouveaux bâtimens du Palais-Royal. — Palais de Justice. — La place Dauphine (côté de la rue du Harlay). — Grotte du jardin du Luxembourg. — Théâtre Français. — Nouvelle façade de l'Ambigu Comique. — Ambigu Comique. — Théâtre de l'Opéra. — Théâtre des Elèves de l'Opéra.

Belles épreuves anciennes ; 11 figures sont avant les numéros.

1683. **Vues de Paris.** Vue de la Colonnade du Louvre. — Vue de la place du Panthéon. 2 estampes in-fol. en largeur, dessinées par Garbizza et *gravées en couleurs*, la seconde par Coqueret. *A Paris, chez Potrelle,* (*vers* 1800).

Belles pièces, rares, avec marges.

1684. **Garbizza.** Vue de Paris, n° 3, prise de la pompe Notre-Dame (gravée par lui-même). — Vue de Paris, n° 6, vue du Pont-Neuf, prise du Pont des Arts, (gravée par Coqueret), vers 1800 ; 2 pièces *en couleurs* en largeur (48×40), sous sous cadres or uni.

Très belles épreuves anciennes.

1685. **A SELECTION** of twenty of the most picturesque views in Paris and its environs drawn and etched in the year 1802, by the late Thomas Girtin being the only etchings of that celebrated artist and aquatinted in exact imitation of the original drawings. *London, Girtin,* 1803 ; in-fol. oblong, cart. bradel demi-perc. grise, non rog., *couv. cons.*

Titre, dédicace et 20 planches du célèbre artiste, inspirateur de Turner.

La pl. 10 (vue de la Porte St-Denis) est une composition superbe ; l'original se trouve à Carnavalet.
Album très rare.

1686. **Travels** from Hamburg, through Westphalia, Holland, and the Netherlands, to Paris, by THOMAS HOLCROFT. *London, Rich. Phillips*, 1804 ; 2 vol. pet. in-4. demi-rel. veau vert avec coins, tr. marb. (*Rel. anc.*).

Ouvrage rare, illustré de petites vues de Paris, gravées au burin, formant culs de lampe, et de 12 grandes estampes, de format triple, repliées, représentant des vues du Louvre, des Champs-Elysées, de la place de la Concorde, du palais et du jardin des Tuileries et du Luxembourg, etc. Ces estampes sont gravées au burin par des artistes anglais.

1687. **Vues des plus beaux édifices publics** et particuliers de la ville de Paris, dessinées par DURAND, GARBIZZA et MOPILLÉ, architectes, et gravées par JANINET, J.-B. CHAPUIS, etc. *S. l. n. d.* (*Paris*, 1806-1810) ; in-4 obl., demi-rel. souple, mar. brun à long grain. (*Rel. de l'époque*).

Collection complète de 1 titre-frontispice et 88 grandes et belles vues des principaux monuments de Paris, gravées à l'aquatinte, la plupart par JANINET, en noir.

1688. — *De la même collection.* 57 planches *imprimées en couleurs*, plus 3 planches du premier tirage, également *en couleurs*, à l'adresse de Esnaults et Rapilly : l'une, de forme rectangulaire (*Le Palais Bourbon, côté de la cour*) ; les deux autres, de forme ovale (1re *vue des Invalides* et 2e *vue de l'Hôtel des Monnoies*). En tout 60 planches. (Les sujets manquants sont : le frontispice, les nos 1, 23, 25, 30, 32, 33, 44, 47, 48, 51, 52, 55, 59, 61, 62, 67 à 69, 71, 77, 79 à 85, 87 et 88.

1689. **Description de Paris et de ses édifices**, avec un précis historique, et des observations sur le caractère de leur architecture, et sur les principaux objets d'art et de curiosité qu'ils renferment, par Jacques-Guillaume LEGRAND, architecte, et C.-P. LANDON, peintre. *Paris, Landon*, 1806-1809 ; 2 vol. in-8, veau fauve, dos orné, fil. et armoiries sur les plats, dent. int., tr. dor. (*Closs*).

Ouvrage orné de 98 planches gravées, dont trois repliées comptant chacune pour quatre, et d'un plan également gravé.
Aux armes du *BARON JEROME PICHON*.

1690. — *Le même ouvrage*, autre édition, mais avec le même

nombre de planches. *Paris, Treuttel et Würtz*, 1808 ; 2 vol. in-8, mar. rouge à long grain, dos orné, fil. et dent. encadrant les plats, dent. int., tr. dor. (*Rel. de l'époque*).

1691. — *Le même ouvrage*. Seconde édition (*sic*), corrigée avec soin dans toutes ses parties et considérablement augmentée. *Paris, Treuttel et Wurtz*, 1818 ; 2 vol. in-8, demi-rel. mar. rouge à long grain, dos orné, non rog. (*Rel. de l'époque*).

Edition ornée de 125 planches, dont trois repliées comptant chacune pour quatre, et d'un plan également gravé.

1692. **PICTURESQUE VIEWS of public edifices** in Paris, by messis. SEGARD and TESTARD. Aquatinted in imitation of the drawings by Mr. ROSENBERG. *London, J. Moyes*, 1814 ; in-4, demi-rel. mar. La Vallière, non rog.

Ouvrage rare, orné de 20 très jolies vues en médaillon des principaux monuments de Paris à cette époque, *gravées en couleurs*, dans le genre de Janinet.

1693. **Nouveau Voyage pittoresque** de la France. *Paris, Osterwald*, 1817 ; in-4, en ff., dans un carton.

Collection de 43 planches gravées au burin, extraites de cette publication, toutes relatives à Paris et à ses environs : Saint-Cloud, Sèvres, Meudon, Buc, Vincennes, Saint Maur des-Fossés, Charenton, etc. Ces vues, dessinées par Leblanc, Baugean, Fontaine, Goblain, etc., sont accompagnées d'un feuillet de notice. (Ce feuillet manque pour 2 planches).

1694. **Nouveau Voyage** pittoresque de la France. *Paris, Ostervald*, 1817 ; 7 livraisons in-8, en feuilles, dans un étui.

Livraisons 41-47, comprenant 43 vues, dont 36 des monuments de Paris et 7, de ses environs, dessinées par Dugourg, Geblain, Guyot, Fontaine, etc., gravées par Bovinet, Schreeder, Baugean, etc.
Exemplaire contenant les figures *coloriées au pinceau*.

1695. **Soixante vues des plus beaux palais**, monuments et églises de Paris, cathédrales et châteaux de la France, gravées par COUCHÉ fils et dessinées sous sa direction. Avec leurs explications tirées des meilleurs auteurs, par M. LAGIER DE VAUGELAS. *Paris, Vilquin*, (1818) ; in-8, pl., cart. de l'époque, éb.

Plan de Paris, frontispice et 60 vues numérotées gravées au burin par Couché.

1696. **Picturesque Views** of the City of Paris and its environs... The literary department by Mr. John Scott, translated into french by N. P. B. de La Boissière. *Londres*, 1820 ; 2 part. en 1 vol. in-4, mar. vert à long grain, dos plat à 4 nerfs orné, encadr. de bord. à froid et de fil. dor., avec larges orn. dor. aux petits fers, aux angles, sur les plats, dent. int., tr. dor. (*Rel. anglaise de l'époque*).

Ouvrage renfermant 50 belles vues de Paris, dont 9 à 2 sujets, gravées par Frédéric Nash et gravées au burin par des artistes anglais. Chacune de ces vues est accompagnée d'une notice imprimée, en anglais et en français. Exemplaire renfermant les 7 planches supplémentaires, avec leur feuillet de notice.

1697. **Vues de Paris** en miniature, formant une collection de trente-cinq gravures représentant Paris dans son origine...., la vue de tous les beaux monuments... accompagnée de son histoire abrégée... Deuxième édition. *Paris*, *Saintin*, *s. d.* (*vers* 1820) ; in-24, fig., veau rac., dos orné, dent. sur les plats, tr. marb. (*Rel. de l'époque*).

On y joint : Paris historique et monumental... illustré d'un grand nombre de vignettes... Par B. R. *Paris*, *Ruel*, 1851 ; in-8, cart., non rog., couv. cons. — Paris. Album historique et monumental... par Léo Lespès et Ch. Bertrand, illustré de 250 gravures sur bois par Diolot. *Ibid.*, *s. d.* (1867) ; in-8, cart., non rog. — Etc. — Ens. 4 vol.

1698. **Promenades pittoresques et lithographiques** dans Paris et ses environs, par Bacler-d'Albe. *Paris*, *F. Villain*, 1822 ; in-fol., demi-rel. mar. rouge. (*Rel. de l'époque*).

Ouvrage rare, orné de 48 grandes lithographies, en noir. — Le texte, de 35 pages, est également lithographié.

1699. **French Scenery** from drawings made in 1819 by captain Batty, of the Grenadier Guards. *London*, *Rodwell and Martin*, 1822 ; gr. in-8, cart. de l'époque, non rog.

Texte anglais et français, accompagné d'un frontispice et 64 grandes et belles vues finement gravées sur acier par Heath, Lacy, Roberts, Goodall, etc.

1700. **PARIS and Dover** ; or, to and fro ; a picturesque excursion : being a bird's-Eye Notion of a few « Men and Things », by Roger Book'em. *London*, *printed and published by H. Fores*, 1822 ; pet. in-4 obl., cart. de l'éditeur pap. gris avec étiquette imprimée collée sur le premier plat.

Très rare album composé de 8 figures, dont 1 frontispice, gravées et *très finement coloriées au pinceau*. Ces illustrations, traitées avec humour dans une manière qui rappelle celle de Rowlandson, représentent un certain nombre de vues de Paris ou des scènes de la rue : les passages, le boulevard des Italiens, le cimetière du Père-Lachaise, le Palais-Royal, la Morgue, etc. ; des types militaires ou civils, des voitures, diligences, coucous, cabriolets, etc. Chacune de ces figures, dont quelques unes sont signées du monogramme R. W., est accompagnée d'un feuillet de texte.

1701. **Paris** et ses monuments. (*Paris*, 1823) ; pet. in-4, cart.

Ce recueil contient 1 plan de Paris dessiné et gravé par Godet et 24 planches doubles gravées par Boutray représentant les principaux monuments de Paris : les Tuileries, le Panthéon, l'Observatoire, les Galeries du Palais-Royal, l'Hôtel de Ville, l'Odéon, etc. A la fin se trouve une table générale des rues, suivie de divers renseignements sur l'administration, les monuments, etc., formant 46 pp.

1702. **Paris and its environs**, displayed in a series of picturesque views. The drawings made under the direction of M. Pugin and engraved under the superintendance of M. C. Heath. The topographical and historical descriptions by L.-T. Ventouillac. *London*, *Rob. Jennings*, 1829 ; 2 vol. pet. in-4, demi-rel. mar. violet foncé à long grain avec coins, dos plat à 4 nerfs orné, tête dor., non rog. (*Simier R. du Roi*).

Bel ouvrage illustré de 2 titres-frontispices gravés avec vignette et de 101 planches, renfermant chacune 2 vues des principaux monuments de Paris et de ses environs, soit en tout 202 vues, gravées au burin par des artistes anglais. Chaque planche est accompagnée d'un feuillet de notice en anglais et en français ; la dernière n'est pas mentionnée à la table.
Exemplaire contenant les gravures tirées sur Chine monté.

1703. — *Le même ouvrage*, texte anglais et allemand, sous le titre de : Paris und seine Umgebungen. *Berlin*, *Asher*, *s. d.* ; 1 vol. pet. in-4, titre-front. et 50 pl. à 2 sujets, cart. de l'editeur, tr. dor.

1704. **Principales vues de Paris** et de ses environs. *Paris*, *Rittner et Goupil*, 1832 ; in-4 obl., demi-rel. veau vert, fers spéciaux. (*Rel. de l'éditeur*).

1 titre avec vignette et 59 vues de Paris, gravées à l'aquatinte par Martens, sur ses dessins et ceux de Schmidt et Gilio.

1705. **Souvenirs du vieux Paris**. Exemples d'architecture de temps et de styles divers... par le Cte T. Turpin de Crissé. Avec des notices historiques et descriptives par Mme la princesse de Craon, Mme la comtesse de Meulan, et par MM. de Beauchesne, Quatremère de Quincy, du Sommerard, etc. *Paris, Duverger* ; *Weith et Hauser*, 1835-1837 ; 2 vol. in-fol., rel.

Chaque volume contient 30 lithographies hors texte sur Chine collé, représentant d'intéressants détails de vieux hôtels et maisons de Paris. — Ensemble 60 planches.

Le premier volume est en cart. d'éditeur, couv. ill. collée sur les plats ; le deuxième est en demi-rel. mar. vert de l'époque, non rog., couv. cons.

1706. **Album parisien.** Cent vues gravées au burin, par MM. DUREAU et COUCHÉ fils et description historique et architecturale des principaux monuments et sites de la ville de Paris, par A.-M. PERROT. Seconde édition. *Paris, Leroi*, 1837 ; pet. in-8 oblong, demi-rel. chag. vert, fers spéciaux. (*Rel. de l'éditeur*).

100 planches numérotées, gravées au burin sur les dessins de Hédouin, Santi, Chazal, etc.

1707. **Paris pittoresque**, rédigé par une société d'hommes de lettres, sous la direction de G. SARRUT et S. SAINT-EDME. *Paris, d'Uturbie*, 1837 ; 2 vol. gr. in-8, pl., cart. bradel demi-perc. rouge, non rog., couv. ill. cons.

Orné de 28 planches hors texte, tirées sur Chine monté, gravées par Outhwaite, Bishop, Chavanne, Le Petit, d'après Rouargue et Outhwaite.

On y joint un exemplaire du même ouvrage, de la nouvelle édition (1842) ; 2 vol. gr. in-8, brochés, couv. ill. ; les gravures du tome I manquent ; par contre, celles du tome II sont en double.

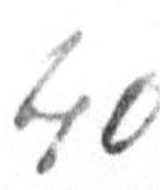

1708. **Paris et ses environs** reproduits par le daguerréotype, sous la direction de M. Ch. PHILIPON. Artistes : MM. Arnout, Bayot, Bichebois, Cauchie, Cuvillier, Jaime, Provost, etc. *Paris, Aubert*, 1840 ; pet. in-4, demi-rel. bas. violette, dos orné, tr. marb. (*Rel. de l'époque*).

Orné de 60 grandes lithographies en 2 tons, accompagnées chacune de 3 pages de notice par V. Ratier, Auvial, H. Fournier, Vallée, etc.

1709. **Musée de Paris**, publié par Aubert et Cie. *Paris, s. d.* (*vers* 1840) ; in-4 obl. étroit, cart. de l'éditeur.

Grande lithographie en 2 tons qui, dépliée, mesure 3 mètres de longueur sur 0 m. 145 de hauteur. Elle renferme 24 vues des principaux monuments de Paris : Arc de Triomphe, Colonne Vendôme, Chambre des Députés, Dôme des Invalides, etc.

1710. **Paris et ses environs.** Vues et monumens les plus remarquables, dessinés d'après nature et lithographiés par

Arnoult. (*Paris*). *Hauser*, 1841 ; in-4 obl., demi-rel. veau marb. avec coins, premier plat de la couv. cons. (*Rel. de l'époque*).

36 vues de Paris, lithographiées en noir et tirées sur Chine monté. On a relié à la suite 12 planches semblables, par le même artiste, publiées par Clément, représentant des vues de Versailles, également sur Chine monté.

1711. **Souvenir de Paris**. *S. l. n. d.* (*Paris, Daziaro, vers* 1854); in-4 obl., perc. violette, fers spéciaux. (*Cart. de l'éditeur*).

Album de 42 vues des monuments et voies principales de Paris, lithographiées par Arnout et R. de La Tremblais, *finement coloriées au pinceau*. (La vue du Pont-Neuf est en double, aux lieu et place d'une autre vue).

1712. **Paris nouveau illustré**. Publié par l'*Illustration*. *S. d.* (1860) ; pet. in-fol., nombr. grav. sur bois dans le texte ou à pleine page, demi-rel. bas. de l'époque.

1713. — *Le même ouvrage*. Troisième édition. 1878 ; in-fol., cart. de l'éditeur, fers spéciaux, tr. dor.

1714. **Paris**, vues et monuments gravés d'après la photographie par les meilleurs artistes. Texte par Jules Janin, Victor Hugo, P. de La Garenne, Lassus, etc. *Paris, Dusacq et Cie, s. d.* (*vers* 1860) ; in-4 obl., perc. violette, fers spéciaux. (*Cart. de l'éditeur*).

Album composé de 23 sujets dont les portraits de Napoléon III et de l'impératrice Eugénie, et de 21 vues de Paris ou de ses environs, gravées à l'aquatinte ou lithographiées en 2 tons par Martens, V. Petit, Fichot, etc. — On y a ajouté 4 autres vues de Paris, du même genre, gravées par Chamouin d'après Rouargue.

1715. **Paris dans sa splendeur**. Monuments, vues, scènes historiques, descriptions et histoire. — Dessins et lithographies par MM. Philippe Benoist, pour le plus grand nombre et avec l'aide de la photographie ; Jules Arnout, Bachelier, Bayot, Ciceri, Clerget, Dauzats, Jules David, H. Lalaisse, etc. ; vignettes de Félix Benoist et Catenacci, exécutées sur bois par les premiers graveurs. — Texte par MM. Audiganne, Louis Enault, V. Fournel, Ed. Fournier, E. de La Gournerie, Prosper Mérimée, Viollet-le-Duc, etc. *Paris, Henri Charpentier*, 1861 ; 3 vol. in-fol., demi-rel. chag. vert avec coins, enc. de fil. dor. et à froid, tête dor., non rog.

Important ouvrage illustré de 100 grandes et belles lithographies, tirées en plusieurs tons, hors texte, et de gravures sur bois dans le texte. (Les coins de la rel. sont éraflés).

1716. **Statistique monumentale de Paris**, par Albert Lenoir. *Paris*, *Imp. Impériale*, 1867 ; 1 vol. de texte in-4, cart. pap. crème, non rog., et 2 albums de pl. in-fol., montés sur onglets, demi-rel. mar. rouge, tête dor., non rog.

Importante publication renfermant 1 frontispice et 270 planches : gravures en taille-douce, gravures au trait, lithographies en noir ou en 2 tons, chromolithographies, représentant des vues des principaux monuments de Paris, des détails d'architecture, des statues, des objets d'art, des plans, etc. — Le volume de texte, contenant 300 pages, est l'explication détaillée de toutes ces planches.

1717. **Nouvel album de Paris**. Monuments. — Œuvres d'art. — Promenades. *Paris*, *Librairie Internationale*, *s. d.* (*vers* 1870) ; in-8 obl., cart. bradel vélin vert, éb., couv. cons.

Album rare divisé en trois parties. Il renferme 95 figures sur bois, avec verso blanc, d'une excellente exécution, dessinées par Edmond Morin, Daubigny, Paul Huet, Français, Rosa Bonheur, L. Flameng, Félicien Rops, etc.

1718. **La cour du Dragon**. Notice par un flâneur parisien [Jules Cousin]. Eaux-fortes par Martial. *Paris*, 1866 ; in-8 de 8 pp., pap. vergé, cart. bradel demi-mar. grenat à long grain, non rog., couv. cons.

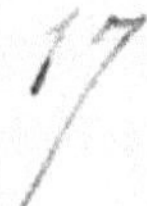

Orné de 3 eaux fortes de A.-P. Martial, dont 1 titre. — Envoi d'auteur à M. Paul Lacombe.

1719. **Les derniers vestiges du vieux Paris**, dessinés et gravés d'après nature par J. Chauvet et E. Champollion, avec de courtes notices historiques rédigées sous la direction de M. Jules Cousin. *Paris*, *Menu*, *s. d.* (1876) ; pet. in-4, cart. bradel demi-mar. bleu à long grain, tête dor., non rog., couv. cons.

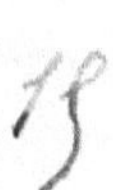

Première livraison, seule parue, de cette publication ; elle comporte 14 pp. de texte et 6 grandes eaux-fortes, dont 2 par Champollion et 4 par Chauvet.

Exemplaire auquel on a ajouté une lettre de l'éditeur à Jules Cousin, relative à l'ouvrage.

1728. **Le Vieux Paris**, ses derniers vestiges, dessinés d'après nature et gravés à l'eau-forte par J. Chauvet et E. Champollion. Notices par L.-V. Dufour, parisien. Introduction par M. Paul Lacroix. *Paris, Detaille, s. d.* (1878) ; in-4, cart. bradel demi-mar. bleu à long grain, tête dor., non rog., couv. de livraison cons.

Tout ce qui a paru de ce nouvel essai de publication des eaux-fortes de Champollion et Chauvet, abandonné après la première livraison par le libraire Menu (Voir le nº précédent). Le volume, composé de 12 livraisons, comprend 100 pp. de texte, plus les faux-titre et titre, et 23 eaux-fortes hors texte.

Un des 5 exemplaires tirés sur Japon ancien, contenant les gravures avant la lettre (Les deux dernières sont tirées l'une sur Chine et l'autre sur Hollande).

1721. **Paris qui s'en va et Paris qui vient**, par Léopold Flameng. *Paris, Cadart, s. d.*, (1859) ; in-fol., pl., toile chag. noir, encad. à froid, chiffre dor. sur le plat sup., tête dor., non rog.

Titre frontispice et 26 grandes eaux-fortes de L. Flameng. Texte par Delvau, Houssaye, Duranty, Castagnary, etc.

Exemplaire contenant, en outre, les planches *La Californie* et *les Marchands de ferraille* en PREMIER ÉTAT ; les *suites d'un bal au Prado*, EN ÉPREUVE AVANT LES CHANGEMENTS (tirée à 10 ex.) et une planche supplémentaire, le *Cabaret du Lapin blanc*.

1722. **Paris et ses ruines** en mai 1871, précédé d'un coup-d'œil sur Paris, de 1860 à 1870, et d'une introduction historique. Monuments, vues, scènes historiques, descriptions, histoire. — Dessins et lithographies par MM. Sabatier, Ph. Benoist, Jules David, A. Adam, etc. — Texte par M. Victor Fournel. Deuxième édition. *Paris, Henri Charpentier*, 1873 ; in-fol., demi-rel. chag. vert avec coins, enc. de fil. dor. et à froid, tête dor., non rog.

Illustré de 20 grandes lithographies en couleurs ou en 2 tons, et d'une vignette de titre gravée sur bois

1723. **Paris intime**. Notes et Eaux-fortes, par A.-P. Martial. *Paris, imp. Beillet*, 1874 ; in-fol., cart. bradel demi-perc. grise avec coins, non rog., couv. cons.

Ouvrage illustré de 60 eaux-fortes de Martial, dont 30 grands sujets et 30 petits croquis, ces derniers tirés sur Chine monté.

Tiré à petit nombre sur papier vergé.

1724. **Ancien Paris**. 300 feuilles [par Adolphe-Martial Potémont, dit Martial]. *Paris, chez Cadart et Luquet*, *s. d.* ; 3 vol. in-fol., demi-rel. mar. bleu avec coins, tête dor., non rog. (*Lecorché*).

Collection de 300 eaux fortes exécutées de 1843 à 1866, représentant nombre de petites rues, de maisons célèbres et de monuments anciens aujourd'hui disparus.

Exemplaire bien complet, renfermant 5 eaux fortes supplémentaires non mentionnées à la table.

1725. **Paris pittoresque, historique et archéologique.** Vues générales et particulières, églises, palais, hôtels, maisons et rues anciennes. Dessinées d'après nature et gravées à l'eau-forte par Alfred Delauney. *A Paris, chez l'auteur*, 1867-1869 ; 3 séries en 1 vol. in-fol., pap. vergé, cart. bradel demi-perc. verte avec coins, non rog., couv. cons.

Collection complète des trois séries de cette remarquable suite d'eaux-fortes représentant des vues de Paris. Elle comprend 1 couverture illustrée, 1 titre gravé avec vignette et 72 grandes eaux fortes dont 1 frontispice et 2 titres particuliers, et 1 table gravée.

1726. **Eaux-fortes sur le vieux Paris**, par Alf. Delauney. *S. l. n. d.* (*Paris, vers* 1869) ; in-fol., pap. vergé, cart. bradel demi-perc. verte avec coins, non rog., couv. cons.

Suite complète de 22 remarquables eaux-fortes représentant des vieux édifices de Paris, comprenant 1 couverture illustré, 1 titre avec vignette et 20 grands sujets.

1727. **Dessins anciens** (25) sur le vieux Paris, de la collection de M. Destailleurs, architecte, gravés par Delauney *S. l. n. d.* (*Paris*, 1888) ; in-fol., pap. vergé, cart. bradel demi-perc. verte avec coins, non rog.

Suite complète de 25 eaux fortes, dont 1 titre frontispice, gravées par Delauney, d'après Garneray, Fontaine, Sarrazin, Demachy, G. de Saint-Aubin, Debucourt, etc., représentant notamment : l'église de Montmartre, l'église des Carmélites de la rue St-Jacques, l'église Saint-Ambroise-l'église de Bernardins, la chapelle des Valois au couvent des Célestins, l'incendie de l'Opéra en 1781, le collège de Cluny, la fête de Saint-Cloud, la foire Saint-Laurent après l'incendie de 1763, etc.

1728. **Paris pittoresque**, par A. de Champeaux et F.-E. Adam. Ouvrage illustré de nombreuses gravures dans le texte et de dix grandes eaux-fortes originales par Lucien Gautier. *Paris, Librairie de l'Art*, (1884) ; in-fol., illustr. dans le texte et eaux-fortes hors texte, perc. bleue, fers spéciaux, tr. dor. (*Cart. de l'éditeur*).

1729. **Almanach du Vieux Paris** pour 1884, publié par la Société des Eclectiques. *Paris, Lemerre, s. d.* ; pet. in-8, pap. vergé, cart. bradel demi-mar. vert à long grain, tête dor., non rog., couv. cons.

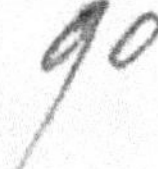

Recueil de poésies ou de courtes nouvelles en prose par Alexis Martin, Georges Vicaire, P. Gachet, L. Guerout, etc., illustré de vignettes dans le texte et de 15 eaux fortes hors texte, sur chine volant, dont une par Edmond Morin, qui est la dernière pièce gravée par cet artiste.

Tiré à très petit nombre.

1730. **Souvenir de Paris**, médaillon platine façon vieil argent, contenant 8 photographies.

Bibelot miniscule, formant breloque, ouvrant à charnière, avec fermoir ; les photographies, mesurant 22 mill. 1/2 de hauteur sur 15 mill. 1/2 de largeur, représentant la tour Eiffel, les Invalides, le Tombeau de l'Empereur, la colonne Vendôme, le monument de Gambetta, l'Opéra, la Madeleine et la place de la Concorde.

Les plats sont couverts d'ornements estampés, dont les armes de la ville. Semble dater de 1889.

1731. **Guillemot** (Maurice). Entr'actes de pierres. — Eaux-fortes d'Eugène Béjot. *Paris, H. Floury*, 1889 ; plaq. pet. in-4, cart. bradel mar. La Vallière, enc. de fil. dor. sur les plats et à l'int., tr. dor. sur fausses marges, couv. cons. (*Petitot*).

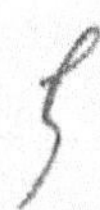

Ouvrage illustré de 1 couverture gravée en couleurs et de 10 eaux fortes originales par Eugène Béjot. — Ornements et fleurons dans le texte.

Tiré à 325 exemplaires num. — Un des 20 sur papier du Japon, contenant une double suite des eaux-fortes.

1732. **Le Panorama**. Paris instantané. — Versailles, Chantilly, Fontainebleau, etc. *Paris, s. d.* (1898) ; 10 fasc. en 1 vol. in-4 obl., cart. bradel demi-perc. bleue.

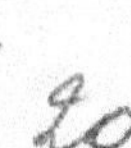

Album renfermant un grand nombre de reproductions de photographies de monuments et de scènes de la rue.

1733. **Le Pont Sully, l'ile Saint-Louis et Notre-Dame**, eau-forte originale de A. Brunet-Debaines, 1899 ; pièce en largeur (43 × 30) sous cadre or uni.

Epreuve d'artiste, avec remarque et signature à la pointe.

1734. **Rassenfosse** (Armand). *Dessin original aux deux crayons*, mesurant 190 mill. de hauteur sur 125 mill. de largeur, sous cadre or uni.

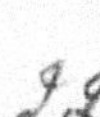

Femme nue, de trois quarts à gauche, assise sur le parapet d'un quai et regardant Notre-Dame qui se profile sur un coucher de soleil. A ses pieds, une autre femme assise, vêtue d'une pèlerine à capuchon, laissant nue la partie antérieure du corps. Signé des initiales A.-R. Au-dessous du dessin, la légende suivante : « 1er *projet pour Tableaux parisiens, à M. Lacombe, en souvenir, A. Rassenfosse.* »

1735. **Béjot** (Eugène). Du Ier au XXe. Les arrondissements de Paris. — Préface de Jules Claretie. *Paris, Société de Propagation des Livres d'Art*, 1903 ; in-4, en ff., dans un emboitage.

Très belle suite de 20 eaux-fortes originales d'Eugène Béjot, plus une couverture également à l'eau-forte, montée sur l'emboitage.

Exemplaire num. sur papier de Hollande, imprimé au nom de M. Paul Lacombe.

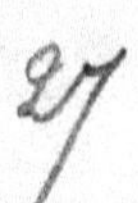

1736. **Le Vieux Paris s'en va**. 20 eaux-fortes originales par H. Manesse. *Paris*, 1906 ; 2 albums pet. in-fol., en ff., couv. ill.

Suite complète de 20 grandes eaux-fortes, tirée à 50 exemplaires num.

1737. **Souvenirs du Paris d'hier**. 25 eaux-fortes originales, avec notices explicatives, par E. Herscher. Préface de J. Guiffrey. *Paris, Société de Propagation des Livres d'Art*, 1912 ; pet. in-fol., pap. vergé, en ff., dans un emboitage.

Exemplaire imprimé au nom de M. Paul Lacombe.

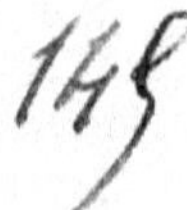

1738. **Le Vieux Paris.** Recueil de vues de ses monuments par Egon Hessling. *Berlin et New-York, Hessling*, 1907-1912, 3 tom. in-fol., en ff., dans 5 cartons.

Tomes I. *Moyen Age*. 90 pl. — II. *Styles Louis XII et François Ier*, avec des études sur le château de Gaillon et la maison François Ier de Moret, 60 planches. — III. *Styles Henri II, Henri III et Henri IV*. 76 planches. — Ensemble 226 planches en héliotypie.

Illustrations dans le texte.

GRANDE IMPRIMERIE DU CENTRE
F. HERBIN & H. BOUCHÉ, MONTLUÇON

Index des noms d'Auteurs

C

D

E

F

G

N

O

P

Q

R

S

T

V

Y

Z

RED. :

19

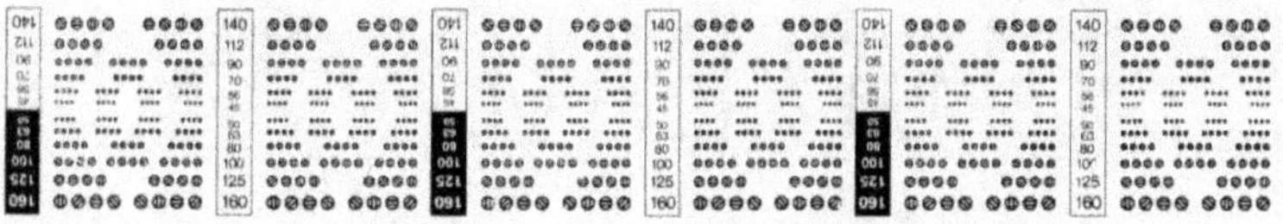

0 1 2 3 4 5 6 7 8 9 10

www.ingramcontent.com/pod-product-compliance
Lightning Source LLC
LaVergne TN
LVHW010601110826
845149LV00003B/721

9782329222264